职业教育院校机电类专业规划教材
数控技术应用专业教学用书

数控铣削工艺与编程操作

主编　何有恒
参编　康志东　陈帮兵
　　　许选民　毛江华
　　　武　兰
主审　罗　义

机 械 工 业 出 版 社

本书是根据职业院校培养中、高级技能型人才的教学特点，并参照相关的国家职业标准和行业的职业鉴定规范及中、高级技术工人等级考核标准编写的。

本书主要包括数控铣床（加工中心）简介，数控铣床（加工中心）加工工艺，数控铣床（加工中心）编程基础，HNC-21/22M 与 SIEMENS 820D 编程指令，典型零件的工艺分析、编程与加工五部分。另外，还以附录的形式给出了数控铣床（加工中心）安全操作规程及数控铣床职业技能鉴定考核大纲。

本书可作为职业院校机械、模具、数控等专业的教学用书和参加国家职业技能鉴定等级考工培训用书，也可作为数控铣床（加工中心）技术工人的培训教材。

图书在版编目（CIP）数据

数控铣削工艺与编程操作/何有恒主编．—北京：机械工业出版社，2009.1

职业教育院校机电类专业规划教材．数控技术应用专业教学用书

ISBN 978-7-111-26033-2

Ⅰ．数…　Ⅱ．何…　Ⅲ．①数控机床-铣削-高等学校：技术学校-教材　②数控机床：铣床-程序设计-高等学校：技术学校-教材　Ⅳ．TG547

中国版本图书馆 CIP 数据核字（2009）第 001947 号

机械工业出版社（北京市百万庄大街 22 号　邮政编码 100037）
策划编辑：汪光灿　责任编辑：张云鹏　版式设计：霍永明
责任校对：姜　婷　封面设计：王伟光　责任印制：洪汉军
北京汇林印务有限公司印刷
2009 年 2 月第 1 版第 1 次印刷
184mm×260mm · 15 印张 · 368 千字
0001 — 4000 册
标准书号：ISBN 978-7-111-26033-2
定价：24.00 元

凡购本书，如有缺页、倒页、脱页，由本社发行部调换
销售服务热线电话：（010）68326294
购书热线电话：（010）88379639　88379641　88379643
编辑热线电话：（010）88379193

职业教育院校机电类专业规划教材编委会

前言

近年来，随着机电一体化技术的迅速发展，数控机床的占有率也逐年提高，其应用已日趋普及，机械制造行业正越来越多地采用数控技术来改进生产加工方式。数控技术水平的高低、数控机床的拥有量已成为衡量一个国家工业现代化水平的重要标志。与此同时，企业急需大批能熟练掌握数控机床编程、操作的工程技术人员。

本书根据教育部数控技术应用专业紧缺型人才培训方案的指导思想，结合中等职业学校培养具有实际操作技能的应用型人才的目标，参照最新的数控专业教学计划，本着“基本理论教学以应用为目的，以必需和够用为尺度”的原则编写的。本书力求体现“以职业活动为导向，以职业技能为核心”的指导思想，考虑目前各企业所用数控设备的不同，在书中采用华中世纪星 HNC-21/22M 数控加工系统和 SIEMENS 802D 数控加工系统分别介绍其编程与操作。对典型数控铣床（加工中心）的面板、操作技能及编程方法和技巧，以大量翔实的图示、表格、典型实例，一步一步地指导读者，认识其面板、程序导入与编辑、对刀及加工操作步骤，并辅以典型零件的编程与操作实例。

本书特别适用于中等职业技术学校数控、模具、机电类专业，也可作为数控铣床（加工中心）技术工人的培训教材。

本书由湖北省荆门市高级技工学校何有恒担任主编。参加编写的有荆门市高级技工学校康志东、陈帮兵，荆门市职教集团许选民，荆州市高级技工学校毛江华，湖北信息工程学校武兰。本书由荆门市高级技工学校罗义任主审。

由于编者水平有限，书中难免有不妥或错误之处，敬请读者批评指正。

编　者

目录

第一章 数控铣床（加工中心）简介

本章主要介绍数控机床的概念、组成、主要技术指标以及数控铣床、加工中心的主要形式和加工中心中刀库的种类与形式。通过本章的学习，要认识数控铣床与加工中心，知道它们的组成、工作原理与功用。

第一节　数控机床概述

一、数控机床的产生与发展

数控机床综合应用了自动控制、计算机、微电子、精密测量和机床结构等方面的最新成果。

根据国家标准 GB/T 8129—1997，机床数字控制的定义为用数字数据的装置（简称数控装置），在运行过程中，不断地引入数字数据，从而对某一生产过程实现自动控制（Numerical Control），简称数控（NC）。

用数字信号对机床的运动及其加工过程进行控制的机床称为数控机床。数控机床是为了解决单件、小批量，特别是复杂型面零件加工的自动化并保证质量要求而产生的。

当世界上第一台电子计算机诞生后，人们就设想用电子计算机来解决复杂零件的加工问题。1948 年，美国帕森斯公司接受美国空军委托，研制直升机螺旋桨叶片轮廓检验用样板的加工设备。由于样板形状复杂，精度要求高，一般加工设备难以适应，于是提出采用数字脉冲控制机床的设想。1949 年，该公司与美国麻省理工学院（MIT）共同研究，并于 1952 年试制成功第一台三坐标数控铣床，当时的数控装置采用电子管元件。后来，又经过改进并开展自动编程技术研究，于 1955 年进入实用阶段，生产了 100 台类似产品，这对加工复杂曲线、曲面和促进美国飞机工业的发展起了重要作用。

1959 年，数控装置采用了晶体管元件和印刷电路板，出现带自动换刀装置的数控机床，即加工中心（Machining Center），简称 MC，使数控装置进入了第二代。

1965 年，出现小规模集成电路，由于它体积小、功耗低，使数控系统的可靠性得以进一步提高。数控系统发展到第三代。

以上三代系统，都是采用专用控制计算机的硬接线数控系统，我们称之为硬线系统，统称为普通数控系统（NC）。

20 世纪 60 年代末，先后出现了由一台计算机直接控制多台机床的直接数控系统（简称 DNC），又称群控系统；采用小型计算机控制的计算机数控系统（简称 CNC），使数控装置进入了以小型计算机化为特征的第四代。

1974 年，出现了使用微处理器和半导体存储器的微型计算机数控装置（简称 MNC），这是第五代数控系统。

20 世纪 80 年代初，随着计算机软、硬件技术的发展，出现了能进行人机对话式自动编制程序的数控装置；数控装置日趋小型化，可以直接安装在机床上；数控机床的自动化程度进一步提高，具有自动监控刀具磨损和自动检测工件等功能。

20 世纪 90 年代后期，出现了 PC + CNC 智能数控系统，即以 PC 机为控制系统的硬件部分，在 PC 机上安装 NC 软件系统，此种方式系统维护方便，易于实现网络化制造。

在制造业向全球化、网络化、集成化和智能化发展的过程中，基于数控技术及其他科学技术的发展，先进制造系统 FMS 和 CIMS 应运而生。

FMS 即柔性制造系统（Flexible Manufacturing System），是由数控加工设备、物料运储装置和计算机控制系统组成的自动化制造系统，它包括多个柔性制造单元（FMC），能根据制造任务或生产环境的变化迅速进行调整，适用于多品种、中小批量生产。

CIMS 即计算机集成制造系统（Computer Integrated Making System），它是在信息技术自动化技术与制造的基础上，通过计算机技术把分散在产品设计及制造过程中各种孤立的自动化子系统有机地集成起来，形成适用于多品种、小批量生产，实现整体效益的集成化和智能化制造系统，它是人、经营和技术三者集成的产物。CIMS 大致包括六个功能层面：生产/制造系统、硬事务处理系统、技术设计系统、软事务处理系统、信息服务系统和决策管理系统。

二、我国数控机床的概况

我国的科技人员从 1958 年开始研究数控加工技术至今，克服重重困难，取得了一系列的重大技术突破。目前，我国在数控设备制造方面已进入世界先进行列，能生产各类数控机床（车、铣、钻、镗、磨、电火花、剪板、折弯、激光切割等）；在数控系统方面也逐步用国产软件取代进口软件。

三、数控机床的发展趋势

随着新材料和新工艺的出现，对数控机床的要求越来越高，数控机床已经出现与传统机床完全不同的特征和结构。

1. 高速加工技术发展迅速

高速加工技术在高档数控机床中应用新的机床运动学理论和先进的驱动技术，优化机床结构，采用高性能部件，移动部件轻量化，减少运动惯性，从而得到迅速的发展。在刀具材料和结构的支持下，从单一的刀具切削高速加工，发展到机床加工全面高速化，如数控机床主轴的转速从每分钟几千转发展到几十万转；快速移动速度从每分钟十几米发展到超过百米；换刀时间从十几秒下降到 1 秒以下等。应用高速加工技术达到缩短切削时间和辅助时间，从而实现加工制造的高质量和高效率。

2. 精密加工技术有所突破

通过机床结构优化、制造和装配的精化、数控系统和伺服控制的精密化、高精度功能部件的采用和温度、振动误差补偿技术的应用等，从而提高机床加工的几何精度、运动精度，减小形位误差、表面粗糙度值。目前，精密数控机床的重复定位精度可以达到 1μm，进入亚微米超精加工时代。

3. 技术集成和技术复合趋势明显

技术集成和技术复合是数控机床技术最活跃的发展趋势之一，如工序复合型——车、铣、钻、镗、磨、齿轮加工技术复合，跨加工类别技术复合型——金切与激光、冲压与激光、金属烧结与镜面切削复合等，目前已由机加工复合发展到非机加工复合，进而发展到零件制造和管理信息及应用软件的兼容，目的在于实现复杂形状零件的全部加工及生产过程集约化管理。技术集成和复合形成了新一类机床——复合加工机床，并呈现出复合机床多样性的创新结构。

4. 数字控制技术进入了智能化的新阶段

数字控制技术发展经历了三个阶段：数字控制技术对机床单机控制；集合生产管理信息形成生产过程自动控制；生产过程远程控制，实现网络化和无人化工厂的智能化新阶段。智能化是指工作过程智能化，即利用计算机、信息、网络等智能化技术有机结合，对数控机床加工过程实行智能监控和人工智能自动编程等。加工过程智能监控可以实现工件装夹定位自动找正，刀具直径和长度误差测量，加工过程刀具磨损和破损诊断，零件装卸物流监控，自动进行补偿、调整，自动更换刀具等，智能监控系统对机床的机械、电气、液压系统故障自动诊断、报警、故障显示等，直至停机处理。随着网络技术的发展，远程故障诊断专家智能系统开始应用。数控系统具有在线技术后援和在线服务后援。人工智能自动编程系统能按机床加工要求对零件进行自动加工。在线服务可以根据用户要求，随时接通 Internet 接受远程服务。采用智能技术实现与管理信息融合的重构优化的智能决策、过程适应控制、误差补偿智能控制、故障自诊断和智能维护等功能，大大提高成形和加工精度、生产效率。信息化技术在制造系统上的应用，发展成柔性制造单元和智能网络工厂，并进一步向制造系统可重组的方向发展。

5. 极端制造拓展新的技术领域

极端制造技术是指极大型、极微型、极精密型等极端条件下的制造技术。极端制造技术是数控机床技术发展的重要方向。重点研究微纳米机电系统的制造技术、超精密制造、巨型系统制造等相关的数控制造技术、检测技术及相关的数控机床研制等，如微型、高精度、远程控制手术机器人的制造技术和应用；应用于制造大型电站设备、大型舰船和航空航天设备的重型、超重型数控机床的研制；IT 产业等高新技术的发展需要超精细加工和微纳米级加工技术，研制适应微小尺寸的微纳米级微型数控机床和特种加工机床；极端制造领域的复合机床的研制等。

第二节　数控铣床（加工中心）的组成和技术指标

一、数控铣床（加工中心）的组成

数控铣床（加工中心）由控制介质、人机交互设备、计算机数控（CNC）装置、进给伺服驱动系统、主轴驱动系统、辅助控制装置、可编程控制器（PLC）、反馈系统、自适应控制和机床本体等部分组成，如图 1-1 所示。

1. 控制介质

要对数控机床进行控制，就必须在人与数控机床之间建立某种联系，这种联系的中间媒介物就是控制介质，又称为信息载体。在使用数控机床之前，先要根据零件图样规定的尺寸、形状和技术要求，编制零件的加工程序，将刀具相对于工件的位置和机床全部动作顺

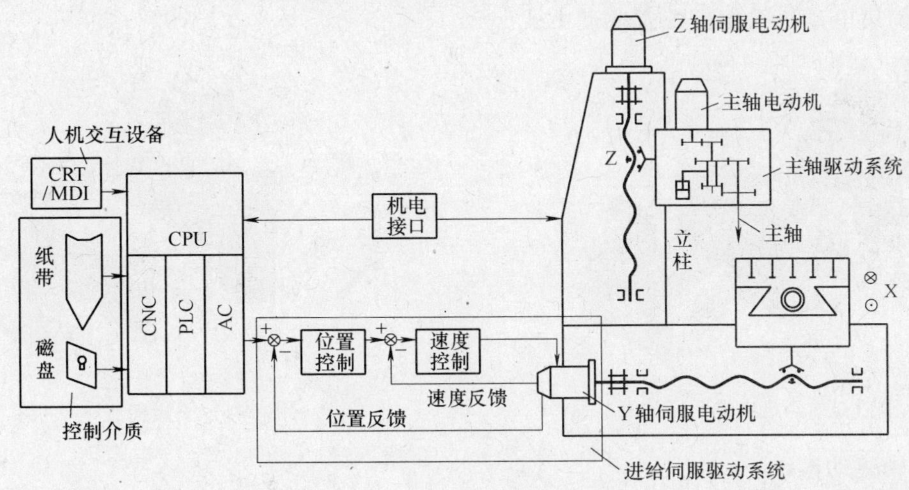

图 1-1　数控铣床的组成

序，按照规定的格式和代码记录在信息载体上。当需要在数控机床上加工该工件时，把信息载体上存放的信息（即零件加工程序）读入计算机控制装置。

2. 人机交互设备

数控机床在加工运行时，通常需要操作人员对数控系统进行状态干预及对输入的加工程序进行编辑、修改和调试，数控系统也要显示数控机床运行状态等，这就要求数控机床要具有人机联系的功能。具有人机联系功能的设备统称为人机交互设备。

键盘和显示器是数控系统不可缺少的人机交互设备。

3. 计算机数控（CNC）装置

数控装置是数控机床的中枢，目前，绝大部分数控机床采用微型计算机控制，如图 1-2 所示。数控装置由运算器、控制器（运算器和控制器构成 CPU）、存储器、输入/输出接口等组成。

输入接口接收由控制介质输入设备输入的代码信息，经过识别和译码之后送到指定存储区，作为控制与运算的原始数据。简单的加工程序可用手动数据输入方式（MDI）输入，即在键盘控制程序的控制下，操作人员直接用键盘把工件加工程序输入存储器。

图 1-2　数控装置

4. 进给伺服驱动系统

伺服驱动系统的作用是把来自数控装置的位置控制移动指令转变成机床工作部件的运动，使工作台按规定轨迹移动或精确定位，加工出符合图样要求的零件。因为进给伺服驱动是数控装置和机床主体之间的联系环节，所以它必须把数控装置送来的微弱指令信号放大成能驱动伺服电动机的大功率信号。

常用的伺服电动机有步进电动机（图 1-3）、直流伺服电动机和交流伺服电动机（图 1-4）。根据接收指令的不同，伺服驱动有脉冲式和模拟式两种。模拟式伺服驱动方式按驱动电动机的种类，可分为直流伺服驱动和交流伺服驱动。步进电动机采用脉冲驱动方式，交、直流伺服电动机采用模拟式驱动方式。

图 1-3 步进电动机

图 1-4 交流伺服电动机

5. 主轴驱动系统

机床的主轴驱动系统和进给伺服驱动系统差别很大，机床主轴的运动是旋转运动，而进给运动主要是直线运动。早期的数控机床一般采用三相感应式同步电动机配上多级变速箱作为主轴驱动的主要方式。现代数控机床对主轴驱动提出了更高要求，要求主轴具有很高的转速和很宽的无级调速范围；主传动电动机应既能输出大的功率，又要求主轴结构简单，同时数控机床的主轴驱动系统能在主轴的正反方向实现转动和加减速。

为了使数控铣床（加工中心）进行螺纹加工，就要求主轴和进给驱动实现同步控制；在加工中心上为保证换刀的正常进行，就要求主轴具有准停功能，使刀柄上的键槽能对准主轴上的端面键。现代数控机床绝大部分采用交流伺服电动机，由可编程控制器进行控制。

6. 辅助控制装置

辅助控制装置包括刀库的转位换刀，液压泵、冷却泵的控制接口电路（含有电磁换向阀、接触器等强电电气元件）等。现代数控机床通常采用可编程控制器进行控制，所以辅助装置的控制电路变得十分简单。

7. 可编程控制器

可编程控制器（Programmable Logic Controller，简称 PLC）的作用是对数控机床进行辅助控制，即是把计算机送来的辅助控制指令转换成强电信号，来控制数控机床的顺序动作、定时计数、主轴电动机的起动和停止、主轴转速调整、冷却泵起停及转位换刀等动作。可编程控制器本身可以接收实时控制信息，与数控装置共同完成对数控机床的控制。

8. 反馈系统

反馈系统包括位置反馈和速度反馈，它们的作用是通过测量装置将机床移动的实际位置、速度参数检测出来，转换成电信号，并反馈到 CNC 装置中，使 CNC 能随时判断机床的实际位置、速度是否与指令一致，并发送相应指令，纠正所产生的误差。测量装置安装在数控机床的工作台或丝杠上，相当于普通机床的刻度盘和人的眼睛。

9. 自适应控制

数控机床工作台的位移量和速度等过程参数可在编写程序时用指令确定，但是有一些因素在编写程序时无法预测，如加工材料力学性能的变化引起切削力、加工温度的变化等，这些随机变化的因素也会影响数控机床的加工精度和生产效率。自适应控制（Adaptive Control，简称 AC）的目的就是把加工过程中的温度、转矩、振动、摩擦、切削力等因素的变化，与最佳参数比较，若有误差则及时补偿，以提高加工精度及生产效率。目前自适应控制仅用于高效率和加工精度高的数控机床，一般数控机床很少采用。

10. 机床主体

数控机床主体由床身、立柱和工作台等组成，是数控机床的基础结构。由于数控机床是高精度和高生产效率的自动化加工机床，与普通机床相比，应具有更好的抗振性和刚度，要求相对运动面的摩擦因数小，进给传动部分之间的间隙小。所以其设计要求比通用机床更严格，加工制造要求更精密，并要采用加强刚性、减小热变形、提高精度的设计措施。

二、主要技术指标

1. 尺寸参数

数控机床的尺寸参数包括工作台面积（长×宽），各坐标轴最大行程，主轴套筒移动距离，主轴端面到工作台距离，工作台 T 形槽数、槽宽、槽间距，主轴孔锥度、直径等。这些参数主要影响加工工件的尺寸、编程范围及刀具、工件、机床之间的干涉和工件、刀具的安装。

2. 运动参数

数控机床的运动参数包括主轴转速范围、工作台快进速度和切削进给速度范围，主要影响机床的加工性能及编程参数。

数控机床的进给运动是由数控系统发出的脉冲信号控制的，数控系统每发出一个脉冲信号，数控机床的直线进给轴移动一定的距离或回转进给轴旋转一定的角度，这个距离或角度称为数控机床的实际脉冲当量。

数控机床的加工精度和表面质量取决于脉冲当量的大小，机床坐标轴的移动或回转速度取决于脉冲发出的频率。普通数控机床的脉冲当量一般为 0.001mm，简易数控机床的脉冲当量一般为 0.01mm，精密或超精密数控机床的脉冲当量一般为 0.0001mm。脉冲当量越小，数控机床的加工精度和表面质量越高。

3. 动力参数

数控机床的动力参数包括主轴电机功率和伺服电机额定转矩，这些参数会影响到切削负荷。

4. 精度参数

数控机床的精度参数包括定位精度、重复定位精度和分度精度（回转工作台），这些参数会影响到加工精度及一致性。

定位精度是指数控机床工作台或其他运动部位，实际运动位置与指令位置的一致程度，其不一致的差量即为定位误差。引起定位误差的因素包括伺服系统、检测反馈系统、进给系统误差及运动部件导轨的几何误差等。定位误差直接影响加工零件的尺寸精度。

重复定位精度是指在相同的操作方法和条件下，完成规定操作次数过程中得到结果的一致程度。重复定位精度一般是呈正态分布的偶然性误差，它会影响批量加工零件的一致性，是一项非常重要的性能指标。一般数控机床的定位精度为 ±0.01mm，重复定位精度为 ±0.005mm。

5. 其他参数

数控机床的其他参数包括机床外形尺寸及其质量，这些参数会影响到机床安装及运输装卸。

另外，加工中心还应包括刀库容量和换刀时间参数等。

第三节　数控铣床（加工中心）简介

一、数控铣床的功能特点

数控铣床是主要采用铣削方式加工零件的数控机床。数控铣床一般能对板类、盘类、壳具类或模具类复杂零件进行加工。数控铣床除 X、Y、Z 三轴外，还可配有回转工作台。回转工作台可安装在机床工作台的不同位置，这给凸轮和箱体类零件的加工带来方便。与普通铣床相比，数控铣床的加工精度高，精度稳定好，适应性强，操作劳动强度低，特别适用于复杂形状的零件或对精度保持性要求较高的中、小批量零件的加工。数控铣床的主要功能有以下几个方面：

1. 点位控制功能

数控铣床的点位控制主要用于工件的孔加工，如中心钻定位、钻孔、扩孔、锪孔、铰孔和镗孔等各种孔加工的操作。

2. 连续控制功能

通过数控铣床的直线插补、圆弧插补或复杂的曲线插补运动，连续铣削加工工件的平面和曲面。

3. 刀具半径补偿功能

使用刀具半径补偿功能，数控系统将自动计算刀具中心轨迹，使刀具中心偏离工件轮廓一个刀具半径值，从而加工出符合图样要求的工件轮廓。利用刀具半径补偿功能，不仅可以改变刀具半径补偿值，还可以补偿刀具磨损量和加工误差，实现对工件的粗加工和精加工。

4. 刀具长度补偿功能

通过改变刀具长度的补偿值，可以补偿刀具换刀后的长度偏差值，还可以改变切削加工的平面位置，控制刀具的轴向定位精度。

5. 固定循环加工功能

应用固定循环加工指令可以简化加工程序，减少编程的工作量。

6. 子程序功能

如果加工零件的某些部分形状相同或有相似部分，可将其编写成子程序，由主程序调用，这样可以简化程序结构。

二、数控铣床的分类

1. 立式数控铣床

立式数控铣床（图 1-5）是数控铣床中应用范围最广的一种。小型数控立式铣床 X、Y、Z 方向的移动一般由工作台完成，主运动由主轴完成，与普通立式升降台铣床相似。中型数控立式铣床的纵向和横向移动一般由工作台完成，且工作台可手动升降，主轴除完成主运动外，还能沿垂直方向伸缩。大型数控立式铣床，由于需要考虑扩大行程、缩小占地面积、刚性等技术问题，多采用龙门架移动式，其主轴可以在龙门架的横向与垂直溜板上运动，而龙门架则沿床身作纵向运动，如图 1-6 所示。

图 1-5　立式数控铣床

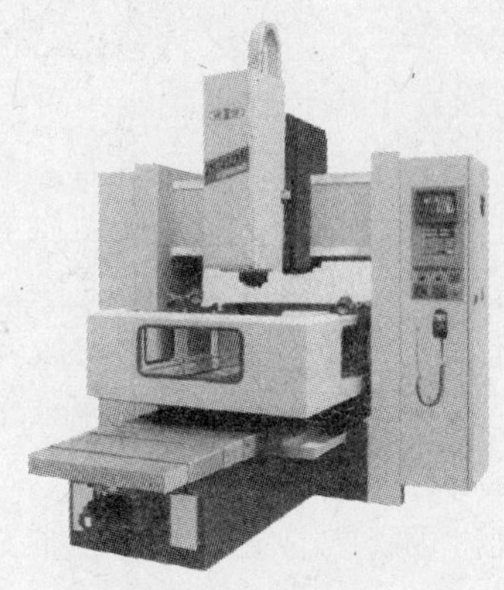

图 1-6　龙门式数控铣床

2. 卧式数控铣床

卧式数控铣床（图 1-7）与通用卧式铣床相同，其主轴轴线平行于水平面。为了扩大加工范围和扩充功能，卧式数控铣床通常采用数控转台或万能数控转台来实现四、五坐标加工。这样不但可以加工出工件侧面的连续回转轮廓，而且可以实现在一次安装中，通过转台改变工位，进行“四面加工”。尤其是万能数控转台，可以把工件上各种不同的平面角度或空间角度的加工面摆成水平来加工。这样，可以省去很多专用夹具或专用角度的成形铣刀。对于箱体类零件或需要在一次安装中改变工位的零件来说，选择带数控转台的卧式数控铣床进行加工是非常合适的。由于卧式数控铣床在增加了数控转台后很容易做到对工件进行“四面加工”，所以，已得到很多用户的重视。

3. 立、卧两用数控铣床

立、卧两用数控铣床（图 1-8）的主轴方向可以更换，能达到在一台机床上既可以进行立式加工，又可以进行卧式加工的目的，故其应用范围更广，功能更全，选择加工对象的余地更大。

图 1-7　卧式数控铣床

图 1-8　立、卧两用数控铣床

三、加工中心的功能特点

加工中心是一种具有刀库并能自动更换刀具对工件进行多工序加工的数控机床。它与普通数控镗床和数控铣床的区别主要在于它附有刀库和自动换刀装置，可使工件在一次装夹后，实现连续对工件进行钻孔、扩孔、铰孔、攻螺纹、铣削等多工序加工。加工中心一般带有自动回转工作台或主轴箱，可自动改变角度，从而使工件一次装夹后，自动完成多个平面或多个角度位置的多工序加工，工序高度集中；加工中心能自动改变主轴转速、进给量和刀具相对工件的运动轨迹；如果加工中心带有交换工作台，工件在工作位置的工作台上进行加工的同时，可在装卸位置的工作台上装卸工件，工作效率高。

由于加工中心具有上述功能，因此，可以大大减少工件装夹、测量和机床的调整时间，减少工件的周转、搬运和存放时间，使机床的切削时间利用率高于普通机床 3 ~ 4 倍；具有较好的加工一致性，它与单机、人工操作方式比较，能排除工艺流程中人为干扰因素；高的生产率和质量稳定性，尤其是加工形状比较复杂、精度要求较高、品种更换频繁的工件。

四、加工中心的分类

1. 按加工中心布局方式分类

（1）立式加工中心　立式加工中心（图 1-9）指主轴轴线为垂直设置的加工中心。其结构形式多为固定立柱式，工作台为长方形，无分度回转功能，适用于加工盘类零件。在工作台上安装一个水平轴的数控回转台，可用于加工螺旋线类零件。立式加工中心的结构简单，占地面积小，价格低。

（2）卧式加工中心　卧式加工中心（图 1-10）指主轴轴线为水平设置的加工中心。通常都带有可进行分度回转运动的正方形分度工作台。卧式加工中心一般具有 3 ~ 5 个运动坐标，常见的是三个直线运动坐标（沿 X、Y、Z 轴方向）加一个回转运动坐标（回转工作台），它能够使工件在一次装夹后完成安装面和顶面以外的其余四个面的加工，适用于箱体类零件的加工。

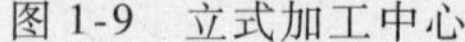

图 1-9　立式加工中心

图 1-10　卧式加工中心

卧式加工中心有多种形式，如固定立柱式或固定工作台式。固定立柱式的卧式加工中心的立柱固定不动，主轴箱沿立柱作上下运动，而工作台可在水平面内作前后、左右移动；固定工作台式的卧式加工中心，安装工件的工作台固定不动（不作直线运动），沿坐标轴三个方向的直线运动由主轴箱和立柱的移动来实现。

与立式加工中心相比，卧式加工中心的结构复杂、占地面积大、质量大、价格也较高。

（3）龙门式加工中心　龙门加工中心形状与龙门铣床相似，如图1-11所示，主轴多为垂直设置，带有自动换刀装置及可更换的主轴头附件，数控装置的软件功能也较齐全，能够一机多用，适用于大型或形状复杂的工件，如航天工业及大型汽轮机上某些零件的加工。

图1-11　龙门式加工中心

（4）万能加工中心（复合加工中心）　具有立式和卧式加工中心的功能，工件一次装夹后能完成除安装面外的所有侧面和顶面（五个面）的加工，也叫五面加工中心。常见的五面加工中心有两种形式：一种是主轴可实现立、卧转换；另一种是主轴不改变方向，数控回转工作台带着工件旋转完成对工件五个表面的加工。图1-12为常用的数控回转工作台。

图1-12　数控回转工作台

图1-13为数控回转工作台工作示意图。图1-13a可作四面加工，图1-13b、c可用于圆柱凸轮的空间成形面和平面凸轮加工，图1-13d可用于加工在表面上成不同角度布置的孔与面。

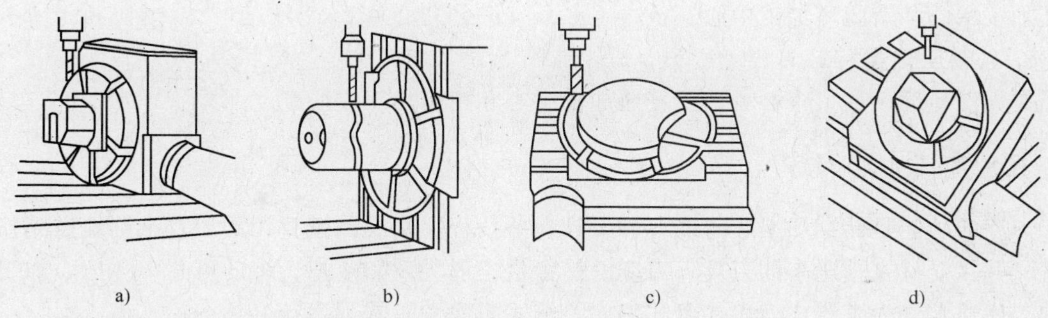

图1-13　数控回转工作台工作示意图

由于五面加工中心结构复杂、占地面积大、造价高，因此它的使用和生产数量上远不如其他类型的加工中心。

2. 按换刀形式分类

（1）带刀库、机械手的加工中心　加工中心的换刀装置（ATC）由刀库和机械手组成，机械手完成换刀工作，这是加工中心采用最普遍的形式。

（2）无机械手的加工中心（图 1-14） 加工中心的换刀通过刀库和主轴箱的配合动作来完成，刀库中刀具存放位置方向与主轴装刀方向一致。换刀时，主轴运动到刀位上的换刀位置，由主轴直接取走或放回刀具。多用于 40 号以下刀柄的小型加工中心。

（3）转塔刀库式加工中心（图 1-15） 小型立式加工中心一般采用转塔刀库形式，主要以孔加工为主。

图 1-14 无机械手的加工中心

图 1-15 转塔刀库式加工中心

3. 按加工中心的功用分类

（1）镗铣加工中心 主要用于镗削、铣削、钻孔、扩孔及攻螺纹等工序，适用于加工箱体类及型面复杂、工序集中的零件。

（2）钻削加工中心 主要用于钻孔，也可进行小面积的端铣。

（3）车削加工中心 除用于加工轴类零件外，还进行铣（如铣六角）、钻（如钻横向孔）等工序。

4. 按数控系统分类

按数控系统，加工中心可分为二坐标加工中心、三坐标加工中心和多坐标加工中心，半闭环加工中心和全闭环加工中心。

5. 按精度分类

按加工精度，加工中心可分为普通加工中心和精密加工中心。

五、加工中心刀库

刀库的功能是储存加工所需的各种刀具，并按程序指令，把要用的刀具准确地送到换刀位置，并接受从主轴送来的刀具。刀库的储存量一般为 8～64 把，多的可达 200 把。加工中心的刀库通常分为直线式刀库、盘式刀库、链式刀库和箱式刀库等。

1. 盘式刀库

图 1-16、图 1-17 所示为有机械手的盘式刀库。图 1-18 为无机械手的斗笠式刀库。

图 1-15 所示的转塔刀库也属于盘式刀库。

2. 链式刀库

链式刀库结构较紧凑，通常为轴向换刀。刀库容量较大，并可根据机床的布局配置单链环和多链环，也可将换刀位置刀座突出以利于换刀。图 1-19 为单链环链式刀库。

图 1-16　盘式刀库

图 1-17　盘式放射状刀库

图 1-18　斗笠式刀库

图 1-19　单链环链式刀库

3. 箱式刀库

箱式刀库分为固定型和非固定型两种。

（1）固定型箱式刀库　固定型箱式刀库如图 1-20 所示，刀具分几排直线排列，由纵、横向移动的取刀机械手完成选刀动作，将选取的刀具送到固定位置的换刀刀座上，由换刀机械手交换刀具。由于刀具排列密集，空间利用率高，刀库容量大。

（2）非固定型箱式刀库　可换主轴箱的加工中心刀库由多个刀匣（箱）组成，每个刀匣可从刀库中提出进行选刀。

4. 刀库的容量

刀库的容量首先要考虑加工工艺的需要。例如，立式加工中心的主要工艺为钻、铣。根据 15000 种工件的统计，按成组技术分析，各种加工所必需的刀具数的结果是 4 把铣刀可完成工件 95% 左右的铣削工艺，10 把孔加工刀具可完成 70% 的钻削工艺，因此，14 把刀的容量就可完成 70% 以上的工件的钻铣工艺。如果从完成工件的全部加工所需的刀具数目统计，

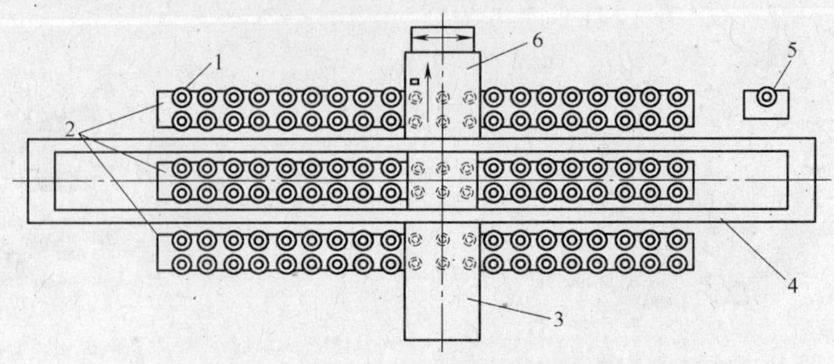

图 1-20　固定型箱式刀库

1—刀座　2—刀具固定板架　3—取刀机械手横向滑座
4—取刀机械手纵向导轨　5—换刀位置刀座　6—换刀机械手

所得结果是 80% 的工件（中等尺寸、复杂程度一般）完成全部加工任务所需的刀具数在 40 种以下，所以一般的中小型立式加工中心配有 14～30 把刀具的刀库就能够满足 70%～95% 的工件的加工需要。

六、加工中心的换刀方式

加工中心的换刀方式通常有无机械手换刀、有机械手换刀、更换主轴换刀和更换主轴箱换刀等。

无机械手换刀和有机械手换刀由刀具交换装置完成。数控机床的自动换刀系统（ATC）中，实现刀库与机床主轴之间刀具传递和刀具装卸的装置称为刀具交换装置。

1. 无机械手换刀

无机械手换刀的方式是利用刀库与机床主轴的相对运动实现刀具交换。

XH754 型卧式加工中心就是采用这类刀具交换装置的实例。该机床主轴在立柱上可以沿 Y 方向上下移动，工作台横向运动为 Z 轴，纵向移动为 X 轴。盘式刀库位于机床顶部，有 30 个装刀位置，可装 29 把刀具。

1）当加工工步结束后执行换刀指令，主轴实现准停，主轴箱沿 Y 轴上升。这时机床上方刀库的空挡刀位正好处在交换位置，装夹刀具的卡爪打开，如图 1-21a 所示。

2）主轴箱上升到极限位置，被更换刀具的刀杆进入刀库空刀位，即被刀具定位卡爪钳住，与此同时，主轴内刀杆自动夹紧装置放松刀具，如图 1-21b 所示。

3）刀库伸出，从主轴锥孔中将刀具拔出，如图 1-21c 所示。

4）刀库转动，按照程序指令要求将选好的刀具转到最下面的位置，同时，压缩空气将主轴锥孔吹净，如图 1-21d 所示。

5）刀库退回，同时将新刀具插入主轴锥孔，主轴内的夹紧装置将刀杆拉紧，如图1-21e 所示。

6）主轴下降到加工位置后起动，开始下一步的加工，如图 1-21f 所示。

这种换刀机构不需要机械手，且结构简单、紧凑。由于交换刀具时机床不工作，所以不会影响加工精度，但会影响机床的生产效率。其次，因刀库尺寸限制，装刀数量不能太多。这种换刀方式常用于小型加工中心。

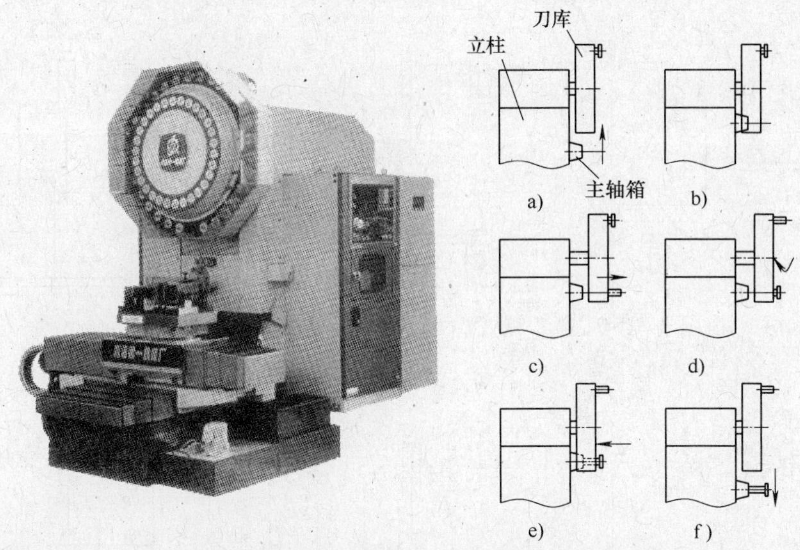

图 1-21　XH754 型卧式加工中心及其换刀过程

2. 机械手换刀

采用机械手进行刀具交换的方式应用最为广泛。这是因为机械手换刀有很大的灵活性，而且可以减少换刀时间。机械手的结构类型多种多样，因此换刀运动也有所不同。下面以卧式镗铣加工中心为例说明采用机械手换刀的工作原理。

该机床采用的是链式刀库，位于机床立柱左侧。由于刀库中存放刀具的轴线与主轴的轴线垂直，故机械手需要三个自由度。机械手沿主轴轴线的插拔刀动作，由液压缸来实现；绕竖直轴 90°的转动进行刀库与主轴间刀具的传送，由液压马达实现；绕水平轴旋转 180°完成刀库与主轴上的刀具交换的动作，也由液压马达实现。

1）抓刀爪伸出，抓住刀库上的待换刀具，刀库刀座上的锁板拉开，如图 1-22a 所示。

2）机械手带着待换刀具绕竖直轴逆时针方向转 90°，与主轴轴线平行，另一个抓刀爪抓住主轴上的刀具，主轴将刀杆松开，如图 1-22b 所示。

3）机械手前移，将刀具从主轴锥孔内拔出，如图 1-22c 所示。

4）机械手绕自身水平轴转 180°，将两把刀具交换位置，如图 1-22d 所示。

5）机械手后退，将新刀具装入主轴，主轴将刀具锁住，如图 1-22e 所示。

6）抓刀爪缩回，松开主轴上的刀具。机械手绕竖直轴顺时针转 90°，将刀具放回刀库的相应刀座上，刀库上的锁板合上，如图 1-22f 所示。

最后，抓刀爪缩回，松开刀库上的刀具，恢复到原始位置。

3. 更换主轴换刀

更换主轴换刀是带有旋转刀具的数控机床的一种比较简单的换刀方式。这种机床的主轴头常用转塔的转位来更换主轴头，以实现自动换刀。在转塔的各个主轴头上，预先安装有各工序所需要的刀具，当换刀指令发出后，各主轴头依次转到加工位置并接通主运动，使相应的主轴带动刀具旋转，而其他处于不加工位置上的主轴头都与主运动脱开。

4. 更换主轴箱换刀

有些数控机床和组合机床相似，采用多主轴的主轴箱，利用更换主轴箱达到换刀的目

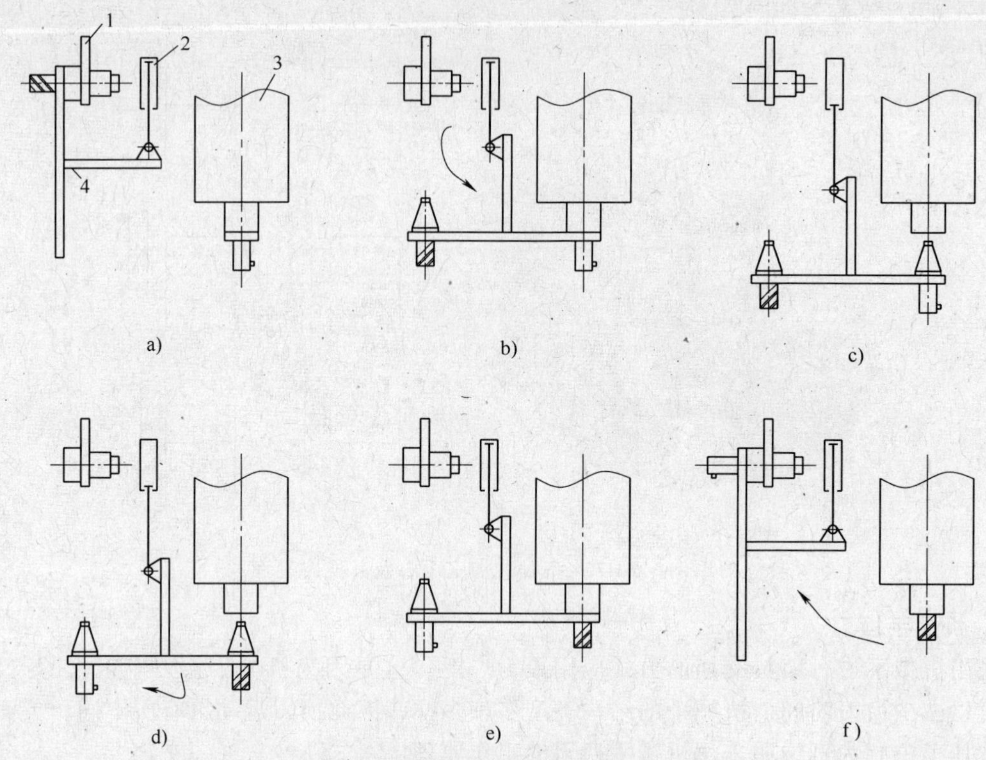

图 1-22　换刀分解动作示意图

1—刀库　2—液压缸　3—主轴　4—机械手

的。这种换刀形式可以提高箱体类零件的生产效率。

【思考与练习】

1. 数控的定义是什么？试解释下列代号的含义。

DNC　　MNC　　CNC　　FMC　　FMS　　CIMS

2. 数控铣床（加工中心）由哪几个部分组成？
3. 数控铣床（加工中心）的主要技术指标有哪几项？
4. 什么叫脉冲当量、定位精度和重复定位精度？
5. 数控铣床分哪几类？加工中心按布局形式分哪几类？各适合加工何种类型的零件？
6. 加工中心的刀库的种类有哪些？
7. 加工中心的换刀方式有哪几种？

第二章 数控铣床（加工中心）加工工艺

零件的加工涉及到零件的分析、加工方案、装夹方案、切削用量、刀具的选择等问题，本章对这些方面作了详尽细致的讲解。通过本章的学习要能够解决上述各方面的问题，为零件的加工和程序的编制作好准备工作。

第一节　数控铣床（加工中心）加工工艺概述

在数控机床上加工零件与在普通机床上加工零件所涉及的工艺问题大致相同。首先要对零件进行工艺分析和处理，然后根据工艺装备（机床、夹具、刀具等）的特点拟订合理的工艺方案，编制零件加工的工艺规程（简称工艺），最后根据工艺规程编制零件的加工程序。

一、数控加工的主要内容

数控加工流程如图 2-1 所示，主要包括分析图样、工件的定位与装夹、刀具的选择与安装、编制数控加工程序、试切削或试运行、数控加工、工件的验收与质量误差分析等方面的内容。

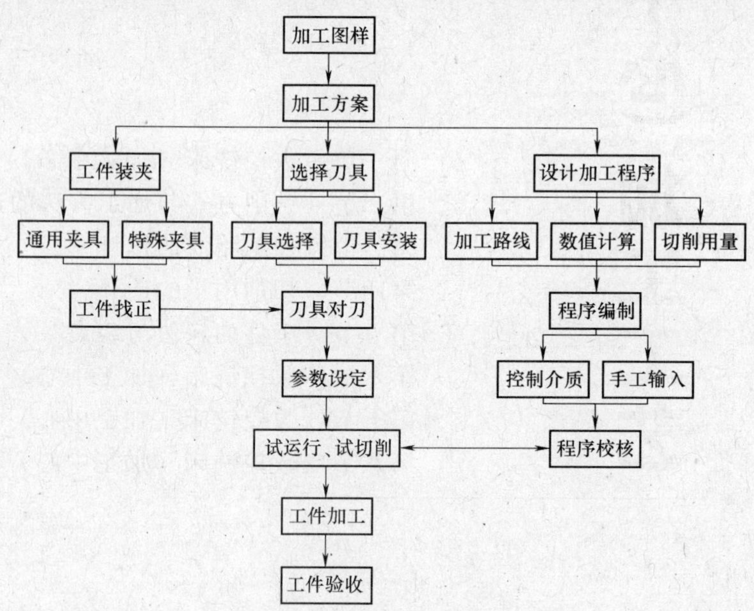

图 2-1　数控加工流程图

二、零件结构工艺性分析

零件的结构工艺性是指根据加工工艺的特点，对零件的设计所产生的要求，也就是说零件的结构设计会影响或决定加工工艺性的好坏。零件的结构工艺性分析包括以下几个方面：

（1）零件图样尺寸的正确标注　由于数控加工程序是以准确的坐标点为基础进行编制的。因此，各图形的几何要素的相互关系要明确；各种几何要素的条件要充分，应无引起矛盾的多余尺寸或影响工序安排的封闭尺寸。

（2）保证基准统一　在数控加工零件图样上，最好以同一基准引注尺寸或直接给出坐标尺寸。这种标注方法既便于编程，也便于尺寸之间的相互协调，在保持设计基准、工艺基准、检测基准与编程原点等设置的一致性方面带来了方便。为了保证基准统一，应根据零件加工精度要求进行必要的尺寸链换算。

（3）零件各加工部位的结构工艺性　零件各加工部位的结构工艺性要求：

1）零件的内腔与外形最好采用统一的几何类型，这样可以减少刀具规格和换刀次数，从而简化编程并提高生产效率。

2）轮廓最小内圆弧或外轮廓的内凹圆弧的半径 R 限制了刀具的半径。因此，圆弧半径 R 不能取得过小。此外，零件的结构工艺性还与 R/H（H 为零件轮廓面的最大加工高度）的值有关，当（R/H）>0.2 时，零件的结构工艺性较好；反之则较差，如图 2-2 所示。

3）铣削槽底平面时，槽底圆角半径 r（图 2-3）不能过大。圆角半径 r 越大，铣刀端面刃与铣削平面的最大接触直径 $d = D - 2r$（D 为铣刀直径）越小，加工平面的能力就越差，效率越低，工艺性也越差。

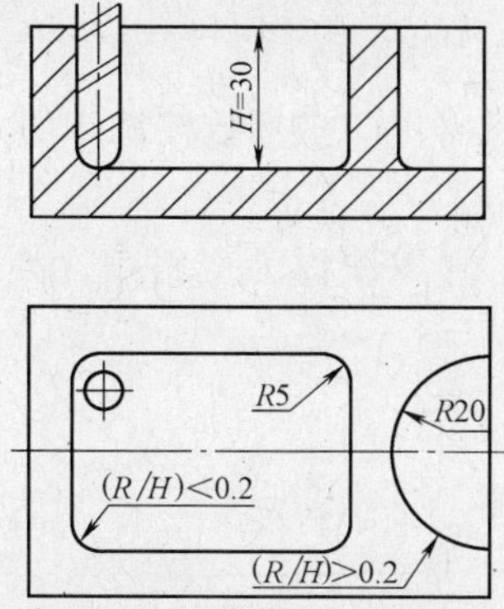

图 2-2　零件结构工艺性

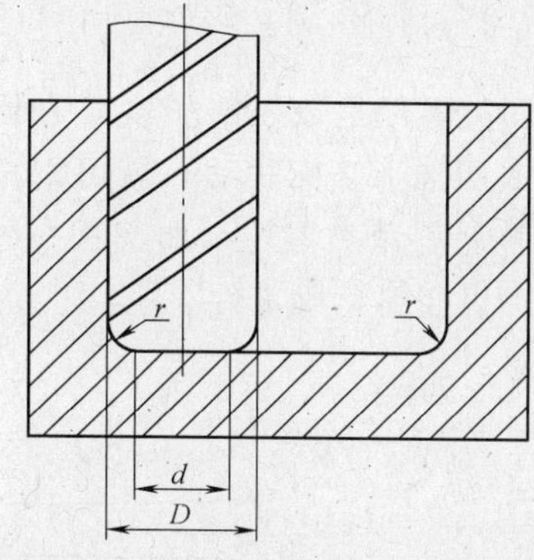

图 2-3　槽底平面圆弧对加工工艺的影响

（4）分析零件的变形情况　对于零件在数控铣削加工过程中的变形问题，可在加工前采取适当的热处理工艺（如调质、退火等）来解决，也可采取粗、精加工分开或对称去除余量等常规方法解决。

（5）毛坯结构工艺性　对于毛坯的结构工艺性要求，首先应考虑毛坯的加工余量应充足和尺寸均匀；其次应考虑毛坯在加工时定位与装夹的可靠性和方便性，以便在一次安装过程中加工出尽量多的表面。对于不便装夹的毛坯，可考虑在毛坯上另外增加装夹余量或工艺凸台、工艺凸耳等辅助基准。如图 2-4 所示为增加工艺凸耳，并在工艺凸耳上加工定位基准孔。

三、数控铣床与加工中心适宜加工的对象

1. 数控铣床适宜的加工对象

数控铣削是机械加工中最常用和最主要的数控加工方法之一，它除了能铣削普通铣

床所能铣削的各种零件表面外，还能铣削普通铣床不能铣削的，需要2~5坐标联动的各种平面轮廓和立体轮廓。根据数控铣床的特点，从铣削加工角度考虑，适宜数控铣削的主要加工对象有以下几类：

图2-4 工艺凸耳

(1) 平面类零件 加工面平行或垂直于水平面，或加工面与水平面的夹角为定角的零件为平面类零件。目前在数控铣床上加工的大多数零件属于平面类零件，其特点是各个加工面是平面，或可以展开成平面。图2-5中的曲线轮廓面 M 和正圆台面 N，展开后均为平面。

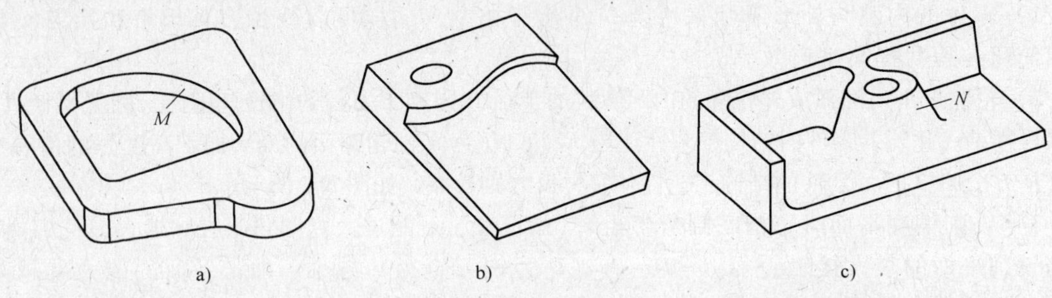

图2-5 平面类零件
a）带平面轮廓的平面零件 b）带斜平面的平面零件 c）带正圆台和斜肋的平面零件

平面类零件是数控铣削加工中最简单的一类零件，一般只需用3坐标数控铣床的2坐标联动（或两轴半坐标联动）就可以把它们加工出来。

(2) 变斜角类零件 加工面与水平面的夹角呈连续变化的零件称为变斜角，如图2-6所示的飞机变斜角梁零件。

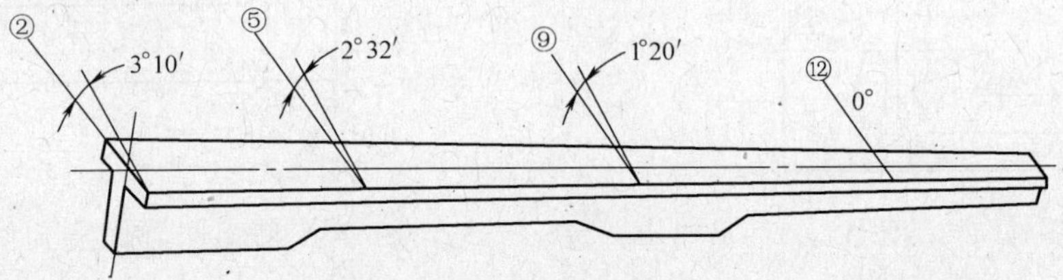

图2-6 飞机变斜角梁零件

变斜角类零件的变斜角加工面不能展开为平面，但在加工中，加工面与铣刀圆周的瞬时接触为一条线。此类零件最好采用4坐标、5坐标数控铣床摆角加工，若没有上述机床，也可采用3坐标数控铣床进行两轴半近似加工。

(3) 曲面类零件 加工面为空间曲面的零件称为曲面类零件，如模具、叶片、螺旋桨等。曲面类零件不能展开为平面，如图2-7所示。加工时，铣刀与加工面始终为点接触，一般采用球头刀在3轴数控铣床上加工。当曲面较复杂、通道较狭窄、加工中会伤及相邻表面及需要刀具摆动时，要采用4坐标或

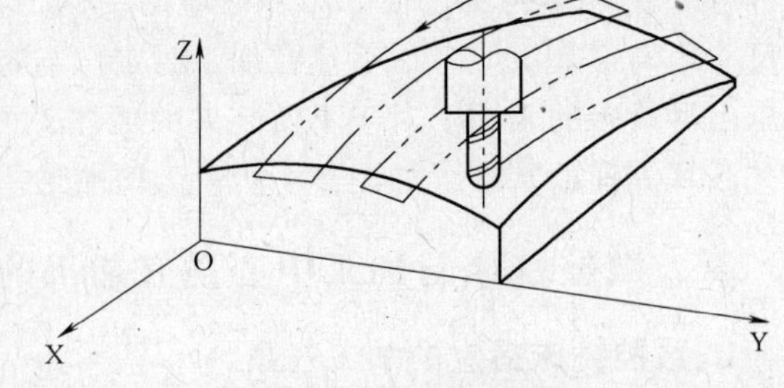

图2-7 曲面类零件

5坐标数控铣床加工。

2. 加工中心的加工对象

针对加工中心的工艺特点，加工中心适用于加工形状复杂，加工内容多，要求较高，需用多种类型的普通机床和众多的工艺装备，且经多次装夹和调整才能完成加工的零件。主要的加工对象有下列几种：

（1）既有平面又有孔系的零件　加工中心具有自动换刀装置，在一次安装中，可以完成零件上平面的铣削、孔系的钻削、镗削、铰削、铣削及攻螺纹等多工步加工。加工的部位可以在一个平面上，也可以在不同的平面上。五面加工中心一次安装可以完成除安装平面以外的五个面的加工。因此，既有平面又有孔系的零件是加工中心的首选加工对象，这类零件常见的有箱体类零件和盘、套、板类零件。

1）箱体类零件（图2-8）。箱体类零件很多，一般都要进行多工位孔系及平面加工，精度要求较高，特别是形状精度和位置精度要求较严格，通常要经过铣、钻、扩、镗、铰、锪、攻螺纹等工步，因此，需要的刀具较多，在普通机床上加工难度大，工装套数多，需多次装夹找正，并且手工测量次数多，精度不易保证。在加工中心上一次安装可完成普通机床的60%～95%的工序内容，零件各项精度一致性好，质量稳定，生产周期短。

图2-8　箱体类零件

2）盘、套、板类零件。这类零件端面上有平面、曲面和孔系，也常分布一些径向孔，如图2-9所示。加工部位集中在单一端面上的盘、套、板类零件宜选择立式加工中心；加工部位不是位于同一方向表面上的零件宜选择卧式加工中心。

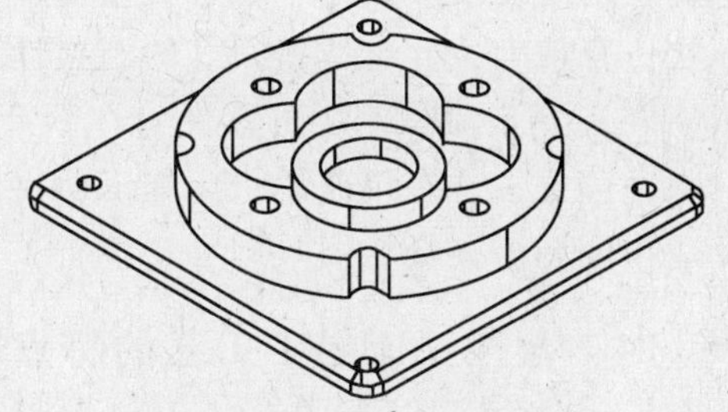

图2-9　盘、套、板类零件

（2）结构形状复杂、普通机床难加工的零件　主要表面由复杂曲线、曲面组成的零件，在加工时，需要多坐标联动加工，这在普通机床上是难以甚至无法完成的，加工中心是加工这类零件最有效的设备。常见的典型零件有以下几类：

1）凸轮类。这类零件包括有各种曲线的盘形凸轮、圆柱凸轮、圆锥凸轮和端面凸轮等，加工时，可根据凸轮表面的复杂程度，选用三轴、四轴或五轴联动的加工中心。

2）整体叶轮类。整体叶轮常见于航空发动机的压气机、空气压缩机、船舶水下推进器等，它除具有一般曲面加工的特点外，还存在许多特殊的加工难点，如通道狭窄，刀具很容易与加工表面和邻近曲面产生干涉。图2-10所示为轴向压缩机涡轮，它的叶面是一个典型的三维空间曲面，加工这样的型面，可采用四轴以上联动的加工中心。

图 2-10 轴向压缩机涡轮

3）模具类。常见的模具有锻压模具、铸造模具、注塑模具及橡胶模具等。采用加工中心加工模具，由于工序高度集中，动模、定模等关键件基本上是在一次装夹中完成全部加工内容，尺寸累积误差及修配工作量小，同时模具的可复制性强，互换性好。

4）外形不规则的异形零件。异形零件是指支架（图 2-11）、拨叉（图 2-12）类等外形不规则的零件，大多要点、线、面多工位混合加工。由于外形不规则，在普通机床上只能采取工序分散的原则加工，需用工装较多，周期较长。利用加工中心多工位点、线、面混合加工的特点，可以完成大部分甚至全部工序内容。

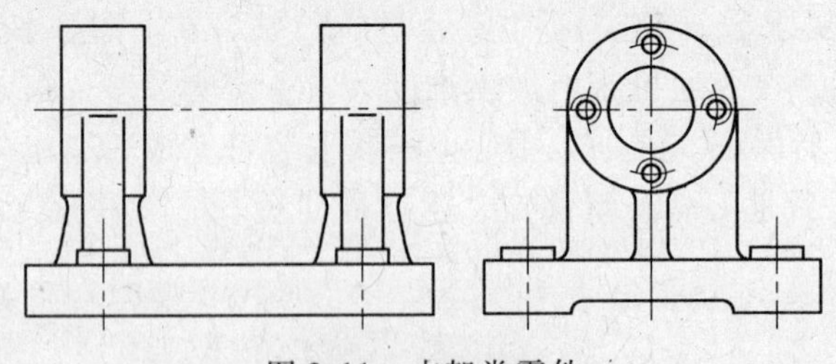
图 2-11 支架类零件

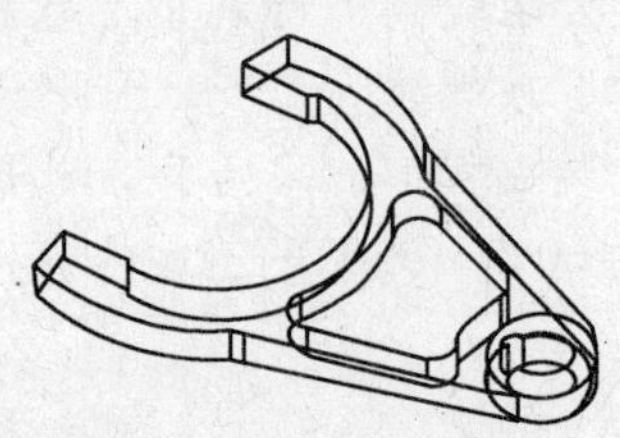
图 2-12 拨叉类零件

上述是根据零件特征选择的适合加工中心加工的几种零件，此外，还有以下一些适合加工中心加工的零件。

（3）周期性投产的零件　用加工中心加工零件时，所需工时主要包括基本时间和准备时间，其中，准备时间占很大比例。如工艺装备、程序编制、零件首件试切等，这些时间往往是单件基本时间的几十倍。采用加工中心可以将这些准备时间的内容储存起来，供以后反复使用。这样，对周期性投产的零件，生产周期就可以大大缩短。

（4）加工精度要求较高的中小批量零件　针对加工中心加工精度高、尺寸稳定的特点，对加工精度要求较高的中、小批量零件，选择加工中心加工，容易获得所要求的尺寸精度和形状位置精度，并可取得很好的互换性。

（5）新产品试制中的零件　在新产品定型之前，需经反复试验和改进。选择加工中心试制，可省去许多用通用机床加工所需的试制工装。当零件被修改时，只需修改相应的程序及适当地调整夹具、刀具即可，节省了费用，缩短了试制周期。

四、数控铣床加工工艺的特点

工艺规程是工人在加工时的指导性文件，一般包括的内容有零件加工的工艺路线，各工序的具体加工内容，切削用量、工时定额以及所采用的设备和工艺装备等。由于普通铣床受控于操作工人，因此，在普通铣床上用的工艺规程实际上只是一个工艺过程卡，铣床的切削用量、进给路线、工序的工步等往往都是由操作工人自行选定。数控铣床加工的程序是数控铣床的指令性文件。数控铣床受控于程序指令，加工的全过程都是按程序指令自动进行的。因此，数控铣床加工程序与普通铣床有较大差别，涉及的内容也较广。数控铣床加工程序不仅要包括零件的工艺过程，而且还要包括切削用量、进给路线、刀具尺寸以及铣床的运动过程。工艺方案的好坏不仅影响数控铣床效率的发挥，而且将直接影响到零件的加工质量。

五、加工中心加工工艺的特点

加工中心是一种功能较全的数控机床，它集铣削、钻削、铰削、镗削、攻螺纹和切削螺纹于一身，使其具有多种工艺手段，与普通机床加工相比，加工中心具有许多显著的工艺特点。

1. 加工精度高

在加工中心上加工，其工序高度集中，一次装夹即可加工出零件的大部分甚至全部表面，避免了工件多次装夹所产生的装夹误差。因此，加工表面之间能获得较高的相互位置精度。同时，加工中心多采用半闭环，甚至全闭环的位置补偿功能，有较高的定位精度和重复定位精度，在加工过程中产生的尺寸误差能及时得到补偿，与普通机床相比，能获得较高的尺寸精度。

2. 精度稳定

整个加工过程由程序控制，不受操作者人为因素的影响，同时，没有凸轮、靠模等部件，省去了制造和使用中磨损等所造成的误差，加上机床的位置补偿功能和较高的定位精度和重复定位精度，加工出的零件尺寸一致性好。

3. 效率高

一次装夹能完成较多表面的加工，减少了多次装夹工件所需的辅助时间。同时，减少了工件在机床与机床之间、车间与车间之间的周转次数和运输工作量。

4. 表面质量好

加工中心主轴转速和各轴进给量均是无级调速，有的甚至具有自适应控制功能，能随刀具和工件材质及刀具参数的变化，把切削参数调整到最佳数值，从而提高了各加工表面的质量。

5. 软件适应性大

零件每个工序的加工内容、切削用量、工艺参数都可以编入程序，并可随时修改，这给新产品试制，实行新的工艺流程和试验提供了方便。

在加工中心上加工与在普通机床上加工相比，也有一些不足之处。例如，刀具应具有更高的强度、硬度和耐磨性；悬臂切削孔时，无辅助支承，刀具还应具有很好的刚性；在加工过程中，切屑易堆积，会缠绕在工件和刀具上，影响加工顺利进行，需要采取断屑措施和及时清理切屑；一次装夹完成从毛坯到成品的加工，无时效工序，工件的内应力难以消除；使用、维修管理要求较高，要求操作者应具有较高的技术水平；加工中心的价格一般都在几十万元到几百万元，甚至更高，一次性投入较大，零件的加工成本高。

六、数控加工工艺文件

数控加工工艺文件主要包括数控加工工序卡、数控刀具调整单、机床调整单、零件加工程序单等。这些文件尚无统一的标准，各企业可根据本单位的特点制订上述工艺文件，现选几例，仅供参考。

1. 数控加工编程任务书

数控加工编程任务书记载并说明了工艺人员对数控加工工序的技术要求、工序说明和数控加工前应保证的加工余量，是编程员与工艺人员协调工作和编制数控程序的重要依据之一，见表 2-1。

表 2-1 数控加工编程任务书

<table>
<tr><td>×××机械厂</td><td rowspan="3">数控编程任务书</td><td>产品零件图号</td><td></td><td>任务书编号</td></tr>
<tr><td rowspan="2">工艺处</td><td>零件名称</td><td></td><td rowspan="1"></td></tr>
<tr><td>使用数控设备</td><td></td><td>共 页第 页</td></tr>
</table>

主要工序说明及技术要求

数控精加工各孔及铣凹槽，详见本产品工艺过程卡片(工序号70)要求。

<table>
<tr><td colspan="2">编程收到日期</td><td colspan="2"></td><td colspan="2">经手人</td><td colspan="2"></td><td colspan="2">批准</td><td colspan="2"></td></tr>
<tr><td>编制</td><td></td><td>审核</td><td></td><td>编程</td><td></td><td>审核</td><td></td><td>批准</td><td></td></tr>
</table>

2. 工序卡

数控加工工序卡与普通加工工序卡有许多相似之处，但不同的是该卡中应反映使用的辅具、刃具、切削参数、切削液等，它是操作人员配合数控程序进行数控加工的主要指导性工艺资料。工序卡应按已确定的工步顺序填写。加工中心上数控加工工序卡片见表 2-2。

表 2-2 数控加工工序卡片

<table>
<tr><td colspan="2" rowspan="2">×××机械厂</td><td colspan="2" rowspan="2">数控加工工序卡片</td><td colspan="2">产品名称或代号</td><td colspan="2">零件名称</td><td>零件图号</td></tr>
<tr><td colspan="2"></td><td colspan="2"></td><td></td></tr>
<tr><td>工艺序号</td><td>程序编号</td><td colspan="2">夹具名称</td><td colspan="2">夹具编号</td><td colspan="2">使用设备</td><td>车间</td></tr>
<tr><td></td><td></td><td colspan="2"></td><td colspan="2"></td><td colspan="2"></td><td></td></tr>
<tr><td>工步号</td><td>工步内容</td><td>加工面</td><td>刀具号</td><td>刀具规格</td><td>进给速度</td><td>切削深度</td><td colspan="2">备注</td></tr>
<tr><td>1</td><td></td><td></td><td></td><td></td><td></td><td></td><td colspan="2"></td></tr>
<tr><td>2</td><td></td><td></td><td></td><td></td><td></td><td></td><td colspan="2"></td></tr>
<tr><td></td><td></td><td></td><td></td><td></td><td></td><td></td><td colspan="2"></td></tr>
<tr><td>编 制</td><td></td><td>审核</td><td></td><td>批准</td><td></td><td>共 页</td><td colspan="2">第 页</td></tr>
</table>

若在数控机床上只加工零件的一个工步时，也可不填写工序卡。当工序加工内容不十分复杂时，可把零件草图反映在工序卡上。

3. 数控刀具调整单

数控刀具调整单主要包括数控刀具卡片（简称刀具卡）和数控刀具明细表两部分。

数控加工时，对刀具的要求十分严格，一般要在机外对刀仪上，事先调整好刀具直径和长度。刀具卡主要反映刀具编号、刀具结构、刀柄规格、组合件名称代号、刀片型号和材料等，它是组装刀具和调整刀具的依据，见表 2-3。

表 2-3　数控刀具卡片

零件图号			数控刀具卡片			使用设备
刀具名称						
刀具编号		换刀方式	自　动	程序编号		
刀具组成	序号	编号	名称	规格	数量	
	1					
	2					
	3					
	4					
	5					
	6					
备注						
编制		审核		批准	共　页	第　页

数控刀具明细表是调刀人员调整刀具输入的主要依据。数控刀具明细表见表 2-4。

表 2-4　数控刀具明细表

零件图号	零件名称		材料	数控刀具明细表			程序编号		车间	使用设备
刀号	刀位号	刀具名称	刀具图号	刀具						加工部位
				直径/mm		长度/mm				
				设定	补偿	设定	直径	长度	自动/手动	
									自动	
									自动	
编制		审核		批准			年　月　日		共　页	第　页

4. 零件安装和零点设定卡片

数控加工零件安装和零点（编程坐标系原点）设定卡片（简称装夹图和零点设定卡）表明了数控加工零件定位方法和夹紧方法，也标明了零件零点设定的位置和坐标方向，使用夹具的名称和编号等。零件安装图和零点设定卡片见表 2-5。

5. 数控加工程序单

数控加工程序单是编程员根据工艺分析情况，经过数值计算，按照机床特定的指令代码编制的。它是记录数控加工工艺过程、工艺参数、位移数据的清单以及手动数据输入（MDI）和置备控制介质、实现数控加工的主要依据。表 2-6 为加工程序单的一种形式。

表 2-5　零件安装图和零点设定卡片

零件图号		数控加工零件安装和零点设定卡片	工序号	
零件名称			装夹次数	

编　制	审　核	批　准	第　页			
			共　页	序　号	夹具名称	夹具图号

表 2-6　加工程序单

单位名称		CNC 机床程序单		程序编号		零件图号		机床	
				产品名称		零件名称		共　页	第　页
材料牌号		毛坯种类		每一次加工件数		每台数量		单件质量	
工序号	N	程序内容						备注	
标记	修改内容	修改者	日期	标记	修改内容	日期	编制（日期）	审核（日期）	批准（日期）

第二节　铣削方式与加工方法的选择

一、周边铣削和端面铣削

周边铣削是指用铣刀周边刃进行的铣削。图 2-13 所示为采用圆柱形铣刀进行的周边铣削。由于圆柱形铣刀是由若干个切削刃组成的，铣出来的面有微小的波纹。要使被加工表面获得小的表面粗糙度值，工件的进给速度应慢一些，铣刀的转速要适当增快。

用周边铣削的方法铣出的平面，其平面度的好坏主要决定于铣刀的圆柱度误差，因此在精铣平面时，要保证铣刀的圆柱度不超差。

端面铣削是指用铣刀端面齿刃进行的铣削，如图 2-14 所示，端面铣削时，会产生一条条刀纹，刀纹表面粗糙度值与工件的进给速度和铣刀的转速等许多因素有关。

相比较而言，端面铣削加工质量高，因为切削过程中切削力变化小，切削平稳，振动小；其生产效率高，因为端面铣削所用的刀具刚性好，能高速切削；而周边铣削的适应性

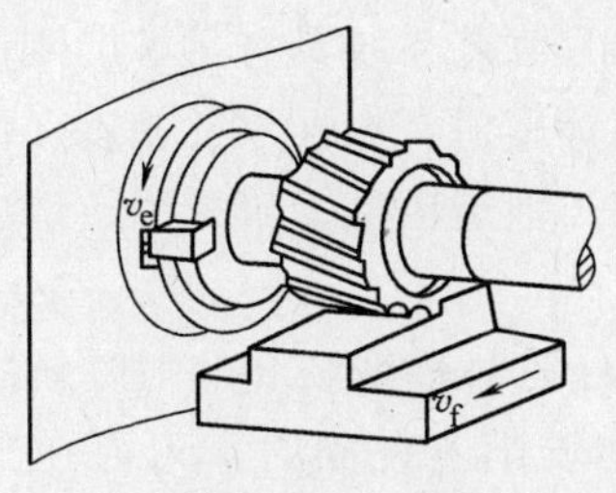

图 2-13 周边铣削

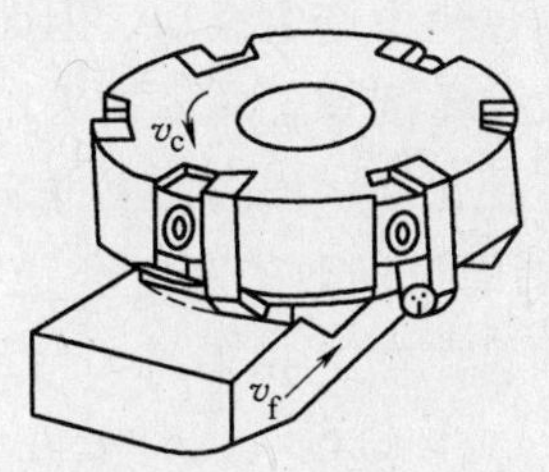

图 2-14 端面铣削

好，能方便铣削各种平面、台阶面、沟槽等。

二、顺铣和逆铣

1. 周边铣削时的顺铣和逆铣

（1）顺铣　在铣刀与工件已加工面的切点处，铣刀旋转切削刃的运动方向与工件进给方向相同的铣削称为顺铣。顺铣时，铣刀切削刃作用在工件上的力 F 在进给方向上的铣削分力 F_2 与工件的进给方向相同，如图 2-15a 所示。

（2）逆铣　在铣刀与工件已加工面的切点处，铣刀旋转切削刃的运动方向与工件进给方向相反的铣削称为逆铣。逆铣时，铣刀切削刃作用在工件上的力 F 在进给方向上的分力 F_2 与工件进给方向相反，如图 2-15b 所示。

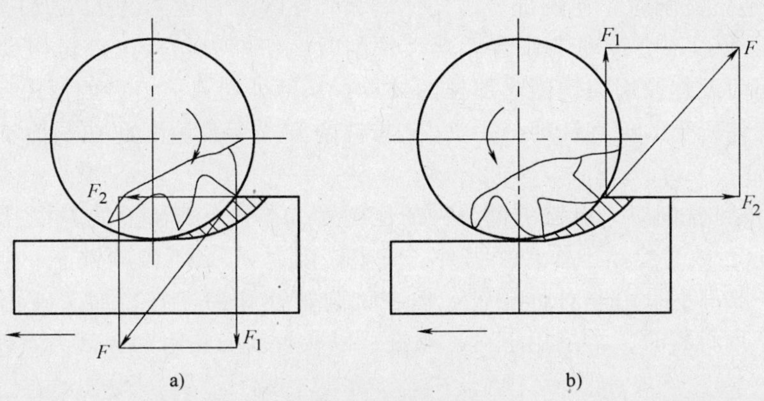

图 2-15 顺铣和逆铣

逆铣时，每个刀齿的切削厚度都是由小到大逐渐变化的，刀具从已加工表面切入，对铣刀的使用有利。但由于铣刀的刀齿接触工件后不能马上切入金属层，而是在工件表面滑动一小段距离，在滑动过程中，由于强烈的摩擦，会产生大量的热量，同时，在待加工表面易形成硬化层，降低了刀具的使用寿命，影响工件表面的粗糙度，给切削带来不利。

顺铣时，切削厚度是由大到小逐渐变化的，刀齿开始和工件接触时切削厚度最大，且从表面硬化层开始切入，刀齿受很大的冲击，铣刀变钝较快，但刀齿切入过程中没有滑移现象。顺铣的功率消耗要比逆铣时小，并且顺铣也更有利于排屑。但由于水平铣削力的方向与工件进给运动方向一致，当刀齿对工件的作用力较大时，由于工作台丝杠与螺母间隙的存在，工作台会产生窜动，这样不仅破坏了切削过程的平稳性，影响工件的加工质量，而且严重时会损坏刀具。

目前，数控机床通常具有间隙消除机构，能可靠地消除工作台进给丝杠与螺母间的间隙，防止铣削过程中产生振动。因此，对于毛坯表面没有硬皮，且工艺系统具有足够的刚性的工件加工，数控铣削加工应尽量采用顺铣，以降低零件的表面粗糙度值，保证尺寸精度。但是在切削面上有硬化层、积渣、工件表面凹凸不平较显著时，如加工锻造毛坯，应采用逆铣法。

2. 端面铣削时的顺铣和逆铣

端面铣削时，根据铣刀与工件之间的相对位置不同可分为对称铣削和非对称铣削两种。

（1）对称铣削　工件处在铣刀中间时的铣削称为对称铣削。铣削时，刀齿在工件的前半部分为逆铣，在进给方向的铣削分力 F_f 与进给方向相反。刀齿在工件的后半部分为顺铣，F_f 与进给方向相同，如图 2-16 所示。

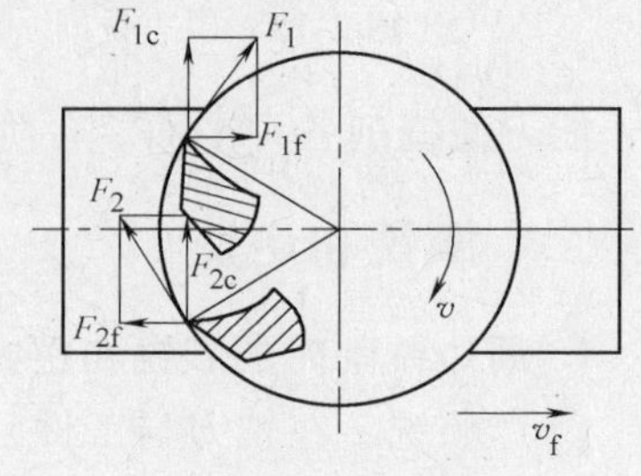

图 2-16　对称铣削

对称铣削时，在铣削层的宽度较窄和铣刀齿数少的情况下，由于 F_f 在方向上交替变化，故工件和工作台容易产生窜动。另外，在横向的水平分力 F_c 较大，对窄长的工件易造成变形和弯曲。所以，对称铣削只有在工件宽度接近铣刀直径时才采用。

（2）非对称铣削　工件的铣削层宽度偏在铣刀一边时的铣削称为非对称铣削，即铣刀中心与铣削层宽度的对称线处在偏心状态下的铣削，如图 2-17 所示。非对称铣削时有顺铣和逆铣两种。

1）非对称逆铣铣削时，逆铣部分占的比例大，在各个刀齿上的 F_f 之和，与进给方向相反（图 2-17a），所以不会拉动工作台。端面铣削时，切削刃切入工件虽由薄到厚，但不等于从零开始，因而没有像周边铣削时那样的缺点。从薄处切入，刀齿的冲击反而较小，故振动较小。另外工件所受的垂直铣削分力 F_v 又与铣削方式无关。因此在端面铣削时，应采用非对称逆铣。

2）非对称顺铣铣削时，顺铣的部分占的比例大，在各个刀齿上的 F_f 之和，与进给方向相同（图 2-17b），故易拉动工作台。另外，垂直铣削力 F_v 又不因顺铣而一定向下。所以在端面铣削时，一般都不采用非对称顺铣。但在铣削塑性和韧性好、加工硬化严重的（如不锈钢和耐热钢等）材料时，常采用不对称顺铣，以减少切屑粘附和提高刀具使用寿命。

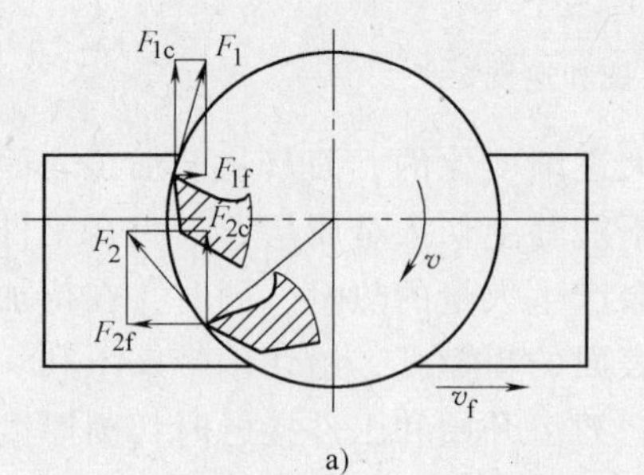

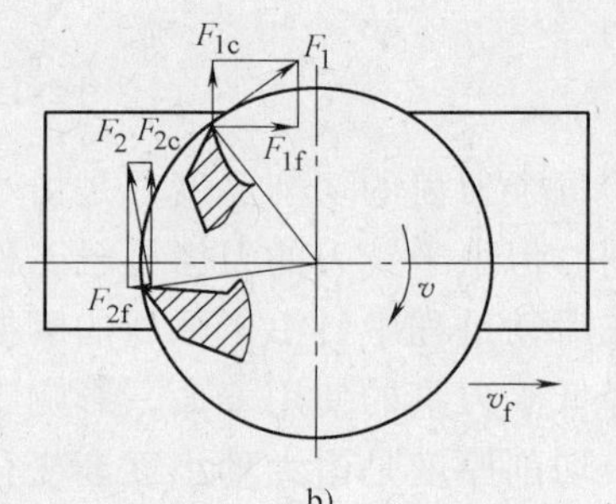

图 2-17　非对称铣削

三、加工阶段的划分

当零件的加工质量要求较高时，往往不可能用一道工序来满足其要求，而要用多道工序逐步达到所要求的加工质量。为保证加工质量和合理地使用设备、人力，零件的加工过程通常按工序性质不同分为粗加工、半精加工、精加工和光整加工四个阶段。

（1）粗加工阶段 其任务是切除毛坯上大部分多余的金属，使毛坯在形状和尺寸上接近零件成品，因此，粗加工阶段的主要目标是提高生产率。

（2）半精加工阶段 其任务是使主要表面达到一定的精度，留有一定的精加工余量，为主要表面的精加工（如精铣、精磨）做好准备，并可完成一些次要素表面加工，如扩孔、攻螺纹、铣键槽等。

（3）精加工阶段 其任务是保证各主要表面达到规定的尺寸精度和表面粗糙度要求。精加工阶段的主要目标是全面保证加工质量。

（4）光整加工阶段 对零件上精度和表面粗糙度要求很高（IT6 以上，表面粗糙度为 $Ra0.2\mu m$）的表面，需进行光整加工，其主要目标是提高尺寸精度、降低表面粗糙度值。一般不用来提高位置精度。研磨、金刚镗、抛光、珩磨、超精加工、镜面磨及无屑加工等都属于光整加工。

划分加工阶段的目的如下：

（1）保证加工质量 工件在粗加工时，切除的金属层较厚，切削力和夹紧力都比较大，切削温度也比较高，将会引起较大的变形。如果不划分加工阶段，粗、精加工混在一起，就无法避免上述原因引起的加工误差。按加工阶段加工，粗加工造成的加工误差可以通过半精加工和精加工来纠正，从而保证零件的加工质量。

（2）合理使用设备 粗加工的加工余量大，切削用量大，可采用功率大、刚度好、效率高而精度低的机床。精加工切削力小，对机床破坏小，采用高精度机床。这样发挥了设备的各自特点，既能提高生产率，又能延长精密设备的使用寿命。

（3）便于及时发现毛坯缺陷 毛坯的各种缺陷，如铸件的气孔、夹砂和余量不足等，在粗加工后即可发现，便于及时修补或决定报废，以免继续加工，造成浪费。

（4）便于安排热处理工序 如粗加工后，安排去应力热处理，以消除内应力。精加工前要安排淬火等最终热处理，其变形可以通过精加工予以消除。

加工阶段的划分也不应绝对化，应根据零件的质量要求、结构特点和生产纲领灵活掌握。在加工质量要求不高、零件刚性好、毛坯精度高、加工余量小时，可不必划分加工阶段。对刚性好的重型零件，由于装夹及运输很费时，也常在一次装夹下完成全部粗、精加工。对于不划分加工阶段的零件，为减少粗加工中产生的各种变形对加工质量的影响，在粗加工后，松开夹紧机构，放置一段时间，让零件充分变形，然后再用较小的夹紧力重新夹紧，进行精加工。

四、加工工序的划分

1. 工序与工步

工序是产品制造过程中的基本环节，也是构成生产的基本单位，即一个或一组工人，在一个工作地点对同一个或同时对几个工件进行加工所连续完成的那部分工艺过程。

工序又可分成若干工步。加工表面、刀具、切削用量中的进给量和切削速度均基本保持不变的情况下所连续完成的那部分工序内容，称为工步。

2. 数控铣削加工工序的划分原则

在数控铣床上加工的零件，一般按工序集中原则划分工序，划分方法如下：

（1）按所用刀具划分　用同一把刀具完成的那一部分工艺过程为一道工序，这种方法适用于加工表面较多，机床连续工作时间较长，加工程序的编制和检查难度较大等情况。加工中心常用这种方法划分。

图 2-18a 所示的模具，工序一为键槽铣刀粗、精加工内型腔侧面并粗加工底平面；工序二为球头铣刀精加工底部曲面；工序三为镗刀镗孔加工。

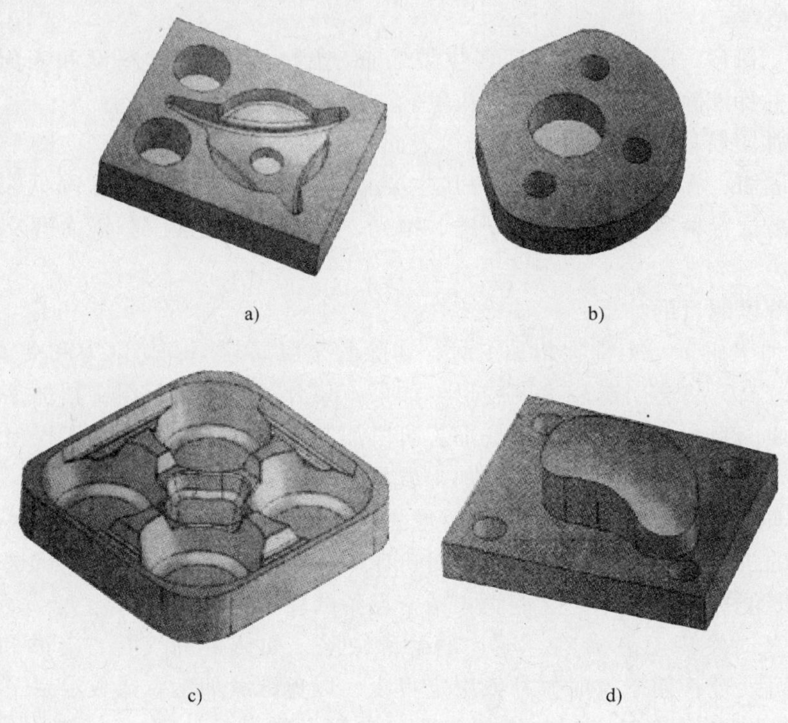

a)　　b)

c)　　d)

图 2-18　工序划分实例

（2）按安装次数划分　以一次安装完成的那一部分工艺过程为一道工序。这种方法适用于加工内容不多的工件，加工完成后就能达到待检状态。

图 2-18b 所示的凸轮，工序一为以外形毛坯定位装夹加工孔；工序二为以孔定位加工凸轮外轮廓。

（3）按粗、精加工划分　粗加工中完成的那部分工艺过程为一道工序，精加工中完成的那一部分工艺过程为一道工序。这种划分方法适用于加工后变形较大，需粗、精加工分开的零件，如毛坯为铸件、焊接件或锻件。

图 2-18c 所示的零件，工序一为用普通机床对内外轮廓去余量粗加工；工序二为用数控机床对曲面轮廓精加工。

（4）按加工部位划分　以完成相同型面的那一部分工艺过程为一道工序，对于加工表面多而复杂的零件，可按其结构特点（如内、外、曲面和平面等）划分成多道工序。

图 2-18d 所示的零件，工序一为粗、精加工外轮廓；工序二为钻、铰孔加工；工序三为粗、精加工上表面曲面。

3. 加工顺序的安排

在选定加工方法、划分工序后，工艺路线拟订的主要内容就是合理安排这些加工方法和加工工序的顺序。零件的加工工序通常包括切削加工工序、热处理工序和辅助工序（包括表面处理、清洗和检验等），这些工序的顺序直接影响到零件的加工质量、生产效率和加工成本。因此，在设计工艺路线时，应合理安排切削加工、热处理和辅助工序的顺序，并解决工序间的衔接问题。

铣削加工工序安排原则通常如下：

（1）基面先行原则　精基准的表面应优先加工出来，因为定位基准的表面越精确，装夹误差就越小。例如，轴类零件加工时，总是先加工中心孔，再以中心孔为精基准加工外圆表面和端面。又如，箱体类零件总是先加工定位用的平面和两个定位孔，再以平面和定位孔为精基准加工孔系和其他平面。

（2）先粗后精原则　各个表面的加工顺序按照粗加工→半精加工→精加工→光整加工的顺序依次进行，逐步提高表面的加工精度，降低表面粗糙度值。

（3）先主后次原则　零件的主要工作表面、装配基面应先加工，从而能及早发现毛坯中主要表面出现的缺陷。次要表面可穿插进行，放在主要加工表面加工到一定程度后，最终精加工之前进行。

（4）先面后孔原则　对箱体、支架类零件，平面轮廓尺寸较大，一般先加工平面，再加工孔和其他尺寸，这样安排加工顺序，一方面用加工过的平面定位，稳定可靠；另一方面在加工过的平面上加工孔，比较容易，并能提高孔的加工精度，特别是钻孔，孔的轴线不易偏斜。

五、铣削加工的主要形式

铣削加工，如图 2-19 所示，包括平面加工、成形面加工、槽加工、孔加工、曲面加工等。

图 2-19　铣削加工的主要形式

六、加工方法的选择

1. 孔加工方法的选择

（1）孔加工方法的选择原则　在数控铣床上加工孔的方法主要有钻孔、扩孔、铰孔、镗孔和攻螺纹等，如图 2-20 所示。操作人员应根据孔的加工要求、尺寸、具体生产条件、

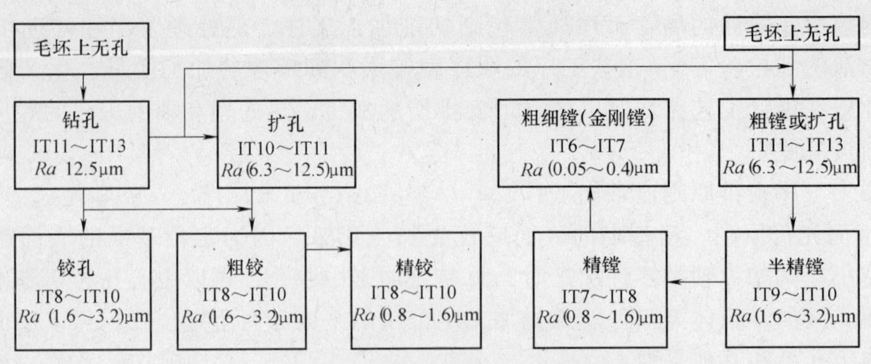

图 2-20　数控铣床孔加工方案

批量的大小及毛坯上有无预制孔等情况合理选用不同的加工方法。

1）加工精度小于 IT9 级的孔，当孔径小于 10mm 时，可采用钻—铰方案；当孔径大于 10mm，小于 30mm 时，可采用钻—扩方案；当孔径大于 30mm 时，可采用钻—镗方案。工件材料可为淬火钢以外的各种金属。

2）加工精度为 IT8 级的孔，当孔径小于 20mm 时，可采用钻—铰方案；当孔径大于 20mm 时，可采用钻—扩—铰方案，此方案适用于加工淬火钢以外的各种金属，但孔径应在 20～80mm，此外也可采用最终工序为精镗的方案。

3）加工精度为 IT7 级的孔，当孔径小于 12mm 时，可采用钻—粗铰—精铰方案；当孔径在 12～60mm 时，可采用钻—扩—粗铰—精铰方案。若毛坯上已铸出或锻出孔，可采用粗镗—半精镗—精镗方案。最终工序为铰孔的方案适用于未淬火钢或铸铁，对非铁金属铰出的孔，表面粗糙度值较大，常用精细镗孔代替铰孔。最终工序为拉孔的方案适用于大批量生产，工件材料为未淬火钢、铸铁和非铁金属。

4）加工精度为 IT6 级的孔，最终工序可采用精细镗，工件材料为非淬火钢。

（2）孔表面加工方法选择实例　如图 2-21 所示的零件，要加工孔 ϕ40H7、阶梯孔 ϕ13mm 和 ϕ22mm 等三种不同规格和精度要求的孔，零件材料为 HT200。

ϕ40mm 内孔的尺寸公差为 H7，表面粗糙度值较小，为 *Ra*1.6μm，根据图 2-21 所示，孔加工方案可选择钻孔—粗镗（或扩孔）—半精镗—精镗方案。

阶梯孔 ϕ13mm 和 ϕ22mm 没有尺寸公差要求，可按自由尺寸公差 IT11～IT12 处理，表面粗糙度要求不高，为 *Ra*12.5μm，因而可选择钻孔—锪孔方案。

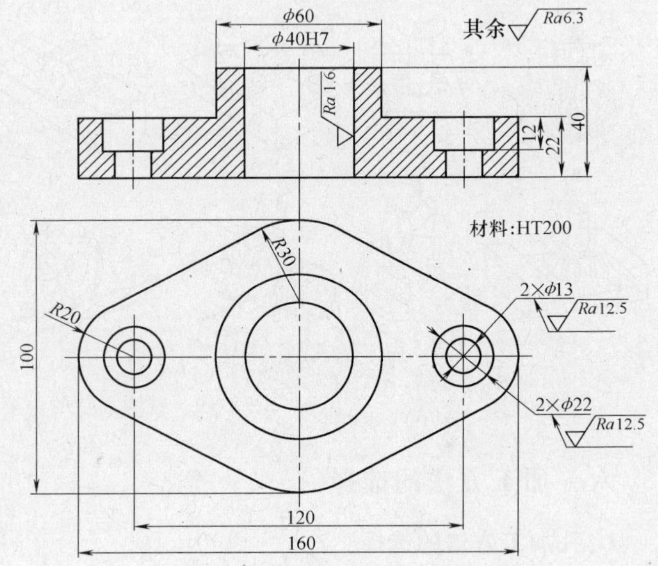

图 2-21　典型零件孔加工方法选择

2. 平面加工方法的选择

在数控铣床上加工平面主要采

用面铣刀和立铣刀加工。粗铣的尺寸精度一般可达 IT11 ~ IT13，表面粗糙度 Ra 可达 6.3 ~ 25μm；精铣的尺寸精度一般可达 IT8 ~ IT10，表面粗糙度 Ra 可达 1.6 ~ 6.3μm。需要注意的是当零件表面粗糙值较小时，应采用顺铣方式。

3. 平面轮廓加工方法的选择

平面轮廓多由直线和圆弧或各种曲线构成，这些平面与装夹基准面平行或垂直，通常采用 3 坐标数控铣床进行两轴半坐标加工。

4. 固定斜角平面加工方法的选择

固定斜角平面是与水平面成一固定夹角的斜面，常用的加工方法：

1）当零件尺寸不大时，可用斜垫铁垫平后加工，如图 2-22a 所示。

2）当机床主轴可以摆动时，可将主轴摆成相应的角度（与固定斜角的角度相关）进行加工，如图 2-22b 所示。

3）当零件批量较大时，可采用专用的角度成形铣刀进行加工，如图 2-22c 所示。

4）当以上加工方法均不能实现时，可采用三坐标加工中心，利用立铣刀、球头铣刀或鼓形铣刀，以直线或圆弧插补形式进行分层铣削加工，如图 2-22d 所示，并用其他加工方式（如钳工）清除残留面积。

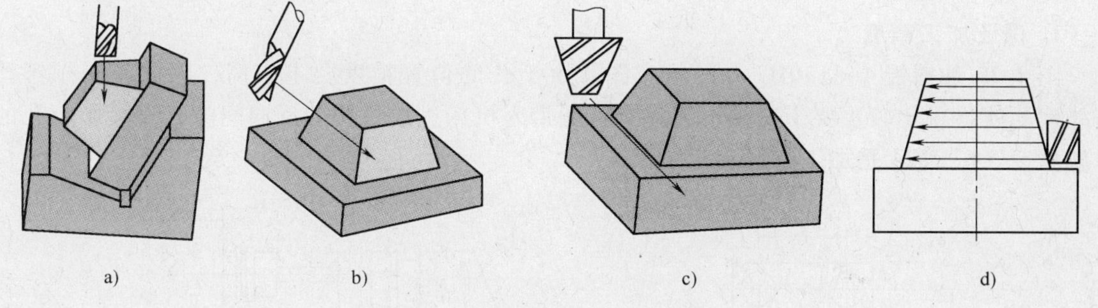

图 2-22　固定斜角平面加工

5. 变斜角平面加工

1）对于曲率变化较小的变斜角面，采用主轴可摆动的 4 轴联动加工中心进行加工。加工时，保证刀具与零件变斜角平面始终贴合。

2）对于曲率变化较大的变斜角面，可采用 5 轴联动加工中心以圆弧插补方式摆角加工。

3）采用类似于图 2-22d 所示的分层铣削加工方式。

6. 曲面类轮廓加工方法的选择

1）规则公式曲面（如球面、椭球面等）数控铣削加工，多采用球头铣刀，以“行切法”进行两轴半或 3 轴联动加工。

2）不规则曲面数控铣削加工，通常采用“行切法”或“环切法”等多种切削方法进行 3 轴（4 轴或 5 轴）联动加工，编程方法宜采用自动编程。

第三节　加工路线的拟订

在数控机床加工过程中，每道工序加工路线的确定都非常重要，因为它与工件的加工精度和表面粗糙度直接相关。

在数控加工中，刀具刀位点相对于零件运动的轨迹称为加工路线。编程时，加工路线的确定原则主要有以下几点：

1）加工路线应保证被加工零件的精度和表面粗糙度，且效率较高。

2）使数值计算简便，以减少编程工作量。

3）应使加工路线最短，这样既可减少程序段，又可减少空刀时间。

确定进给路线的工作重点，主要在于确定粗加工及空行程的进给路线，因精加工切削过程的进给路线基本上都是沿其零件轮廓顺序进行的。

进给路线泛指刀具从对刀点（或机床参考点）开始运动起，直至返回该点并结束加工程序所经过的路径，包括切削加工的路径及刀具引入、切出等非切削空行程。

在保证加工质量的前提下，使加工程序具有最短的进给路线，不仅可以节省整个加工过程的执行时间，还能减少一些不必要的刀具消耗及机床进给机构滑动部件的磨损等。

实现最短的进给路线，除了依靠大量的实践经验外，还应善于分析，必要时可辅以一些简单计算。

一、孔加工

1. 保证加工精度

图 2-23 是精镗 4×ϕ30H7 孔的示意图。由于孔的位置精度要求较高，因此，安排镗孔路线问题就显得比较重要，安排不当就有可能带入机床进给机构的反向间隙，直接影响孔的位置精度。图 2-24 是加工路线示意图。

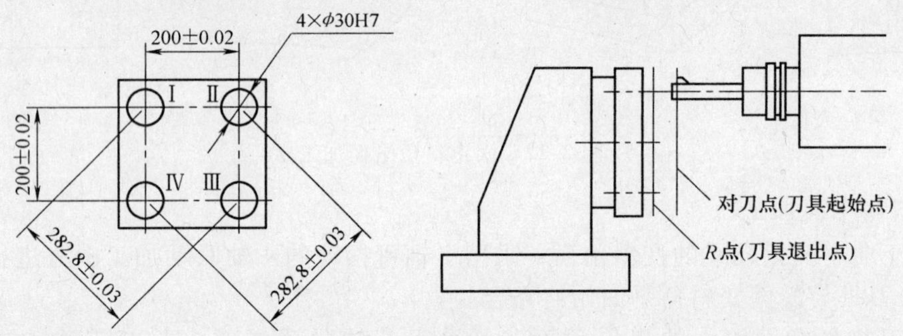

图 2-23　镗孔加工示意图

从图 2-24 中不难看出，方案 *A* 由于Ⅳ孔与Ⅰ、Ⅱ、Ⅲ孔的定位方向相反，无疑机床 X 向进给机构的反向间隙会使定位误差增加，而影响Ⅳ孔与Ⅲ孔的位置精度。方案 *B* 是当加工完Ⅲ孔后没直接在Ⅳ孔处定位，而是多运动了一段距离，然后折回来在Ⅳ孔处进行定位。这样Ⅰ、Ⅱ、Ⅲ和Ⅳ孔的定位方向是一致的，Ⅳ孔就可以避免反向间隙误差的引入，从而提高了Ⅲ孔和Ⅳ孔的孔距精度。

2. 应使进给路线最短　在保证加工精度的前提下应减少刀具空行程时间，提高加工效率。图 2-25 是正确选择钻孔加工路线的例子。按照一般习惯，总是先加工均布于同一圆周上的 8 个孔，再加工另一圆周上的孔（图 2-25a）。但是对点位控制的数控机床而言，要求定位过程尽可能快、空程最短的进给路线如图 2-25b 所示。

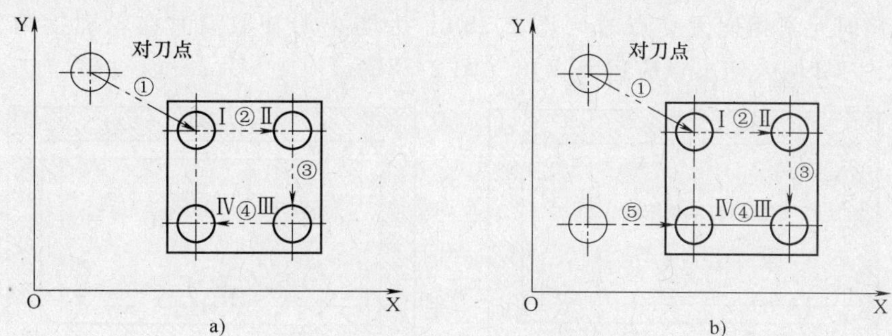

图 2-24　镗孔加工路线示意图

a）方案 A　b）方案 B

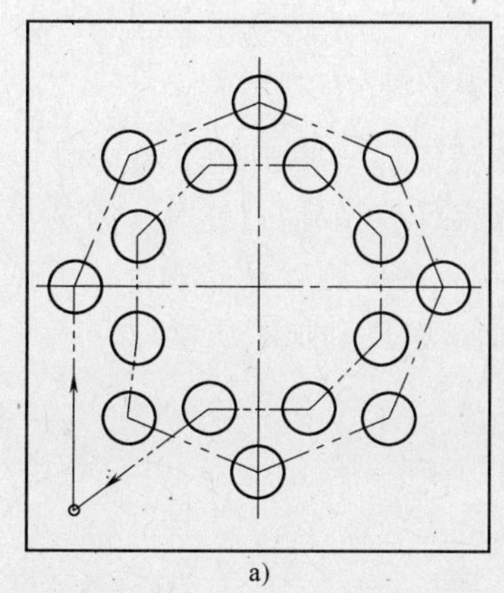

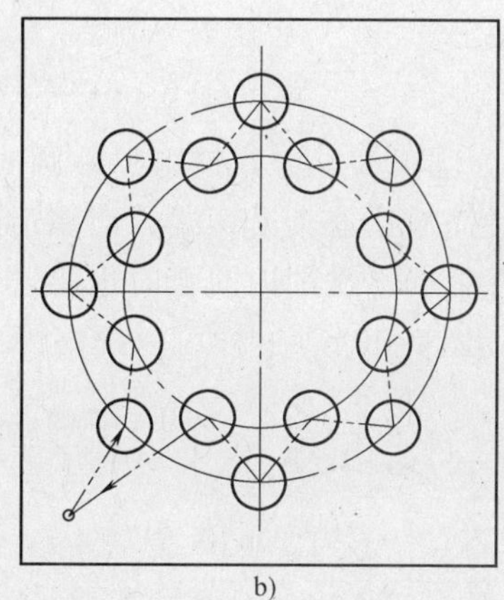

图 2-25　最短进给路线选择

二、铣削内外轮廓

如图 2-26 所示，当铣削平面零件外轮廓时，一般采用立铣刀侧刃切削。刀具切入工件时，应避免沿零件外廓的法向切入，而应沿外廓曲线延长线的切向切入，以避免在切入处产生刀痕而影响表面质量，从而保证零件外廓曲线平滑过渡。同理，在切离工件时，也应避免在工件的轮廓处直接退刀，而应该沿零件轮廓延长线的切向逐渐切离工件。

铣削封闭的内轮廓表面时，若内轮廓曲线允许外延，则应沿切线方向切入切出。若内轮廓曲线不允许外延（图 2-27），刀具只能沿内轮廓线的法向切入切出时，切入切出点应尽量选在内轮廓曲线两几何元素的交点处。

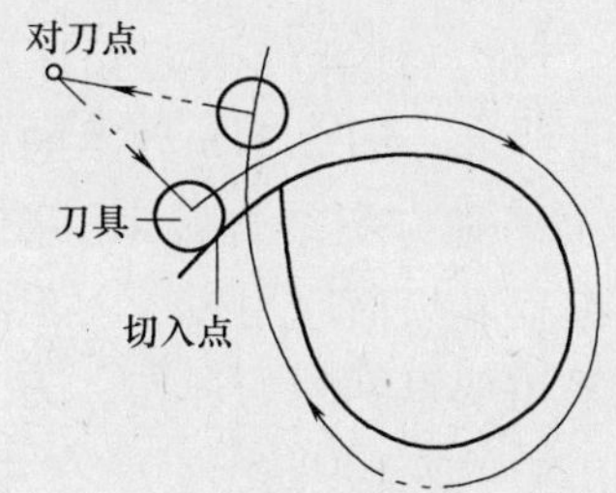

图 2-26　外轮廓加工刀具的切入与切出

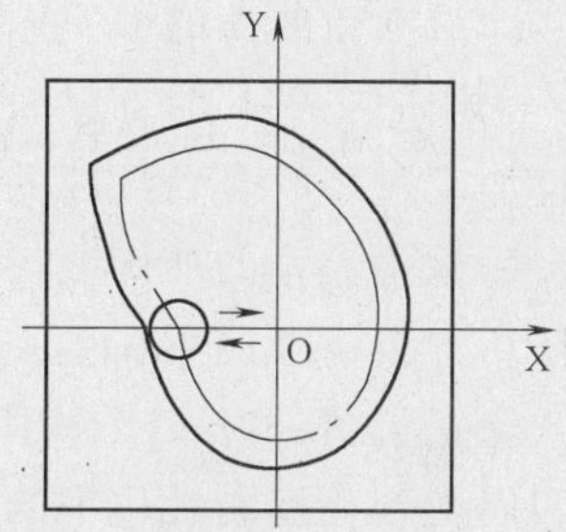

图 2-27　内轮廓加工刀具的切入与切出

当内部几何元素相切无交点时（图 2-28），为防止刀补取消时在轮廓拐角处留下凹口（图 2-28a），刀具切入切出点应远离拐角（图 2-28b）。

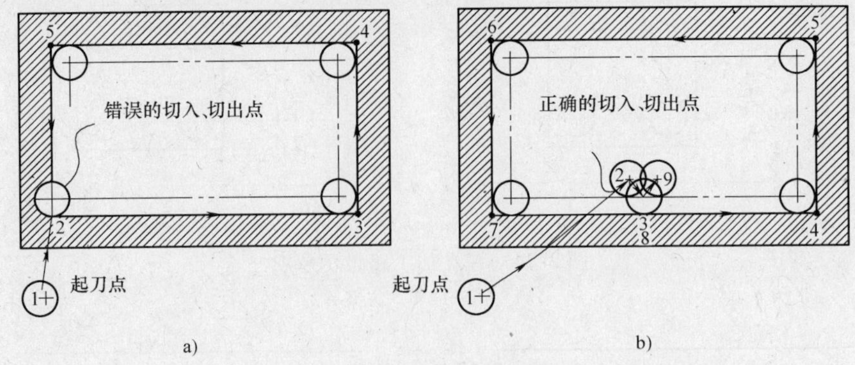

图 2-28　无交点内轮廓加工刀具的切入与切出

图 2-29 为圆弧插补方式铣削外整圆时的进给路线图。当整圆加工完毕时，不要在切点处直接退刀，而应让刀具沿切线方向多运动一段距离，以免取消刀补时，刀具与工件表面相碰，造成工件报废。铣削内圆弧时也要遵循从切向切入的原则，最好安排从圆弧过渡到圆弧的加工路线（图 2-30），这样可以提高内孔表面的加工精度和加工质量。

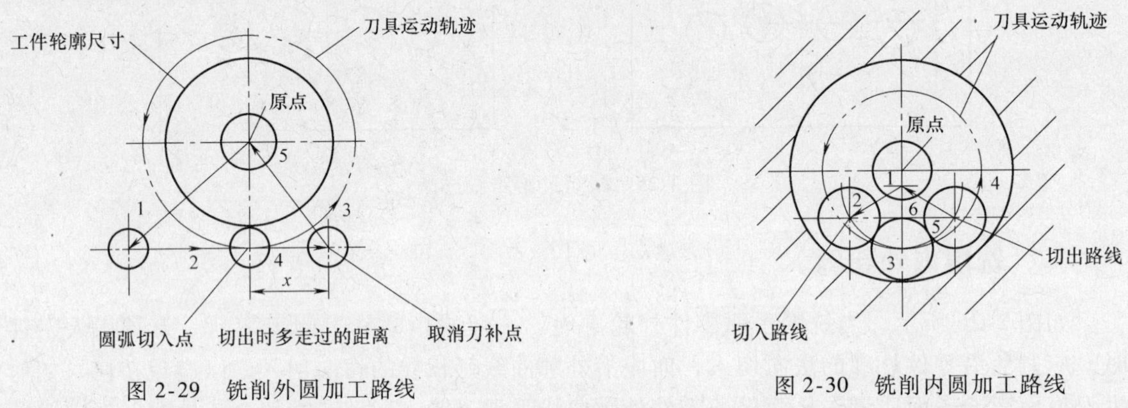

图 2-29　铣削外圆加工路线

图 2-30　铣削内圆加工路线

三、曲面轮廓加工

曲面轮廓的加工工艺处理较平面轮廓要复杂得多，加工时要根据曲面形状、刀具形状以及零件的精度要求，选择合理的进给路线。图 2-31 表示了加工一曲面时可能采取的三种进给路线，即沿参数曲面的 U 向参数线行切、沿 W 向参数线行切和环切。对于直母线的翼面类零件，采用图 2-31b 的方案较为有利。每次沿直线进给，刀位点计算简单，程序段数目少，而且加工过程符合直纹面的形成规律，可以保证素线的直线度。图 2-31a 方案的优点是便于加工后检验翼型的准确度。因此，实际生产中最好将以上两种方案结合起来。图 2-31c 所示的环切方案一般应用在型腔加工中，在型面加工中由于编程麻烦而应用较少。但在加工螺旋桨叶轮一类零件时，工件刚度小，加工变形问题突出。采用从里到外的环切，刀具切削部位的四周受到毛坯刚性边框的支持，有利于减少工件在加工中的变形。

当工件的边界敞开时，为保证加工的表面质量，应从工件的边界外进刀和退刀。

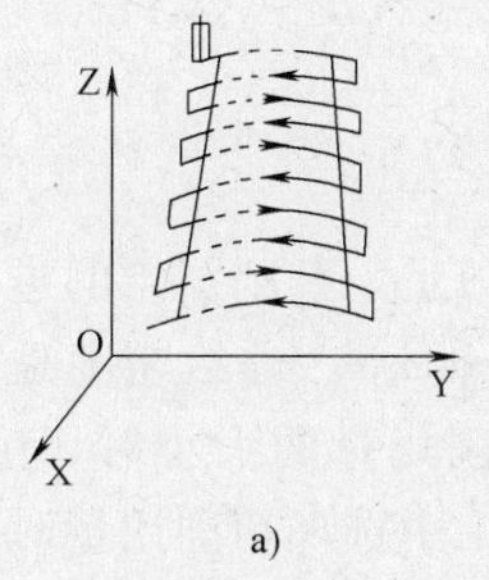

a)

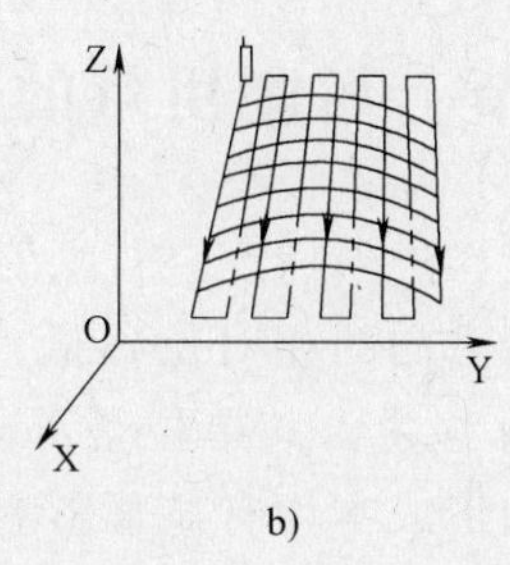

b)

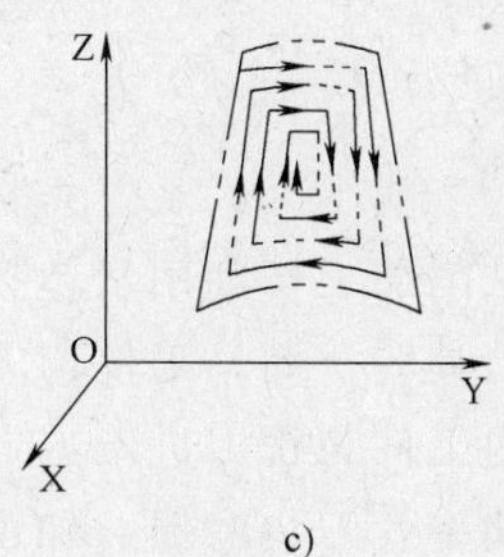

c)

图 2-31　曲面轮廓加工进给路线

四、型腔加工

型腔是指以封闭曲线为边界的平面底或曲面底凹坑。加工平底型腔时一律用平底铣刀，且刀具边缘部分的圆角半径应符合型腔的图样要求。

型腔的切削分两步，第一步切削内腔，第二步切削轮廓。切削轮廓通常又分为粗加工和精加工两步。粗加工的进给路线如图 2-32 所示，是从型腔轮廓线向里偏置铣刀半径 R 并且留出精加工余量 y。

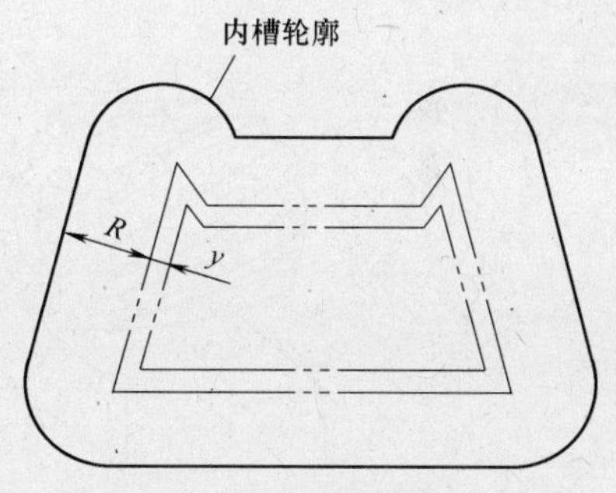

图 2-32　型腔轮廓粗精加工图

由此得出的粗加工刀位多边形是计算内腔区域加工进给路线的依据。在切削内腔区域时，环切和行切在生产中都有应用。两种进给路线的共同点是都要切净内腔区域的全部面积，不留死角，不伤轮廓，同时尽量减少重复进给的搭接量。图 2-33a、b 分别为用行切法加工和环切法加工凹槽的进给路线；图 2-33c 为先用行切法，最后环切一刀光整轮廓表面。三种方案中，图 2-33a 方案最差，图 2-33c 方案最好。环切法的刀位点计算稍复杂，需要一次一次向里收缩轮廓线，特别是当型腔中带有凸台时，如图 2-34 所示。通用的环切加工算法的设计比较复杂。

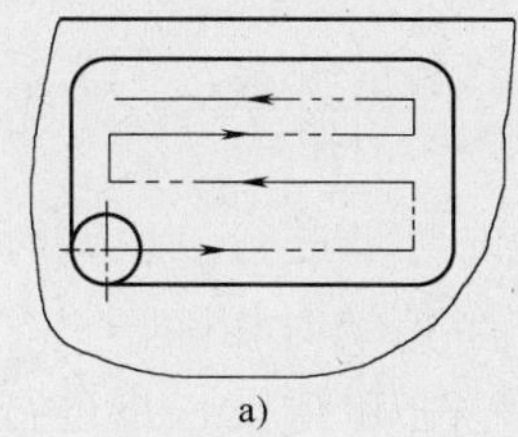
a)

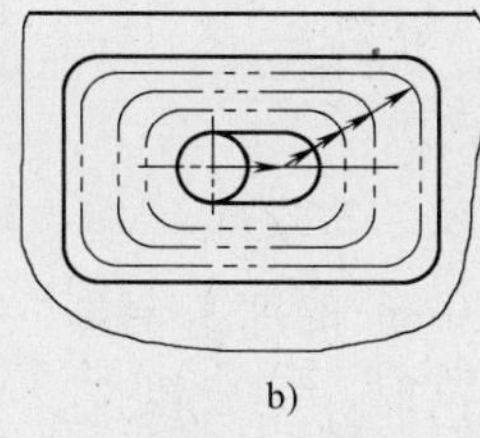
b)

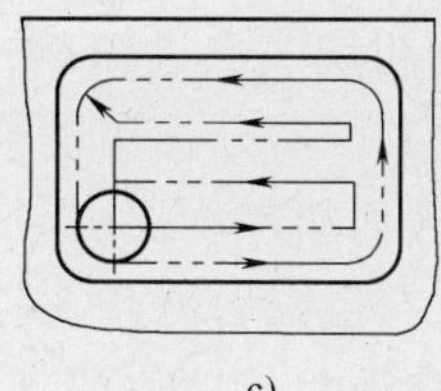
c)

图 2-33　凹槽加工进给路线

从进给路线的长短比较，行切法优于环切法。但在加工小面积型腔时，环切的程序量要比行切小。此外，在铣削加工零件轮廓时，要考虑尽量采用顺铣加工方法，这样可以提高零件表面质量和加工精度，减少机床的“振颤”。型腔加工要选择合理的进刀、退刀位置，尽量避免沿零件轮廓法向切入和进给中途停顿。进、退刀位置应选在不太重要的位置。

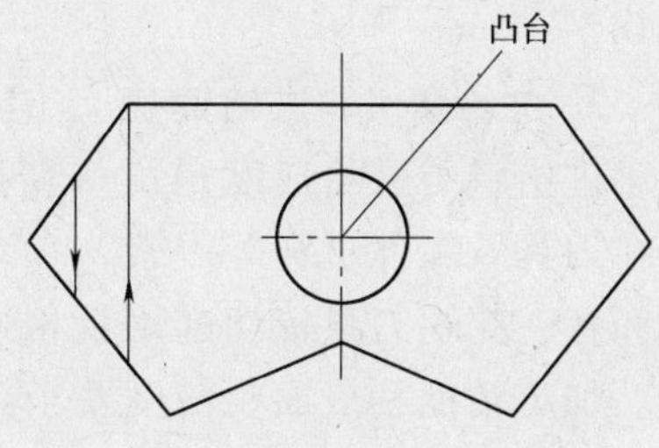

图 2-34　型腔区域加工进给路线

第四节　切削用量的选择

铣削加工切削用量包括切削速度、进给速度、背吃刀量和侧吃刀量。铣削加工的进给量是指刀具转一周，工件与刀具沿进给方向的相对位移量，其单位是 mm/r。进给速度是单位时间内工件与铣刀进给方向的相对位移量，其单位是 mm/min。切削用量的大小对切削力、切削功率、刀具磨损、加工质量和加工成本均有显著影响。数控加工中选择切削用量时，就是在保证加工质量和刀具寿命的前提下，充分发挥机床性能和刀具切削性能，使切削效率最高，加工成本最低。

1. 背吃刀量（端铣）或侧吃刀量（圆周铣）的选择

如图 2-35 所示，背吃刀量 a_p 为平行于铣刀轴线测量的切削层尺寸，单位为 mm。圆周铣时 a_p 为被加工表面的宽度，而端铣时 a_p 为切削层深度。

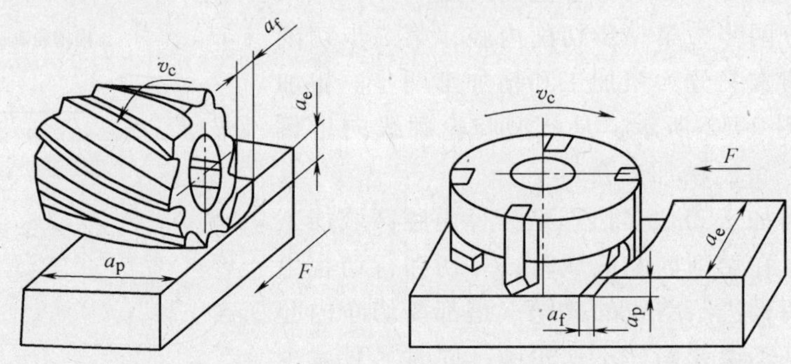

图 2-35　背吃刀量、侧吃刀量

侧吃刀量 a_e 为垂直于铣刀轴线测量的切削层尺寸，单位为 mm。圆周铣时为切削层的深度；而端铣时 a_e 为加工表面的宽度。

背吃刀量或侧吃刀量的选取主要由加工余量和对表面质量的要求决定。

1）在工件表面粗糙度要求不高时，如果圆周铣削的加工余量小于 5mm，端铣的加工余量小于 6mm，则粗铣一次进给就可以达到要求。但在加工余量较大，工艺系统刚性较差或机床动力不足时，可多分几次进给完成。

2）在工件表面粗糙度要求较高时，可分粗铣和半精铣两步进行。粗铣时背吃刀量或侧吃刀量选取同前。粗铣后留 0.5～1.0mm 的加工余量，在半精铣时切除。

3）在工件表面粗糙度值要求很高时，可分粗铣、半精铣和精铣三步进行。半精铣时背吃刀量或侧吃刀量取 1.5～2mm；精铣时圆周铣侧吃刀量取 0.3～0.5mm，端铣时背吃刀量取 0.5～1mm。

2. 进给量 f 和进给速度 v_f 的选择

进给量与进给速度是衡量切削用量的重要参数，根据零件的表面粗糙度、加工精度要求、刀具及工件材料等因素，参考有关切削用量手册选取。切削时的进给速度还应与主轴转速和背、侧吃刀量等切削用量相适应，不能顾此失彼。零件刚性差或刀具强度低时，应取小值。加工精度和表面粗糙度要求较高时，进给量应选得小些，但不能过小，过小的进给量反而会使表面粗糙度值增大。轮廓加工中，选择进给量时还应注意轮廓拐角处的“超程”和

“欠程”问题。用圆柱形铣刀铣削图2-36所示的轮廓表面时，铣刀由A向B运动，进给速度较高时，由于惯性在拐角B处可能出现超程现象，拐角处的金属被多切去一部分。为此要选择变化的进给量，即在接近拐角处应当适当降低进给量，过拐角后再逐渐升高，以保证加工精度。另外，在切削过程中，由于切削力的作用，使机床、零件和刀具的工艺系统产生变形，从而使刀具产生滞后，在拐角处会产生欠程现象，采用增加减速程序段或暂停程序段的方法，可以减少由此产生的欠程现象。铣削时的进给量可以参考表2-7。

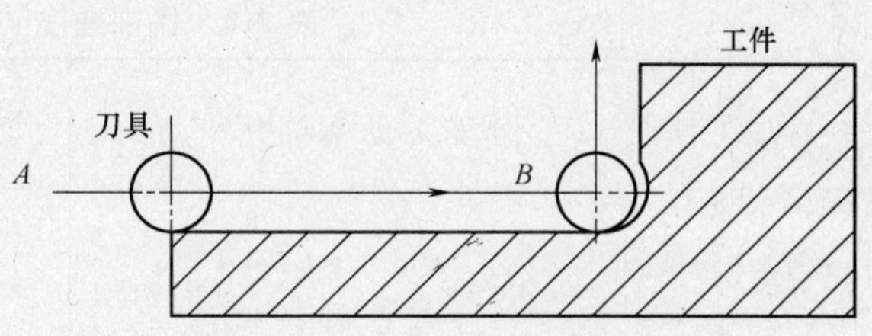

图2-36　轮廓拐角处的超程现象

表2-7　每齿进给量f_z的推荐值　（单位：mm）

工件材料	硬度HBW	硬质合金		高速钢			
		面铣刀	三面刃铣刀	圆柱铣刀	立铣刀	面铣刀	三面刃铣刀
低碳钢	<150	0.25~0.40	0.15~0.30	0.12~0.20	0.04~0.20	0.15~0.30	0.12~0.20
	150~200	0.20~0.35	0.12~0.25	0.12~0.20	0.03~0.18	0.15~0.30	0.10~0.15
中、高碳钢	120~180	0.17~0.50	0.15~0.30	0.10~0.20	0.05~0.20	0.15~0.30	0.10~0.20
	180~220	0.15~0.40	0.12~0.25	0.12~0.20	0.04~0.20	0.12~0.25	0.07~0.15
	220~300	0.10~0.25	0.07~0.20	0.07~0.15	0.03~0.15	0.10~0.20	0.05~0.12
灰铸铁	150~180	0.25~0.50	0.12~0.30	0.20~0.30	0.07~0.18	0.20~0.35	0.15~0.25
	180~220	0.20~0.40	0.12~0.25	0.15~0.25	0.05~0.15	0.15~0.30	0.10~0.20
	220~300	0.15~0.30	0.10~0.20	0.10~0.20	0.03~0.10	0.12~0.15	0.07~0.12
可锻铸铁	110~160	0.25~0.50	0.10~0.30	0.20~0.35	0.08~0.20	0.25~0.40	0.12~0.25
	160~200	0.20~0.40	0.10~0.25	0.20~0.30	0.07~0.20	0.20~0.35	0.10~0.20
	200~240	0.15~0.30	0.10~0.20	0.12~0.25	0.05~0.15	0.15~0.30	0.10~0.20
	240~280	0.10~0.30	0.10~0.15	0.10~0.20	0.02~0.08	0.10~0.20	0.07~0.12
w_C<0.3%合金钢	125~170	0.17~0.50	0.12~0.30	0.12~0.20	0.05~0.20	0.15~0.30	0.12~0.20
	170~220	0.15~0.40	0.12~0.25	0.10~0.20	0.05~0.10	0.15~0.25	0.07~0.15
	220~280	0.10~0.30	0.08~0.20	0.07~0.12	0.03~0.08	0.10~0.20	0.05~0.12
	280~320	0.07~0.20	0.05~0.15	0.05~0.10	0.02~0.05	0.07~0.12	0.05~0.10
w_C>0.3%合金钢	170~220	0.15~0.40	0.12~0.30	0.12~0.20	0.12~0.20	0.15~0.25	0.07~0.15
	220~280	0.10~0.30	0.08~0.20	0.07~0.15	0.07~0.15	0.10~0.20	0.05~0.12
	280~320	0.07~0.20	0.05~0.15	0.05~0.12	0.05~0.12	0.07~0.12	0.05~0.10
	320~380	0.05~0.15	0.05~0.12	0.05~0.10	0.05~0.10	0.05~0.10	0.05~0.10
工具钢	退火状态	0.15~0.50	0.12~0.30	0.07~0.15	0.05~0.10	0.10~0.20	0.07~0.15
	36HRC	0.12~0.25	0.08~0.15	0.05~0.10	0.03~0.08	0.07~0.12	0.05~0.10
	46HRC	0.10~0.20	0.06~0.12				
	50HRC	0.05~0.10	0.05~0.10				
铝镁合金	95~100HRC	0.15~0.38	0.12~0.30	0.15~0.20	0.05~0.15	0.20~0.30	0.07~0.20

3. 切削速度的选择

根据已经选定的背吃刀量、进给量及刀具寿命选择切削速度，可用经验公式计算，也可根据表2-8提供的数据选取。

表 2-8　铣削速度 v_c 的推荐数值　　（单位：m/min）

工件材料	硬度/HBW	铣削速度 v_c	
		硬质合金铣刀	高速钢铣刀
低碳钢、中碳钢	<220 225～290 300～425	80～150 60～115 40～75	21～40 15～36 9～20
高碳钢	<220 225～325 325～375 375～425	60～130 53～105 36～48 35～45	18～36 14～24 9～12 9～10
合金钢	<220 225～325 325～425	55～120 40～80 30～60	15～35 10～24 5～9
工具钢	200～250	45～83	12～23
灰铸铁	100～140 150～225 230～290 300～320	110～115 60～110 45～90 21～30	24～36 15～21 9～18 5～10
可锻铸铁	110～160 160～200 200～240 240～280	100～200 83～120 72～110 40～60	42～50 24～33 15～24 9～21
铝镁合金	95～100	360～600	180～300

第五节　工件的定位与装夹

为保证加工精度，零件在加工时，必须先使工件在机床上或夹具中占据一个正确的位置，即定位，然后将其夹紧。这种定位与夹紧的过程称为工件的装夹。用于装夹工件的工艺装备就是机床夹具。

一、六点定位原理

1. 六点定位原理

工件在空间具有六个自由度，即沿直角坐标轴三个方向的移动自由度和绕这三个坐标轴的转动自由度。因此，要完全确定工件的位置，就必须消除这六个自由度，通常用六个支承点（即定位元件）来限制工件的六个自由度，其中每一个支承点限制相应的一个自由度。

2. 六点定位原理的应用

六点定位原理对于任何形状工件的定位都是适用的，如果违背这个原理，工件在夹具中的位置就不能完全确定。然而，用工件六点定位原理进行定位时，必须根据具体加工要求灵活运用。工件形状、定位表面不同，定位点的布置情况会各不相同，宗旨是使用最简单的定位方法，使工件在夹具中迅速获得正确的位置。

3. 工件的定位

（1）完全定位　工件的六个自由度全部被夹具中的定位元件所限制，而在夹具中占有完全确定的唯一位置，称为完全定位。

（2）不完全定位　根据工件加工表面的不同加工要求，有些自由度对加工要求无影响，定位支承点的数目可以少于六个，这种定位情况称为不完全定位。不完全定位是允许的。

（3）欠定位　按照加工要求应该限制的自由度而没有被限制的定位称为欠定位。欠定位是不允许的。因为欠定位保证不了加工要求。

（4）过定位　工件的一个或几个自由度被不同的定位元件重复限制的定位称为过定位。当过定位导致工件或定位元件变形，影响加工精度时，应该严禁采用。但当过定位并不影响加工精度，反而对提高加工精度有利时，也可以采用。钳工和机械加工都会用到过定位。

二、工件在数控铣床上的定位

1. 定位基准的选择原则

在工件的机械加工工艺过程中，合理地选择定位基准对保证工件的尺寸精度和相互位置精度起着重要作用。

定位基准有粗基准和精基准两种。毛坯在开始加工时，都是以未加工的表面定位，这种基准面称为粗基准；用已加工后的表面作为定位基准面称为精基准。

（1）粗基准的选择原则　选择粗基准时，必须达到以下两个基本要求：①应保证所有加工表面都有足够的加工余量；②应保证工件加工表面和不加工表面之间具有一定的位置精度。粗基准的选择原则如下：

1）当加工表面与不加工表面有位置精度要求时，应选择不加工表面作为粗基准，即在加工前，应该找正不加工表面，或以不加工表面作为粗基准定位加工。

2）对所有表面都需要加工的工件，应该以加工余量最小的表面找正。这样不会因为位置的偏移而造成余量太少的部位加工不出来。

3）应选用工件上强度、刚性好的表面作为粗基准，否则会将工件夹坏或松动。

4）粗基准应选择平整光滑的表面，铸件装夹时应让开浇冒口部分。

5）粗基准不能重复使用。

（2）精基准的选择原则

1）基准重合原则。直接选择加工表面的设计基准为定位基准，称为基准重合原则。采用基准重合原则可以避免由定位基准与设计基准不重合而引起的定位误差（基准不重合误差）。如图2-37所示的零件，欲加工孔3，其设计基准是面2，要求保证尺寸A。在用调整法加工时，若以面1为定位基准，如图2-37b所示，则直接保证的尺寸是C，尺寸A是通过控制尺寸B和C来间接保证的，即尺寸A为尺寸链中的封闭环。因此，尺寸A的公差为

$$T_a = A_{max} - A_{min} = C_{min} - B_{min} - (C_{min} - B_{max}) = T_b + T_c \qquad (2\text{-}1)$$

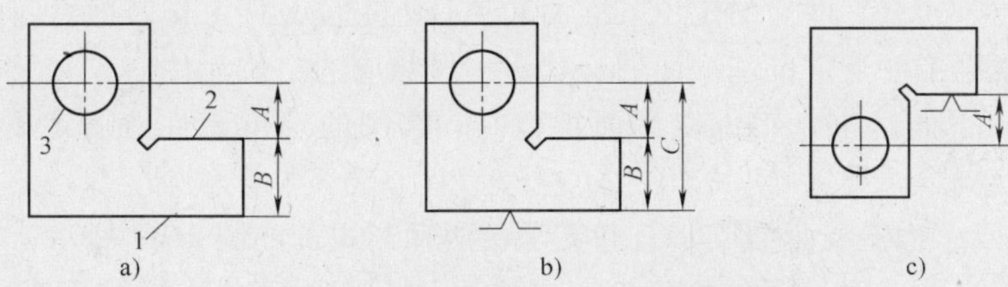

图2-37　设计基准与定位基准的关系

a）零件　b）基准不重合　c）基准重合

由此可以看出，尺寸 A 的加工误差中增加了一个从定位基准（面 1）到设计基准（面 2）之间尺寸 B 的误差，这个误差就是基准不重合误差。由于基准不重合误差的存在，只有提高本道工序尺寸 C 的加工精度，才能保证尺寸 A 的精度；当本道工序 C 的加工精度不能满足要求时，还需提高前道工序尺寸 B 的加工精度，这就增加了加工的难度。若按图 2-37c 所示用面 2 定位，则符合基准重合原则，可以直接保证尺寸 A 的精度。

应用基准重合原则时，要具体情况具体分析。定位过程中产生的基准不重合误差，是在用夹具装夹、调整法加工一批工件时产生的。若用试切法加工，设计要求的尺寸一般可直接测量，不存在基准不重合误差问题。在带有自动测量功能的数控机床上加工时，可在工艺中安排坐标系测量检查工步，即每个零件加工前由 CNC 系统自动控制测量头检测设计基准并自动计算、修正坐标值，消除基准不重合误差。因此，不必遵循基准重合原则。

2）基准统一原则。同一零件的多道工序尽可能选择同一定位基准，称为基准统一原则。这样既可保证各加工表面间的相互位置精度，避免或减少因基准转换而引起的误差，而且简化了夹具的设计与制造工作，降低了成本，缩短了生产准备周期。

基准重合和基准统一原则是选择精基准的两个重要原则，但生产实际中有时会遇到两者相互矛盾的情况。此时，若采用统一定位基准能够保证加工表面的尺寸精度，则应遵循基准统一原则；若不能保证尺寸精度，则应遵循基准重合原则，以免使工序尺寸的实际公差值减小，增加加工难度。

3）自为基准原则。对于研磨、铰孔等精加工或光整加工工序要求余量小而均匀，选择加工表面本身作为定位基准，称为自为基准原则。采用自为基准原则时，只能提高加工表面本身的尺寸精度、形状精度，而不能提高加工表面的位置精度，加工表面的位置精度应由前道工序保证。浮动镗、浮动铰等属于自为基准原则。

4）互为基准原则。为使各加工表面之间具有较高的位置精度，或为使加工表面具有均匀的加工余量，可采取两个加工表面互为基准反复加工的方法，称为互为基准原则。

5）便于装夹原则。所选精基准应能保证工件定位准确稳定，装夹方便可靠，夹具结构简单适用，操作方便灵活。同时，定位基准应有足够大的接触面积，以承受较大的切削力。

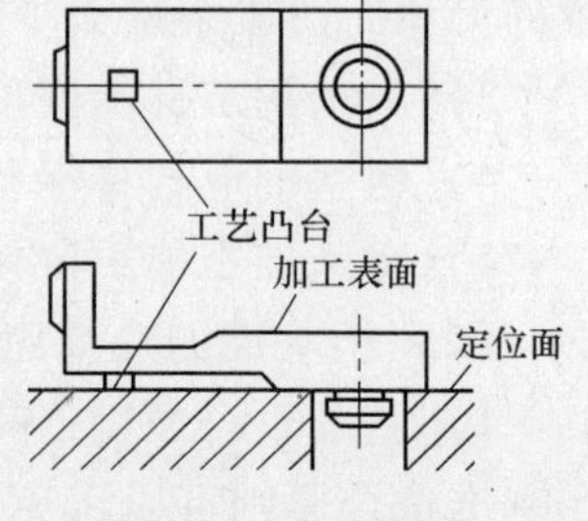

图 2-38　工艺凸台

(3) 辅助基准的选择　辅助基准是为了便于装夹或易于实现基准统一而人为制成的一种定位基准，如轴类零件加工所用的两个中心孔，它不是零件的工作表面，只是出于工艺上的需要才作出的。如图 2-38 所示的零件，为安装方便，毛坯上专门铸出工艺凸台，也是典型的辅助基准，加工完毕后应将其从零件上切除。

2. 常见的定位方式及定位元件（表 2-9）

工件的定位是通过工件上的定位基准面和夹具上定位元件工作表面之间的配合或接触实现的，一般应根据工件上定位基准面的形状，选择相应的定位元件。

(1) 工件以平面定位　工件以平面定位时，常用的定位元件有固定支承、可调支承、浮动支承、辅助支承四类。

1）固定支承。固定支承有支承钉和支承板两种形式，如图 2-39 所示，平头支承钉和支承板用于已加工平面的定位；球头支承钉主要用于毛坯面定位；齿纹头支承钉用于侧面定位，以增大其摩擦因数。

表 2-9　常见定位元件及定位方式

工件定位基准面	定位元件	定位方式简图	定位元件特点	限制自由度
平面 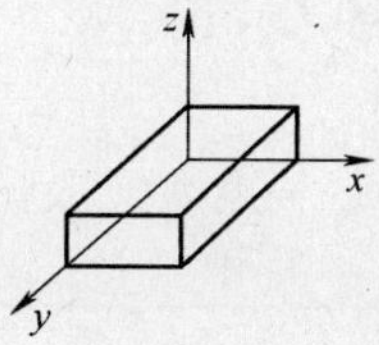	支承钉	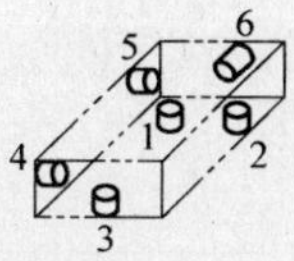		1、2、3—$\vec{z}$、$\overset{\frown}{x}$、$\overset{\frown}{y}$ 4、5—$\vec{x}$、$\overset{\frown}{z}$ 6—$\vec{y}$
	支承板	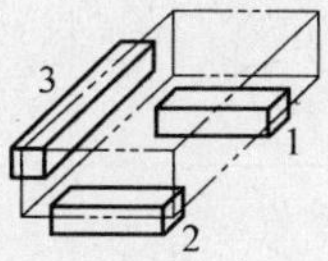	每个支承板也可设计为两个或两个以上小支承板	1、2—$\vec{z}$、$\overset{\frown}{x}$、$\overset{\frown}{y}$ 3—$\vec{x}$、$\overset{\frown}{z}$
	固定支承与浮动支承	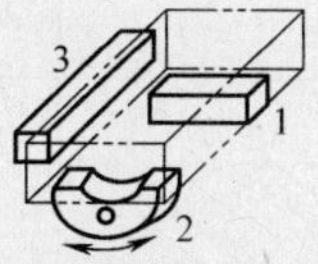	1、3—固定支承 2—浮动支承	1、2—$\vec{z}$、$\overset{\frown}{x}$、$\overset{\frown}{y}$ 3—$\vec{x}$、$\overset{\frown}{z}$
	固定支承与支承	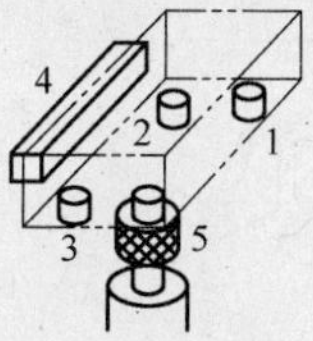	1、2、3、4—固定支承 5—辅助支承	1、2、3—$\vec{z}$、$\overset{\frown}{x}$、$\overset{\frown}{y}$ 4—$\vec{x}$、$\overset{\frown}{z}$ 5—增加刚性，不限制自由度
圆孔 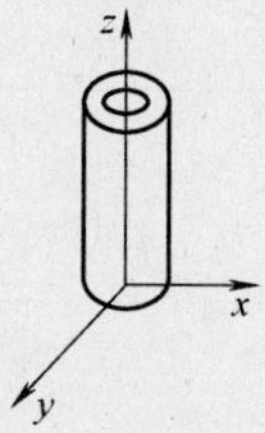	定位销（心轴）		短销（短心轴）	$\vec{x}$、$\vec{y}$
		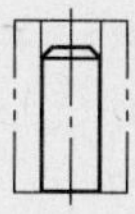	长销（长心轴）	$\vec{x}$、$\vec{y}$ $\overset{\frown}{x}$、$\overset{\frown}{y}$
	圆锥销		单锥销	$\vec{x}$、$\vec{y}$、$\vec{z}$
		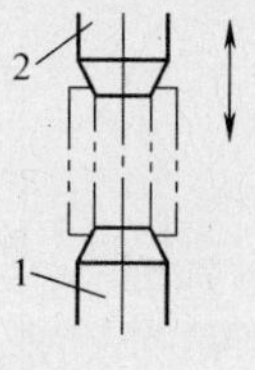	1—固定销 2—活动销	1—$\vec{x}$、$\vec{y}$、$\vec{z}$ 2—$\overset{\frown}{x}$、$\overset{\frown}{y}$

（续）

工件定位基准面	定位元件	定位方式简图	定位元件特点	限制自由度
外圆柱面 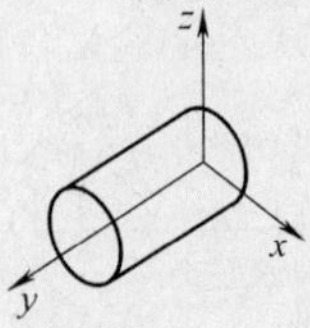	支承板或支承钉	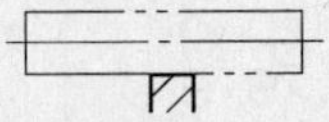	短支承板或支承钉	$\vec{z}$（或$\overset{\frown}{y}$）
		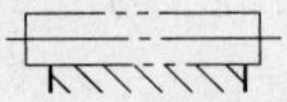	长支承板或两个支承钉	$\vec{z}$、$\overset{\frown}{y}$
外圆柱面	V形架		窄V形架	$\vec{x}$、$\vec{z}$
		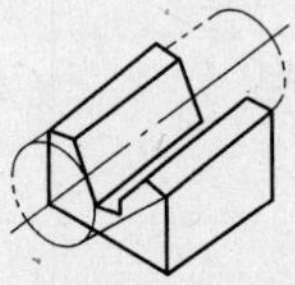	宽V形架或两个窄V形架	$\vec{x}$、$\vec{z}$ $\overset{\frown}{x}$、$\overset{\frown}{z}$
		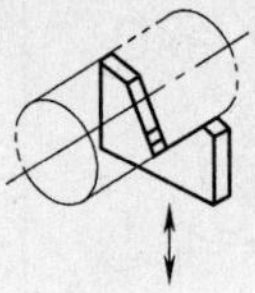	垂直运动的窄活动V形架	$\vec{x}$（或$\overset{\frown}{x}$）
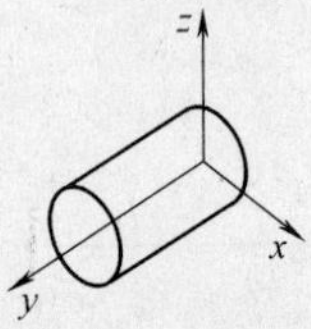	定位套	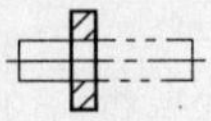	短套	$\vec{x}$、$\vec{z}$
		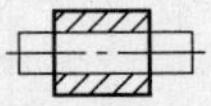	长套	$\vec{x}$、$\vec{z}$ $\overset{\frown}{x}$、$\overset{\frown}{z}$
	半圆孔衬套	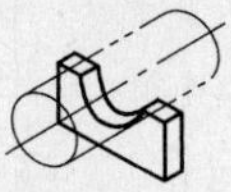	短半圆孔	$\vec{x}$、$\vec{z}$
			长半圆孔	$\vec{x}$、$\vec{z}$ $\overset{\frown}{x}$、$\overset{\frown}{z}$
	锥套	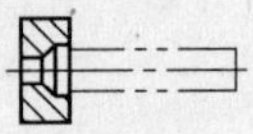	单锥套	$\vec{x}$、$\vec{y}$、$\vec{z}$
		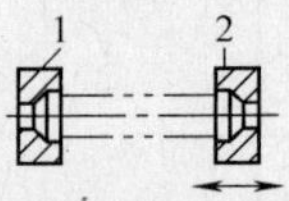	1—固定锥套 2—活动锥套	1—$\vec{x}$、$\vec{y}$、$\vec{z}$ 2—$\overset{\frown}{x}$、$\overset{\frown}{z}$

2）可调支承。可调支承用于工件定位过程中，支承钉高度需调整的场合，如图2-40所示，高度尺寸调整好后，用锁紧螺母2固定，就相当于固定支承。可调支承大多用于毛坯尺寸、形状变化大，以及粗加工定位。

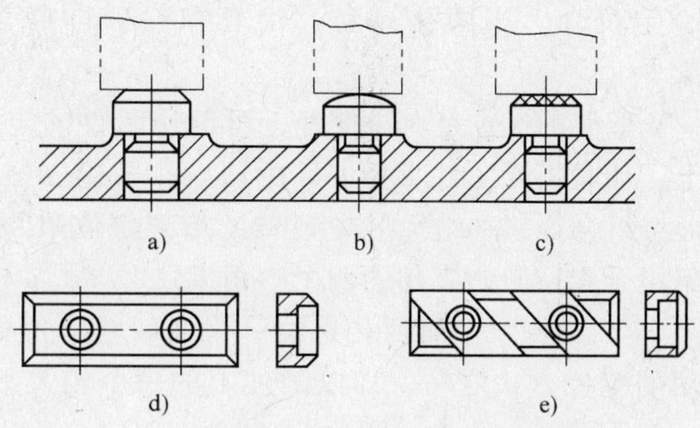

图2-39　支承钉和支承板

a）平头支承钉　b）球头支承钉　c）齿纹头支承钉　d）、e）支承板

3）浮动支承。工件定位过程中，能随着工件定位基准位置的变化而自动调节的支承，称为浮动支承。浮动支承常用的有三点式（图2-41a）和两点式（图2-41b），无论哪种形式的浮动支承，其作用相当于一个固定支承，只限制一个自由度，主要目的是提高工件的刚性和稳定性。浮动支承多用于毛坯面定位或刚性不足的场合。

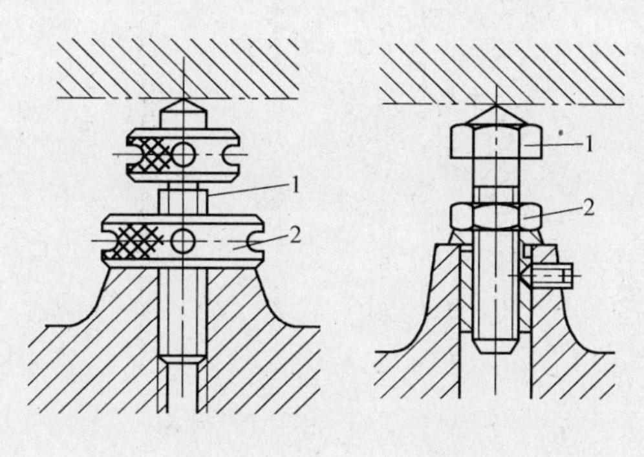

图2-40　可调支承

1—调整钉　2—锁紧螺母

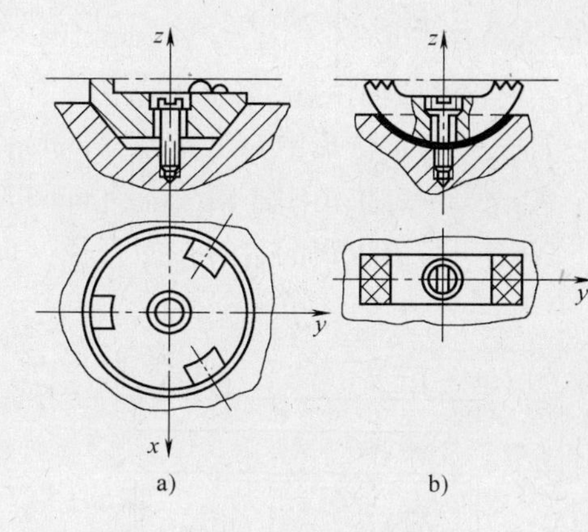

图2-41　浮动支承

a）三点式　b）两点式

4）辅助支承。辅助支承是指由于工件形状、夹紧力、切削力和工件重力等原因，可能使工件在定位后还产生变形或定位不稳，为了提高工件的装夹刚性和稳定性而增设的支承。因此，辅助支承只能起提高工件支承刚性的辅助定位作用，而不起限制自由度的作用，更不能破坏工件原有定位。

（2）工件以圆孔定位　工件以圆孔定位时，常用的定位元件有定位销、圆柱心轴和圆锥销，见表2-9。

1）定位销。定位销分短销和长销。短销只能限制两个移动自由度，而长销除限制两个移动自由度外，还可限制两个转动自由度。

2）圆柱心轴。圆柱心轴定位有间隙配合和过盈配合两种。间隙配合拆卸方便，但定心精度不高；过盈配合定心精度高，不用另设夹紧装置，但装拆工件不方便。

3）圆锥销。采用圆锥销定位时，圆锥销与工件圆孔的接触线为一个圆，限制工件的三个移动自由度。

（3）工件以外圆柱面定位　工件以外圆柱面定位时的定位元件有支承扳、V形架，定位套、半圆孔衬套、锥套和三爪自定心卡盘等形式，数控铣床上最常用的是V形架。

V形架的优点是对中性好，可以使工件的定位基准轴线保持在V形架两斜面的对称平面上，而且不受工件直径误差的影响，安装方便。V形架有窄V形架、宽V形架和两个窄V形架组合等三种结构形式。窄V形架定位限制工件的两个自由度；宽V形架或两个窄V形架组合定位限制工件的四个自由度。

（4）工件以一面两孔定位　一面两孔定位如图2-42所示，是数控铣床加工过程中最常用的定位方式之一，即以工件上的一个较大平面和平面上相距较远的两个孔组合定位。平面支承限制了$\widehat{X}$、$\widehat{Y}$和$\vec{Z}$三个自由度，一个圆柱销限制$\vec{X}$和$\vec{Y}$两个自由度，另一个圆柱销限制$\widehat{Z}$自由度。为了保证工件能够顺利安装，第二个销通常采用削边结构，如图2-43所示；有时也选用加工精度较高的圆柱销。削边销与孔的最小配合间隙X_{min}可由下式计算：

$$X_{\min}=\frac{b(T_D+T_d)}{D} \tag{2-2}$$

式中　b——削边销的宽度（mm）；

T_D——两定位孔中心距公差（mm）；

T_d——两定位销中心距公差（mm）；

D——与削边销配合的孔的直径（mm）。

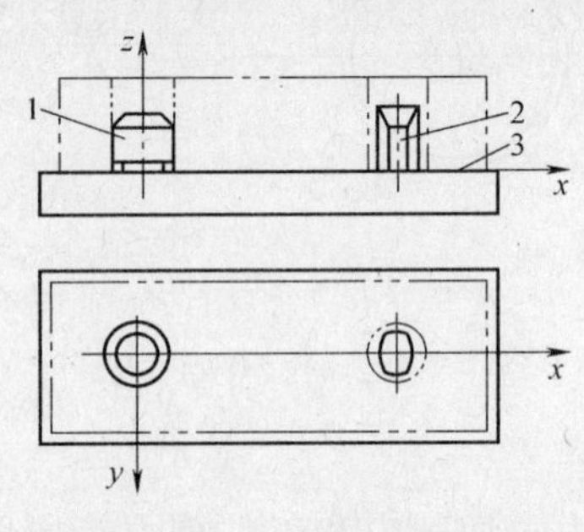

图2-42　一面两孔定位

1—圆柱销　2—削边销　3—定位平面

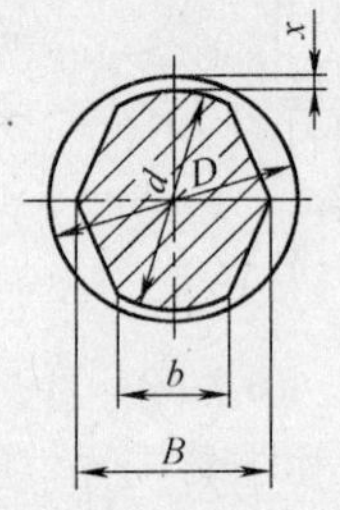

图2-43　削边销

三、工件的夹紧

夹紧是工件装夹过程中的重要组成部分。工件定位后必须通过一定的机构产生夹紧力，把工件压紧在定位元件上，使其保持准确的定位位置，不会由于切削力、工件重力、离心力或惯性力等的作用而产生位置变化和振动，以保证加工精度和安全操作。这种产生夹紧力的机构称为夹紧装置。

1. 夹紧装置应具备的基本要求

1）夹紧过程可靠，不改变工件定位后所占据的正确位置。

2）夹紧力大小适当，既要保证工件在加工过程中其位置稳定不变、振动小，又要使工件不会产生过大的夹紧变形。

3）操作简单、方便、省力、安全。

4）结构性好。夹紧装置的结构力求简单、紧凑，便于制造和维修。

2. 夹紧力方向和作用点的选择

1）夹紧力应朝向主要定位基准，如图2-44a所示，工件被镗孔与A面有垂直度要求，因此加工时以A面为主要定位基面，夹紧力F_J的方向应朝向A面。如果夹紧力改朝B面，由于工件侧面A与底面B的夹角误差，夹紧时工件的定位位置被破坏，如图2-44b所示，影响孔与A面的垂直度。

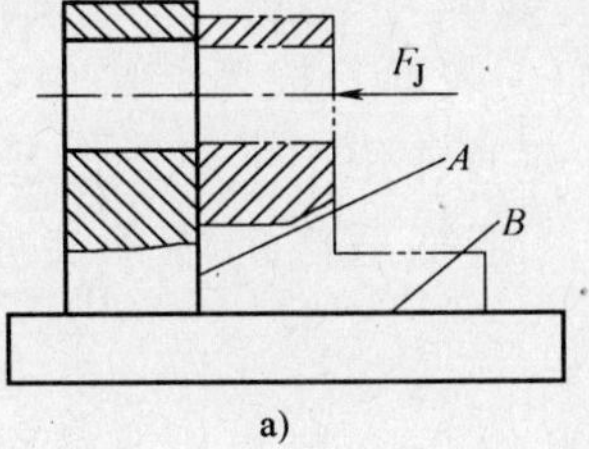

a)

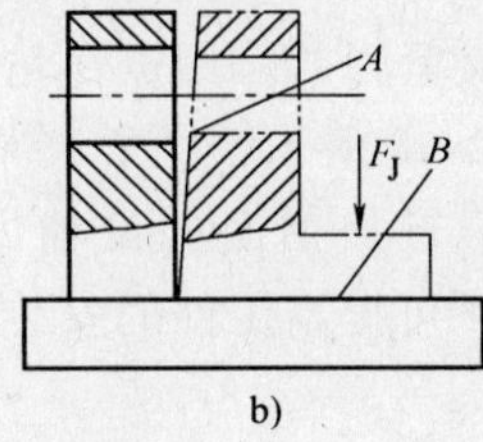

b)

图2-44　夹紧力方向示意图

2）夹紧力的作用点应落在定位元件的支承范围内，并靠近支承元件的几何中心，如图2-45所示，夹紧力作用在支承面之外，导致工件倾斜和移动，破坏工件的定位。正确位置应是图上箭头所示的位置。

3）夹紧力的方向应有利于减小夹紧力的大小，如图2-46所示，钻削A孔时，夹紧力F_J与轴向切削力F_H、工件重力G的方向相同，加工过程所需的夹紧力为最小。

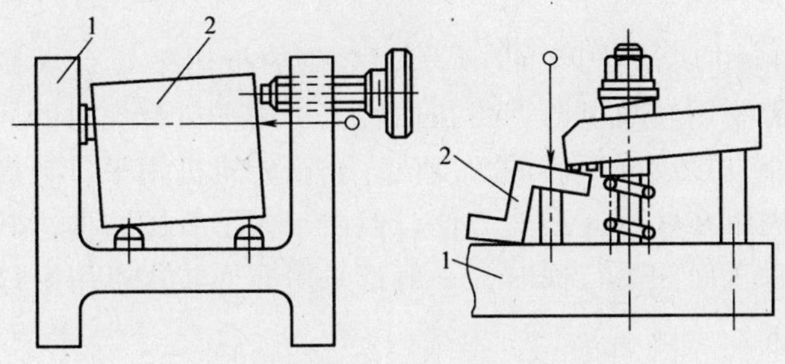

图2-45　夹紧力作用点示意图

1—夹具　2—工件

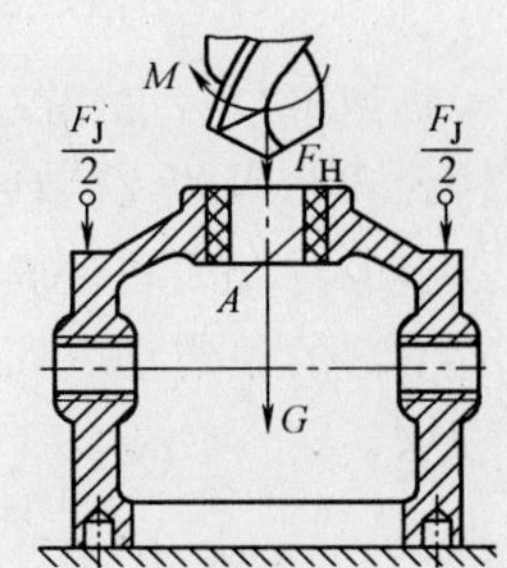

图2-46　夹紧力与切削力、重力的关系

4）夹紧力的方向和作用点应施加于工件刚性较好的方向和部位，如图2-47a所示，薄壁套筒工件的轴向刚性比径向刚性好，应沿轴向施加夹紧力；图2-47b所示薄壁箱体夹紧时，应作用于刚性较好的凸边上；箱体没有凸边时，可以将单点夹紧改为三点夹紧（图

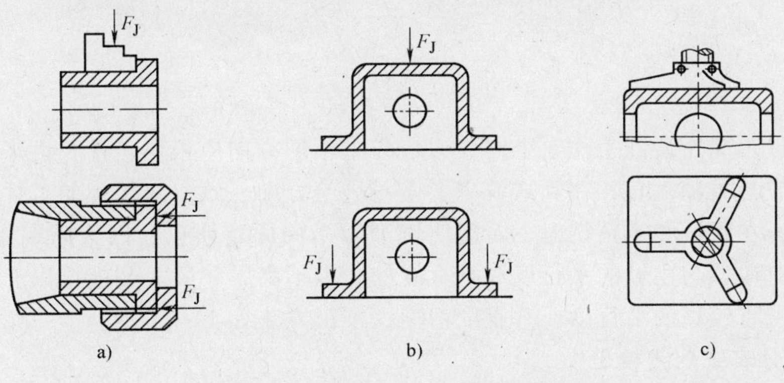

图2-47　夹紧力与工件刚性的关系

2-47c）。

5）夹紧力作用点应尽量靠近工件加工表面。为提高工件加工部位的刚性，防止或减少工件产生振动，应将夹紧力的作用点尽量靠近加工表面。拨叉装夹时，如图 2-48 所示，主要夹紧力 F_J 垂直作用于主要定位基面，在靠近加工面处设辅助支承，施加适当的辅助夹紧力 F_2，可提高工件的安装刚度。

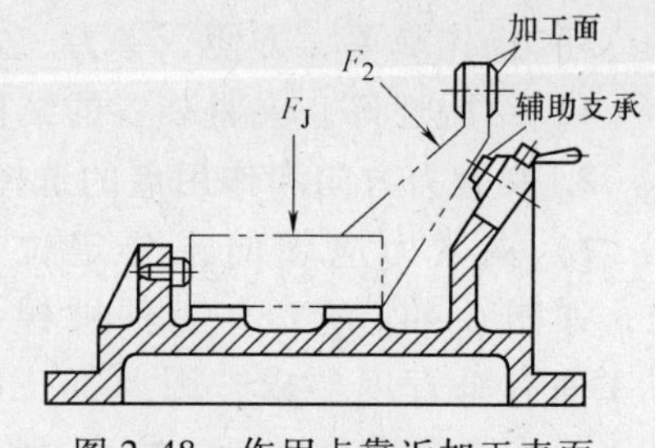

图 2-48 作用点靠近加工表面

第六节 数控铣床（加工中心）用夹具

在铣床与加工中心上加工中小型工件时，一般都采用机用平口台虎钳来装夹；对中型和大型工件，则多采用压板来装夹；在成批大量生产时，应采用专用及组合夹具来装夹。当然还有利用分度头和回转工作台（简称转台）来装夹等。不论用哪种夹具和哪种方法，其共同目的是使工件装夹稳固，不产生工件变形和损坏已加工好的表面，以免影响加工质量，避免发生损坏刀具与机床和人身事故等。

一、用机用平口台虎钳装夹工件

机用平口台虎钳又称虎钳（俗称平口钳），如图 2-49 所示，常用的机用平口台虎钳有回转式和非回转式两种。当装夹的工件需要回转角度时，可按回转式机用平口台虎钳的回转底盘上的刻度线和台虎钳体上的零位刻线直接读出所需的角度值。非回转式机用平口台虎钳没有下部的回转盘。回转式机用平口台虎钳在使用时虽然方便，但由于多了一层结构，其高度增加，刚性较差。所以在铣削平面、垂直面和平行面时，一般都采用非回转式机用平口台虎钳。

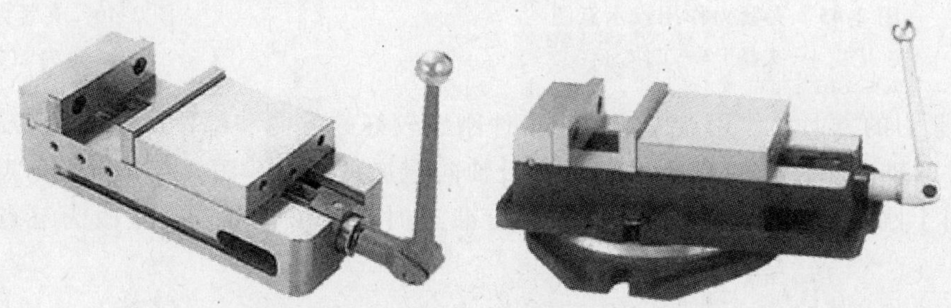
图 2-49 机用台虎钳

把机用平口台虎钳装到工作台上时，钳口与主轴的方向应根据工件长度来决定。对于长的工件，钳口应与主轴垂直，在立式铣床上应与进给方向一致；对于短的工件，钳口与进给方向垂直较好。在粗铣和半精铣时，希望使铣削力指向固定钳口，因为固定钳口比较牢固。在铣平面时，对钳口与主轴的平行度和垂直度的要求不高，一般目测就可以。在铣削沟槽等工件时，则要求有较高的平行度或垂直度精度，校正方法如下：

1. 利用百分表或划线校正

用百分表校正的步骤是，先把带有百分表的弯杆，用固定环压紧在刀轴上，或者用磁性表座将百分表吸附在悬梁（横梁）导轨或垂直导轨上，并使台虎钳的固定钳口接触百分表测量头（简称测头或触头）。然后利用手动移动纵向或横向工作台，并调整台虎钳位置使百分表上指针摆差在允许范围内（图 2-50a）。对钳口方向的准确度要求不很高时，也可用划针或大头针来代替百分表校正。

2. 利用定位键安装机用平口台虎钳

在机用平口台虎钳的底面上一般都有键槽。有的只在一个方向上做有分成两段的键槽，键槽的两端可装上两个键。有的台虎钳底面有两条互相垂直的键槽，也都非常准确，如图 2-50b 所示。

在安装时，若要求钳口与工作台纵向垂直，只要把键装在与钳口垂直的键槽内，再使键嵌入工作台的槽中，不需再作任何校正。若要求钳口与工作台纵向平行，则只要把两个键装在与钳口平行的键槽内，再装到工作台上就可以了。键的结构如图 2-50b 所示。

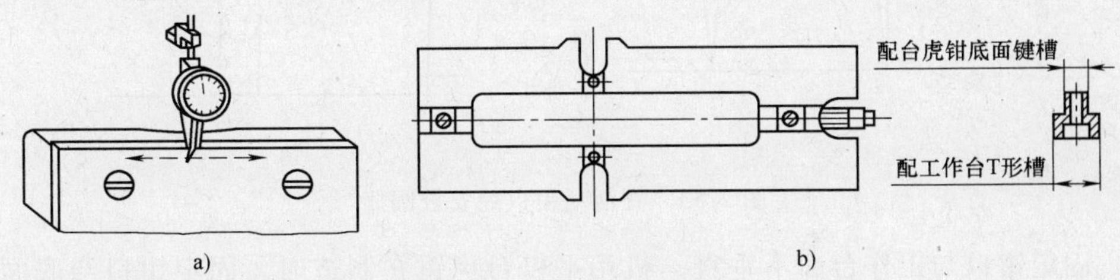

图 2-50　校正台虎钳位置

3. 把工件装夹在机用平口台虎钳内

在把工件毛坯装到机用平口台虎钳内时，必须注意毛坯表面的状况，若是粗糙不平或有硬皮的表面，就必须在两钳口上垫纯铜皮。为便于加工，还要选择适当厚度的垫铁，垫在工件下面，使工件的加工面高出钳口。高出的尺寸，以能把加工余量全部切完而不致切到钳口为宜。

4. 斜面工件在机用平口台虎钳内的安装

两个平面不平行的工件，若用普通台虎钳直接夹紧，必定会产生只夹紧大端，夹不紧小端的现象，因此可在钳口内加一对弧形垫铁，如图 2-51 所示。

二、机用平口台虎钳在铣削加工的应用

1. 铣削垂直面

用机用平口台虎钳装夹垂直面的情况如图 2-52 所示。铣削时，影响垂直度误差的因素主要有下列几个方面。

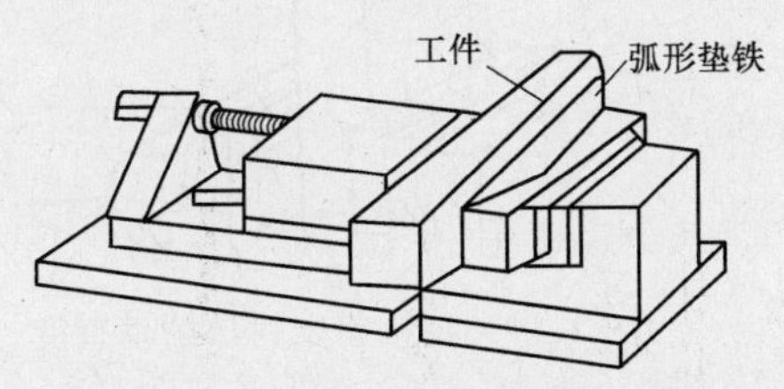

图 2-51　在台虎钳内夹斜面工件

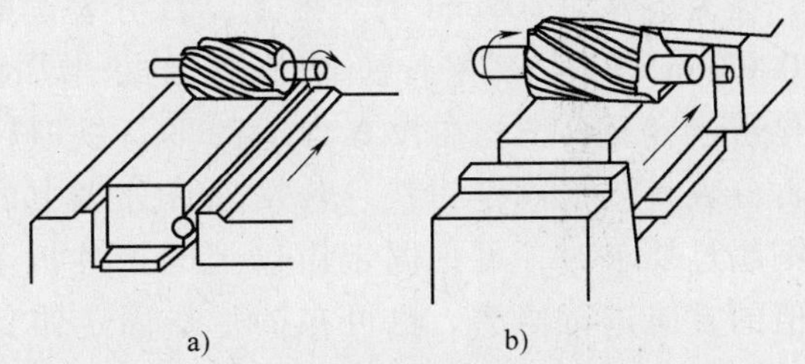

图 2-52　用台虎钳装夹垂直面
a）钳口与铣床主轴垂直　b）钳口与铣床主轴平行

（1）基准面没有与固定钳口贴合　在装夹工件时，即使固定钳口与铣床工作台面的垂直度很好，若工件的基准面没有与固定钳口贴合，则铣出的平面与基准面就不垂直。造成不贴合的原因有

1）工件基准面与固定钳口之间有切屑等杂物。因此，在装夹时必须将基准面与固定钳口擦拭清洁。

2）工件的两对面不平行。夹紧时，钳口与工件基准面不是面接触而呈线接触，如图2-53a所示。为了避免这种情况的出现，可在活动钳口处轧一圆棒（或窄长的铜皮），圆棒的位置以处在钳口顶至工件底面的中间为宜，如图 2-53b 所示。

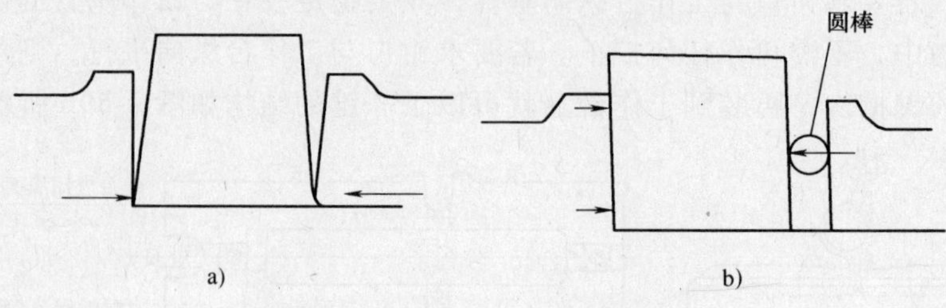

图 2-53　在活动钳口处安放圆棒

（2）固定钳口与工作台面不垂直　机用平口台虎钳在制造时，固定钳口与底面是垂直的。但在使用过程中，由于钳口磨损和台虎钳底座有毛刺或切屑等原因，会造成固定钳口与底面不垂直。在铣削垂直度要求较高的垂直面时，需进行调整。

1）在固定钳口处垫铜皮或纸片。预铣时，若铣出的平面与基准面的交角小于 90°，则把窄长的铜皮或纸条垫在钳口的上部；若铣出的垂直面夹角大于 90°，则应垫在钳口的下部，但这种情况较少。垫物的厚度是否准确，可试切一刀，测量后，再决定增加或减少。这种方法操作起来比较麻烦，且不易垫准，因此是在单件生产时的临时措施。

2）在台虎钳底平面垫铜皮或纸片。在台虎钳底平面与工作台面之间垫铜皮或纸片，也能校正固定钳口与工作台面的垂直度。若铣出的垂直面夹角小于 90°，则把铜皮垫在靠近固定钳口的一端；若大于 90°，则应垫在靠活动钳口后部的一端。这种方法也是临时措施，但加工一批工件只需垫一次。

3）校正固定钳口的钳口铁（又称护片）。校正时最好用一块表面磨得很平、很光滑的平行铁，使光洁平整的一面紧贴固定钳口，在活动钳口处放置一圆棒或铜条，把平行铁夹牢，如图 2-54 所示。用百分表校验贴牢固定钳口的一面，使工作台作垂直运动，在上下移动 200mm 的长度上，百分表读数的变动应在 0.03mm 以内。用平行铁辅助的目的是增加幅度，使偏差显著，容易校正。在没有合适的平行铁时，可用杠杆式百分表直接校固定钳口。若发现百分表上的读数变动范围超过要求时，可把固定钳口上的护片拆下来，根据差值的方向进行修磨。也可在护片与固定钳口之间垫薄钢片，钢片的厚度可按比例计算。护片经修磨或垫准并装好后，需进行复校，一直到准确为止，钳口只允许略有内倾。这种方法也可把台虎钳放在标准平板上进行校正，并可减少工作

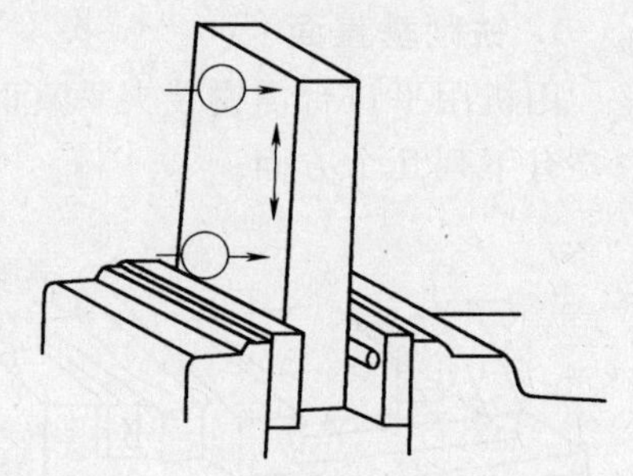

图 2-54　校正固定钳口的垂直度

台作上下运动产生的误差，但校正时比较复杂。校正钳口护片的方法，经一次校正，可使用很长一个时期。

在操作过程中，安装台虎钳时，必须把台虎钳底面和工作台面擦拭清洁，并去除台虎钳底座的毛刺。

（3）铣刀圆柱度超差　把固定钳口安装成与主轴垂直时（图2-52a），若铣刀切削刃磨成圆锥形（即有锥度），则铣出的平面会与基准面不垂直。然而，若固定钳口安装与主轴平行（图2-52b），铣刀的圆柱度超差对铣垂直面影响不大。

2. 铣削平行面

铣平行面时要求铣出的平面与基准面平行，也要求平面具有较好的平面度精度。

用周边铣削法加工平行面，一般都在卧式铣床上用机用平口台虎钳装夹进行铣削，加工的工件尺寸比较小。装夹时主要使基准面与工作台面平行，需在基准面与台虎钳导轨面之间垫两块厚度相等的平行垫铁，如图2-55所示。即使对较厚的工件，也最好垫上两条厚度相等的薄铜皮，以便检查基准面是否与台虎钳导轨平行。用这种装夹方法加工产生平行度精度不佳的原因有以下三个方面：

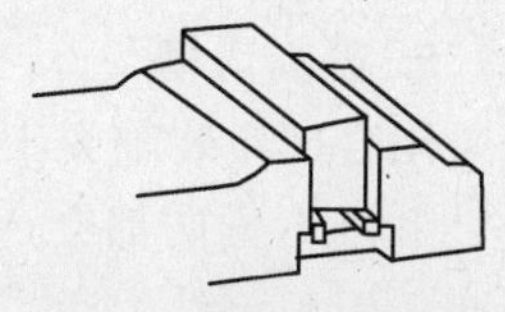

图2-55　用平行垫铁装夹工件铣平行面

（1）基准面与机用平口台虎钳导轨面不平行　这是铣平行面质量差的主要原因。造成基准面与台虎钳导轨面不平的因素有以下几个方面：

1）平行垫铁的厚度不相等。加工平行面用的两块平行垫铁，应在平面磨床上同时磨出。

2）平行垫铁的上下表面与工件和导轨之间有杂物。在安放平行垫铁和装夹工件时要擦拭清洁。

3）活动钳口在夹紧时产生上挠。活动钳口与导轨之间存在少量的间隙，当活动钳口夹紧工件而受力时，会把活动钳口上挠，使工件靠活动钳口的一边向上抬起。另外，铣刀在靠活动钳口的一端刚铣到工件时，向上的垂直铣削分力，会把工件和活动钳口向上抬起。以上两种情况都会造成基准面与导轨不平行。因此在铣平行面时，工件夹紧后，须用铜棒或木锤轻轻敲击工件顶面，直至两块平行垫铁的四端都没有松动现象为止。

4）工件贴住固定钳口的平面与基准面不垂直。当工件靠向固定钳口的平面与基准面不垂直时，平面与固定钳口紧密贴合，则基准面必然与工作台面和台虎钳导轨面不平行。所以在铣平行面时，在活动钳口处以不放圆棒为宜。在单件生产时，可在固定钳口的上方（或下方）垫铜皮，以使基准面与平行垫铁紧密贴合。

（2）机用台虎钳的导轨面与工作台面不平行　产生这种现象的原因是台虎钳底面与工作台面之间有杂物，以及导轨面本身不准。所以应注意消除毛刺和切屑，必要时需检查导轨面与工作台面的平行度误差。

（3）铣刀圆柱度超差　在铣平行面时，无论台虎钳钳口的安装方向是与主轴平行还是垂直，若铣刀的圆柱度超差，都会影响平行面的平行度。刀杆与工作台面不平行，也会影响加工面的平行度。

3. 在立式铣床上铣两端面

在立式铣床上铣削两端时，工件的装夹方法如图2-56所示，装夹时，先使基准面与固定钳口紧贴，再用直角尺校正侧面，使侧面与工作台面垂直。经过校正后，铣出的两端面既与基准面又与两侧面垂直。

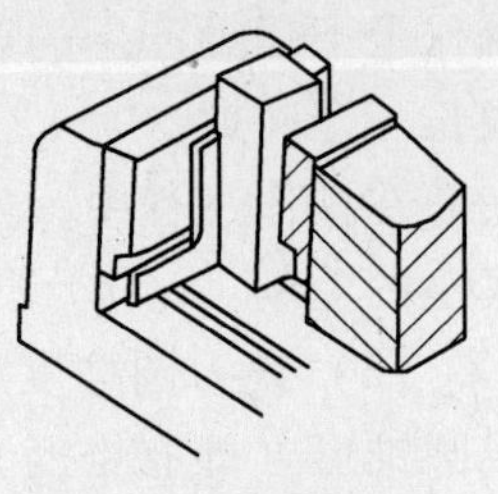
图 2-56 铣两端面

4. 在卧式铣床上铣两端面

在卧式铣床上铣削两端面的方法如图 2-57 所示，只要把固定钳口校正到与纵向进给方向垂直即可，加工时就不需每铣两个端面都要用直角尺校正。但对垂直度要求较高的工件，固定钳口必须用百分表校正。

工件长度方向的尺寸调整，可在钳口的另一端固定好一块弯头定位铁，或以钳口端为基准。对两端面之间的尺寸，也只要调整第一件，以后不需要每一件都进行调整，因此可节省不少校正时间。

当工件长度及厚度的尺寸不太大时，可用两把三面刃铣刀组合铣削两端面。

5. 铣削沟槽

用台虎钳装轴类工件（图 2-58a）时，当工件直径有变化，工件中心在左右（水平位置）和上下方向都会产生变动（图 2-58b），影响键槽的对称度和深度。但装夹简便稳固，因此适用于单件生产。

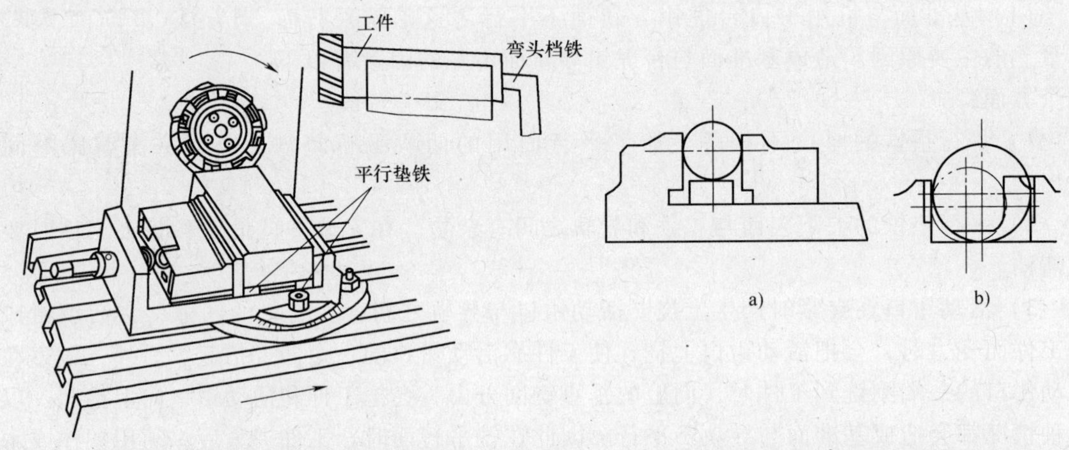

图 2-57 在卧式铣床上铣削两端面　　图 2-58 用平口台虎钳装夹轴类零件

三、用压板装夹工件

用压板装夹工件是铣床上常用的一种方法，尤其在卧式铣床上，用面铣刀铣削时用的最多。在铣床上用压板安装工件时，所用的工具比较简单，主要有压板、垫铁、T 形螺栓（或 T 形螺母）等，为了满足安装不同形状工件的需要，压板的形状也做成很多种。使用压板时应注意：

1）压板的位置要安排适当，要压在工件刚性最好的地方，夹紧力的大小也应适当，不然刚性差的工件易产生变形。

2）垫铁必须正确地放在压板下，高度要与工件相同或略高于工件，否则会降低压紧效果。

3）压板螺栓必须尽量靠近工件，并且螺栓到工件的距离应小于螺栓到垫铁的距离，这样就能增大压紧力。

4）螺栓要拧紧，否则会因压力不够而使工件移动，以致损坏工件、机床和刀具。

5）在工件的光洁表面与压板之间，必须安置垫片（如铜片），这样可以避免光洁表面因受压而损伤。

6）在铣床的工作台面上，不能拖拉粗糙的铸件、锻件毛坯，以免将台面划伤。

四、压板装夹在铣削加工中的应用

1. 端面铣削垂直面

较大尺寸的垂直面，以用面铣刀在卧式铣床上铣削较为准确简便，如图 2-59 所示。用这种方式铣削，铣出的平面与工作台面垂直，所以只要把基准面安装得与工作台面平行和贴合，就能铣出准确度较高的垂直面，尤其用垂向进给时，由于不受工作台“零位”准确度的影响，精度更高。此时，影响垂直度误差的因素，主要是铣床的精度和基准面与工作台面的贴合程度或平行度，从而避免了夹具本身精度的影响。

2. 端面铣削平行面

（1）在立式铣床上铣削平行面　若工件有阶台时，则可直接用压板把工件装夹在立式铣床的工作台面上，如图 2-60 所示，使基准面与工作台面贴合，随后用面铣刀铣削平行面。

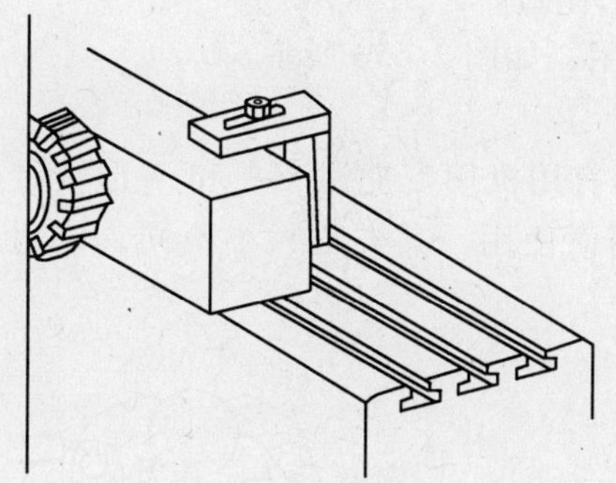

图 2-59　在卧式铣床上铣削垂直面

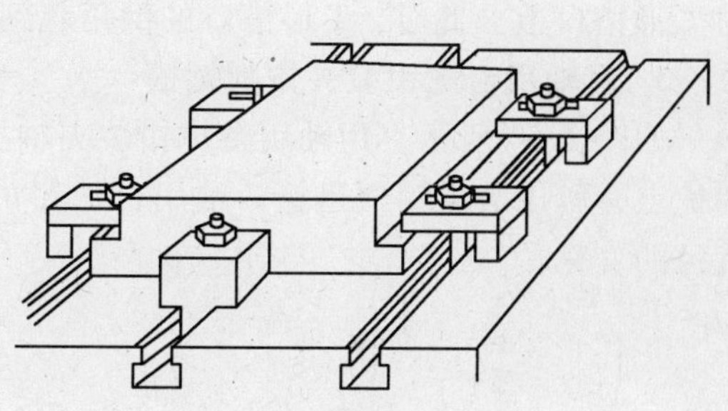

图 2-60　在立式铣床上铣削平行面

（2）在卧式铣床上铣削平行面　若工件上没有阶台时，可在卧式铣床上用面铣刀铣平行面，如图 2-61 所示。装夹时，可采用定位键定位，使基准面与纵向平行。若底面与基准面垂直，就不需再作校正。若底面与基准面不垂直，则需垫准或把底面重新铣准。垫准时，需用直角尺对基准面作检查。如精度要求较高时，可把百分表通过表架固定在悬梁上，使工作台作上下移动，把基准面校正。

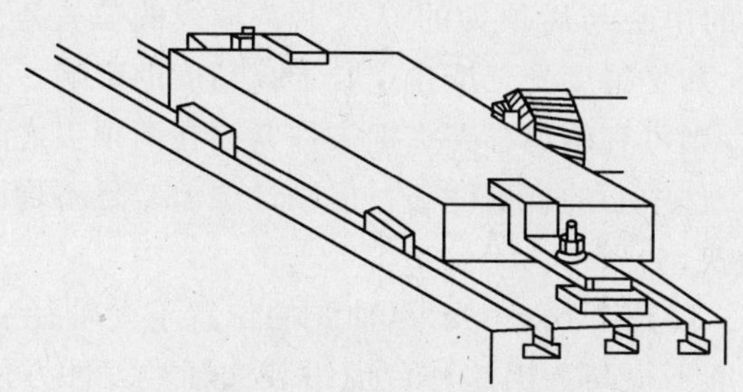

图 2-61　在卧式铣床上铣削平行面

五、其他装夹在铣削加工中的应用

1. 用直角铁装夹进行铣削平面

对基准面比较宽而加工面比较窄的工件，在铣削垂直面时，可利用直角铁来装夹，如图2-62所示。

2. 用V形块装夹铣削键槽

把圆柱形工件放在V形块内，并用压板紧固的装夹方法来铣削键槽，这是铣床上常用的方法之一。其特点是工件中心只在V形槽的角平分线上，不随直径的变化而变动。因此，当键槽铣刀的中心或盘形铣刀的中分线对准V形槽的角平分线时，能保证一批工件上键槽的对称度。铣削时虽对铣削深度有改变，但变化量一般不会超过槽深的尺寸公差，如图2-63a所示。在卧式铣床上用键槽铣刀铣削，若用图2-63b所示的装夹方法，则当工件直径有变化时，键槽的对称度会有影响，故适用于单件生产。

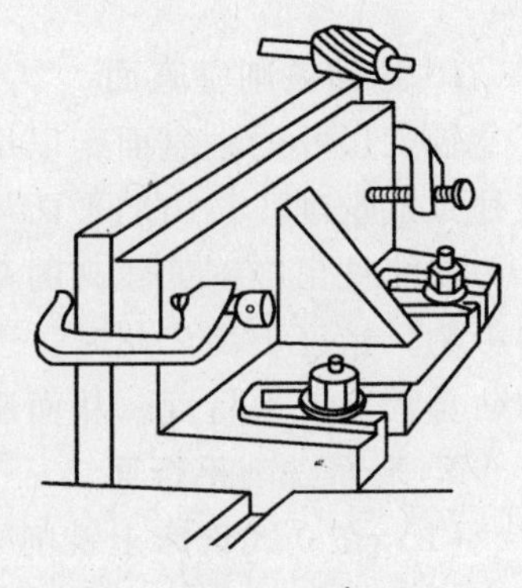

图2-62　铣削宽而薄的垂直面

对直径为$\phi(20 \sim 60)$mm内的长轴，可直接装夹在工作台的T形槽口上。此时，T形槽口的倒角起到V形槽的作用，如图2-63c所示。

3. 用轴用台虎钳装夹铣削键槽

如图2-64所示，用轴用台虎钳装夹轴类零件时，具有用机用台虎钳装夹和V形块装夹的优点，所以装夹简便迅速。轴用台虎钳的V形槽能两面使用，其夹角大小不同，以适应直径的变化。

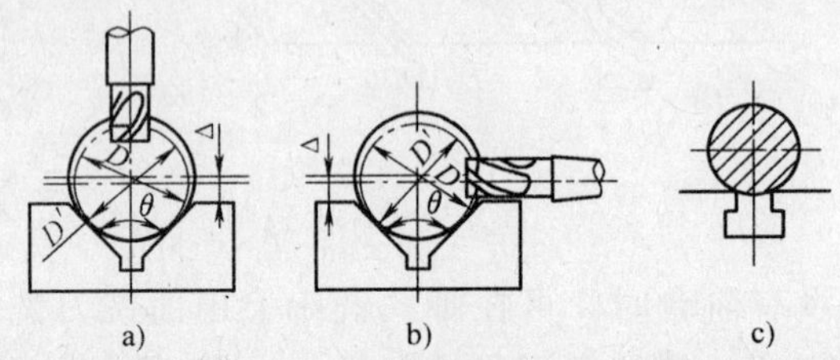

图2-63　用V形块装夹工件铣键槽

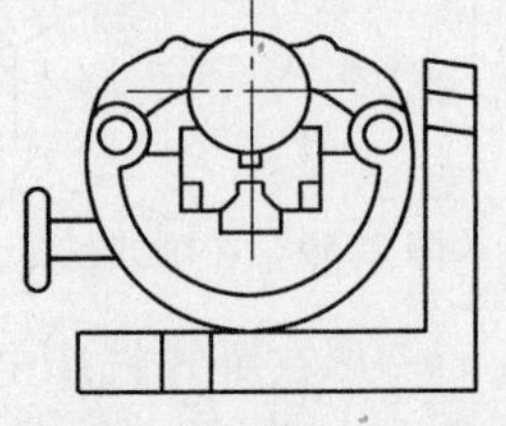

图2-64　装夹轴类零件

4. 定中心装夹铣削键槽

用三爪自定心卡盘（图2-65a）、两顶尖（图2-65b）等方法装夹时，工件的轴线必在三爪自定心卡盘（或前顶尖）的中心与后顶尖的连线上，轴线的位置不受工件直径改变的影响，用三爪自定心卡盘装夹时，加工精度受三爪自定心卡盘精度的影响。若在分度头上没有三爪自定心卡盘而装有前顶尖时，则可利用鸡心夹头把工件紧固在两顶尖之间。这种装夹方法与用三爪自定心卡盘装夹相比，工件中心的准确度高，但刚性要差，且不稳固，装拆比较费时。

5. 用自定心台虎钳装夹

用自定心台虎钳装夹，如图2-65c所示，轴线的位置不受轴径变化的影响。但由于两个钳口都是活动的，故精确度不很高。用这种台虎钳装夹轴类零件方便、迅速，也很稳固，键槽位置不受钳口和压板的影响，但工件中心位置的准确度略差些。

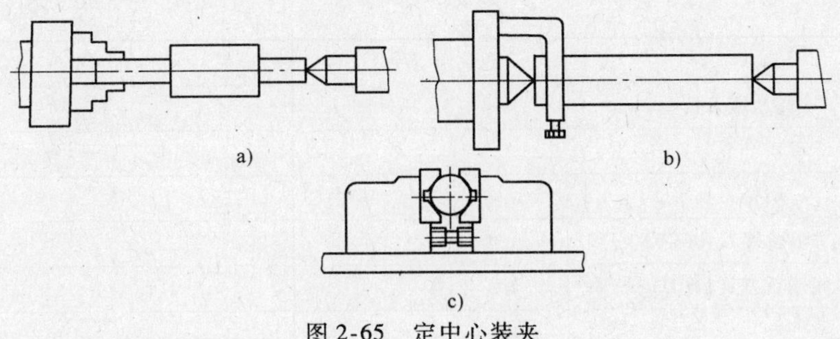

图 2-65　定中心装夹

6. 用专用及组合夹具装夹零件

图 2-66 所示为利用专用及组合夹具装夹零件。专用夹具一般用于零件的大批量生产。

图 2-66　用专用及组合夹具装夹零件

第七节　数控铣床（加工中心）刀具

数控加工用刀具可分为常规刀具和模块化刀具。由于模块化刀具的发展，数控刀具已形成了三大系统，即车削刀具系统、钻削刀具系统和镗铣刀具系统。数控加工刀具的种类见表 2-10 所示。

表 2-10　数控加工刀具的种类

<table>
<tr><th>分类标准</th><th colspan="3">分　类</th><th>常用形式</th><th>备　注</th></tr>
<tr><td rowspan="7">结构</td><td colspan="3">整体式</td><td></td><td></td></tr>
<tr><td rowspan="3">镶嵌式</td><td colspan="2">焊接式</td><td></td><td></td></tr>
<tr><td rowspan="2">机夹式</td><td>可转位</td><td></td><td></td></tr>
<tr><td>不转位</td><td></td><td></td></tr>
<tr><td colspan="3">减振式</td><td></td><td>当刀具的工作臂长与直径之比较大时，为了减少刀具的振动，提高加工精度，多采用此类刀具</td></tr>
<tr><td colspan="3">内冷式</td><td></td><td>切削液通过刀体内部由喷孔喷射到刀具的切削刃部</td></tr>
<tr><td colspan="3">特殊形式</td><td></td><td>复合刀具</td></tr>
</table>

（续）

分类标准	分　类	常用形式	备　注
材料	高速钢刀具		
	硬质合金刀具		
	陶瓷刀具		
	立方氮化硼刀具(CBN)		
	金刚石刀具(PCD)		
切削工艺	车削刀具	外圆、内孔、外螺纹、内螺纹、车槽	
	钻削刀具	小孔、短孔、深孔、攻螺纹、铰孔	
	镗削刀具	粗镗、精镗	
	铣削刀具	面铣、立铣、三面刃铣	

一、刀柄系统

数控铣床（加工中心）用刀具系统由刀柄系统和刀具组成，如图 2-67 所示，而刀柄系统由三部分组成，即刀柄、拉钉和夹头（或中间模块）。

1. 刀柄

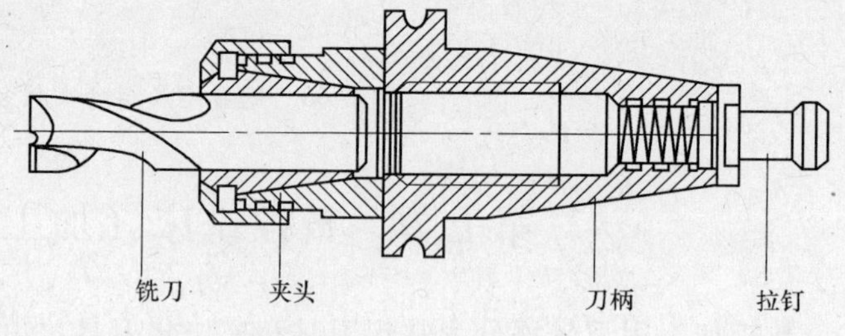

图 2-67　刀具系统结构

刀具通过刀柄与数控铣床（加工中心）主轴联接，其强度、刚性、耐磨性、制造精度以及夹紧力等对加工有直接影响。数控铣床刀柄一般采用 7:24 锥面与主轴锥孔配合定位，刀柄及其尾部供主轴内拉紧机构用的拉钉已实现标准化，其使用的标准有国际标准（ISO）和中国、美国、德国、日本等国的标准。因此，数控铣床（加工中心）刀柄系统应根据所选用的机床要求进行配备。

加工中心刀柄可分为整体式与模块式两类。根据刀柄柄部形式及所采用国家标准不同，我国使用的刀柄常分成 BT（日本 MAS 403—75 标准）、JT（GB/T 10944—1989 与 ISO 7388—1983 标准，带机械手夹持槽）、ST（ISO 或 GB，不带机械手夹持槽）和 CAT（美国 ANSI 标准）等几种系列，这几种系列的刀柄除局部槽的形状不同外，其余结构基本相同。根据锥柄大端直径的不同，与其相对应的刀柄又分成 40、45、50（个别的还有 30 和 35）等几种不同的锥度号。40、45、50 是指刀柄的型号，并不是指刀柄实际的大端直径，如 BT/JT/ST50 和 BT/JT/ST40 分别代表锥柄大端直径为 69.85mm 和 44.45mm 的 7:24 锥柄。

（1）整体式刀柄刀具系统　整体式刀柄刀具系统如图 2-68 所示，不同的刀具直接或通过刀具夹头与对应的刀柄连接组成所需要的刀具系统。这种刀具系统的刀柄直接夹住刀具，刚性好，但需针对不同的刀具分别配备，其规格、品种繁多，给管理和生产带来不便。

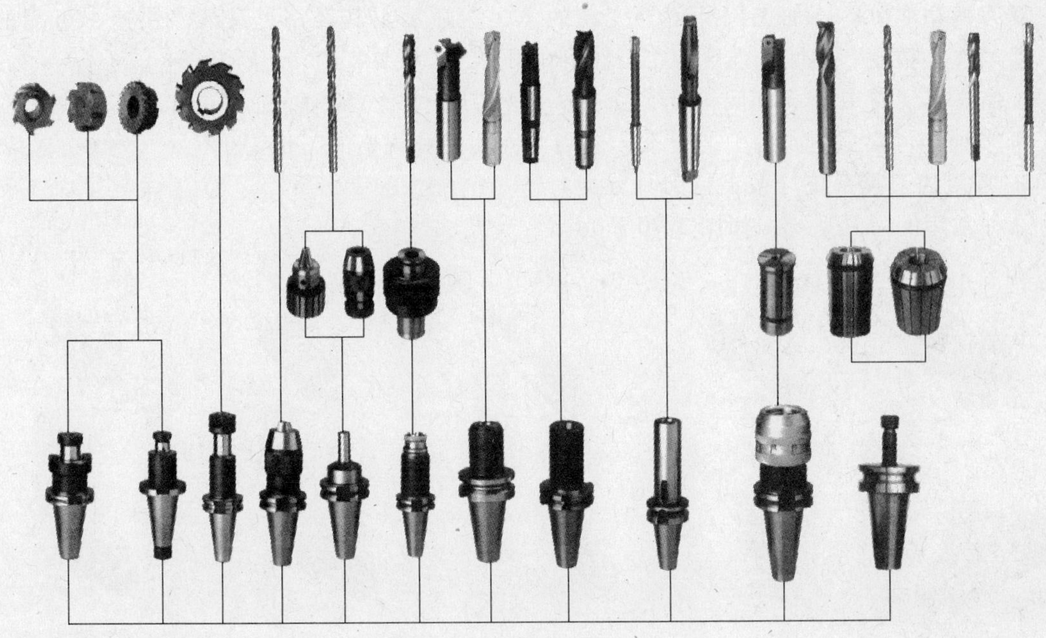

图 2-68　整体式刀具系统

（2）模块式刀柄刀具系统　所谓“模块式”是将整体式刀杆分解成柄部（主柄）、中间联接块（联接杆）、工作部（工作头）三个主要部分（模块），然后通过各种联接结构，在保证刀杆联接精度、刚性的前提下，将这三部分联接成一整体，如图 2-69 所示。

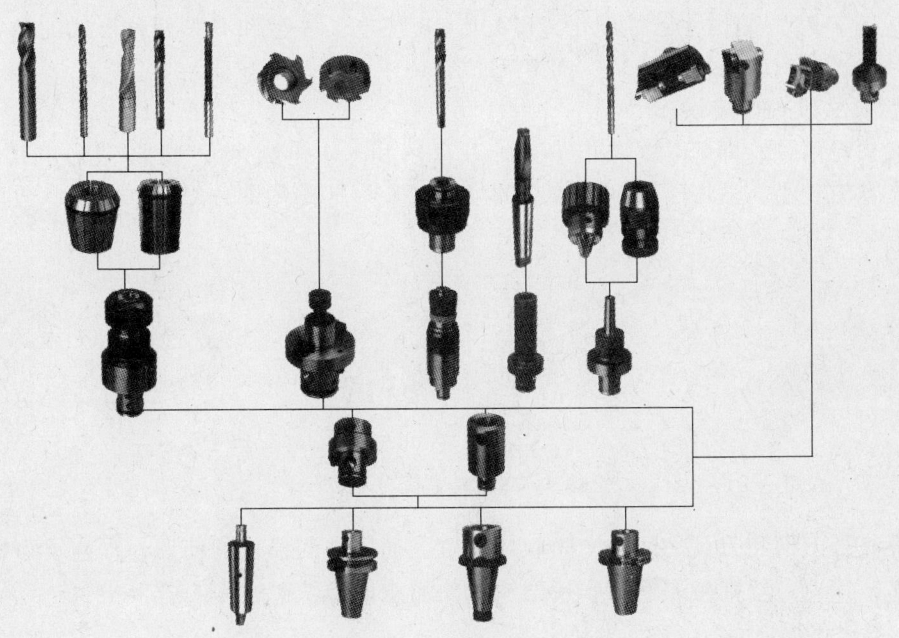

图 2-69　模块式刀具系统

使用者可根据加工零件的尺寸、精度要求、加工程序、加工工艺，利用这三部分模块，任意组合成钻、铣、镗、铰及攻螺纹的各种工具进行切削加工。模块式刀具刀柄克服了整体式工具刀柄功能单一、加工尺寸不易变动的不足，显示出其经济、灵活、快速、可靠的特点，但对连接精度、刚性、强度等都有很高的要求。

工作头有弹簧夹头、莫氏锥孔、钻夹头、铰刀、立铣刀、面铣刀、镗刀（微调、双刃等）等多种。可根据不同的工艺要求，选用不同功能和规格的工作头。

2. 常用的刀具系统（按夹持刀具分类）

几种常用的刀具系统，如图 2-70 所示。

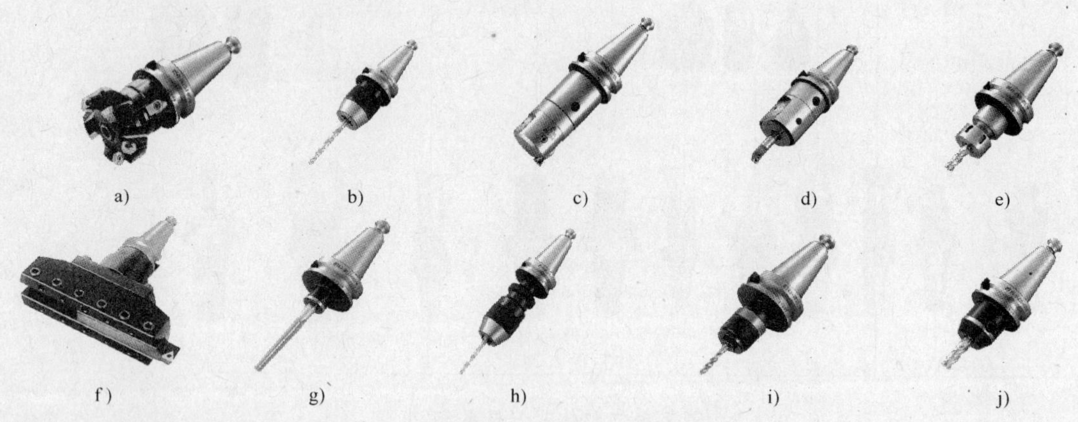

图 2-70　各种常用刀具系统

a）面铣刀刀具系统　b）整体钻夹头刀具系统　c）、d）、f）镗削刀具系统　e）ER 弹簧夹头刀具系统　g）莫氏锥度刀具系统　h）带钻夹头刀具系统　i）快换式丝锥刀具系统　j）侧压式立铣刀刀具系统

3. 拉钉

拉钉（图 2-71）的尺寸已标准化，ISO 或 GB 规定了 A 型和 B 型两种形式的拉钉，其中 A 型拉钉用于不带钢球的拉紧装置，而 B 型拉钉用于带钢球的拉紧装置。

4. 弹簧夹头及中间模块

弹簧夹头有两种，即 ER 弹簧夹头（图 2-72）和 KM 弹簧夹头（图 2-73）。其中 ER 弹簧夹头的夹紧力较小，适用于切削力较小的场合；KM 弹簧夹头的夹紧力较大，适用于强力铣削。

图 2-71　拉钉

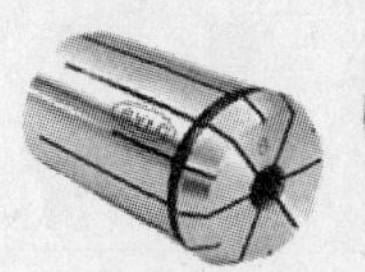

图 2-72　ER 弹簧夹头

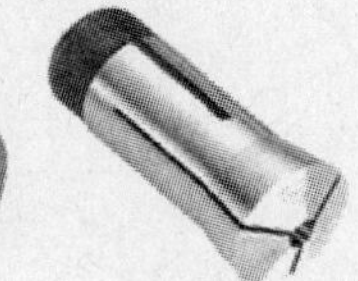

图 2-73　KM 弹簧夹头

中间模块是刀柄和刀具之间的中间联接装置，通过中间模块的使用，提高了刀柄的通用性能。例如，镗刀、丝锥与刀柄的联接就经常使用中间模块。

二、数控刀具选择

1. 孔加工刀具的选择

孔类加工刀具主要有钻头、铰刀、镗刀等。

（1）钻孔刀具及其选择　钻孔刀具较多，如图2-74所示，常用的有中心钻、标准麻花钻、可转位浅孔钻、扩孔钻、深孔钻、锪孔钻和扁钻等。应根据工件材料、加工尺寸及加工质量要求等合理选用。

在加工中心上钻孔，大多采用普通麻花钻。麻花钻有高速钢和硬质合金两种，它由工作部分和柄部组成。工作部分包括切削部分和导向部分，而柄部有莫氏锥柄和圆柱柄两种。刀具材料常使用高速钢和硬质合金。

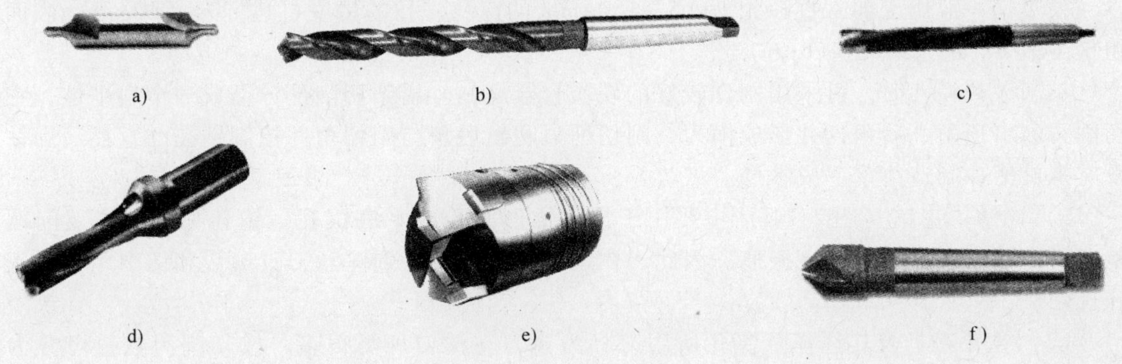

图2-74　钻孔刀具

a）中心钻　b）标准麻花钻　c）标准扩孔钻　d）可转位浅孔钻　e）喷吸钻　f）锪钻

1）中心钻。中心钻（图2-74a），主要用于精度要求较高的小孔的定位，由于切削部分的直径较小，所以中心钻钻孔时，应选取较高的转速。

2）标准麻花钻。标准麻花钻（图2-74b）的切削部分有两个主切削刃、两个副切削刃、一个横刃和两个螺旋槽。在数控铣床（加工中心）上钻孔，因无夹具钻模导向，受两切削刃上切削力不对称的影响，容易引起钻孔偏斜，故要求钻头的两切削刃必须有较高的刃磨精度（两刃长度一致，顶角对称于钻头中心线或先用中心钻定中心，再用钻头钻孔）。

直径为$\phi(8 \sim 80)$mm的麻花钻多为莫氏锥柄，可直接装在带有莫氏锥孔的刀柄内，刀具长度不能调节。直径为$\phi(0.1 \sim 20)$mm的麻花钻多为圆柱柄，可装在钻夹头刀柄上。中等直径麻花钻两种形式均可选用。

麻花钻有标准型和加长型，为了提高钻头刚性，应尽量选用较短的钻头，但麻花钻的工作部分应大于孔深，以便排屑和输送切削液。

3）标准扩孔钻。标准扩孔钻（图2-74c）一般有3～4条主切削刃、切削部分的材料为高速钢或硬质合金，结构形式有直柄式、锥柄式和套式等。在小批量生产时，常用麻花钻改制。

4）可转位浅孔钻。钻削直径为$\phi(20 \sim 60)$mm、孔的深径比不大于3的中等浅孔时，可选用图2-74d所示的可转位浅孔钻，其结构是在带排屑槽及内冷却通道钻体的头部装有一组刀片（多为凸边形、菱形和四边形），多采用深孔刀片。靠近钻心的刀片用韧性较好的材料，靠近钻头外径的刀片选用较为耐磨的材料，这种钻头具有切削效率高、加工质量好的特点，适用于箱体零件的钻孔加工。为了延长刀具的使用寿命，可以在刀片上涂镀碳化钛涂层。使用这种钻头钻箱体孔，比普通麻花钻提高效率4～6倍。

对深径比大于5而小于100的深孔，因其加工中散热差，排屑困难，钻杆刚性差，易使刀具损坏和引起孔的轴线偏斜，影响加工精度和生产率，故应选用深孔刀具加工。

5）喷吸钻。喷吸钻（图2-74e），工作时，带压力的切削液从进液口流入联接套，其中三分之一从内管四周月牙形喷嘴喷入内管。由于月牙槽缝隙很窄，切削液喷入时产生喷射效应，能使内管里形成负压区。另外约三分之二切削液流入内、外壁间隙到切削区，汇同切屑被吸入内管，并迅速向后排出，压力切削液流速快，到达切削区时雾状喷出，有利于冷却，经喷口流入内管的切削液流速增大，加强“吸”的作用，提高排屑效果。

喷吸钻一般用于加工直径为 $\phi(65\sim180)$mm 的深孔，孔的精度可达 IT7 ~ IT10 级，表面粗糙度值 Ra 可达 0.8 ~ 1.6μm。

钻削大直径孔时，可采用刚性较好的硬质合金扁钻。扁钻切削部分磨成一个扁平体，主切削刃磨出顶角、后角，并形成横刃，副切削刃磨出后角与副偏角并控制钻孔的直径。扁钻没有螺旋槽，制造简单、成本低。

6）锪钻。锪钻（图2-74f）主要用于加工锥形沉孔或平底沉孔。锪孔加工的主要问题是在所锪端面或锥面易产生振痕。因此，在锪孔过程中要特别注意刀具参数和切削用量的正确选用。

（2）镗孔刀具及其选择　镗孔所用刀具为镗刀。镗刀种类很多，按切削刃数量可分为单刃镗刀（图2-75）和双刃镗刀（图2-76）。按加工精度可分为粗镗刀和精镗刀。

粗镗刀结构简单，用螺钉将镗刀刀头装夹在镗刀杆上。刀杆顶部和侧部有两只锁紧螺钉，分别起调整尺寸和锁紧作用。镗孔时，所镗孔径的大小要靠调整刀具的悬伸长度来保证，调整麻烦，效率低，大多用于单件小批生产。

精镗刀目前较多地选用可调精镗刀（图2-77）。这种镗刀的径向尺寸可以在一定范围内进行调节，调节方便，且精度高。调整尺寸时，先松开锁紧螺钉，然后转动带刻度盘的调整螺母，等调至所需尺寸，再拧紧锁紧螺钉。

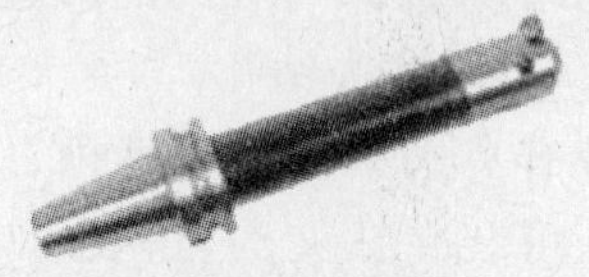

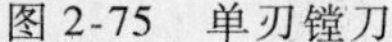

图2-75　单刃镗刀

图2-76　双刃镗刀

图2-77　可调精镗刀

镗刀刀头有粗镗刀刀头（图2-78）和精镗刀刀头（图2-79）之分，粗镗刀刀头与普通车刀类似；精镗刀刀头上带刻度盘，每格刻线表示刀头的调整距离为0.01mm（半径值）。图2-80所示为可调式双刃粗镗头，用于加工大直径孔。

图2-78　粗镗刀刀头

图2-79　精镗刀刀头

图2-80　可调式双刃粗镗头

（3）铰孔刀具及其选择　加工中心上使用的铰刀多是通用标准铰刀。此外，还有机夹硬质合金刀片单刃铰刀和浮动铰刀等。

铰孔的加工精度可达 IT5 ~ IT9 级、表面粗糙度值 Ra 为 0.8 ~ 1.6μm。

标准铰刀（图 2-81）有 4 ~ 12 齿，由工作部分、颈部和柄部三部分组成。铰刀工作部分包括切削部分与校准部分。切削部分为锥形，担负主要切削工作。切削部分的主偏角为 5° ~ 15°，前角一般为 0°，后角一般为 5° ~ 8°。校准部分的作用是校正孔径、修光孔壁和导向。校准部分包括圆柱部分和倒锥部分。圆柱部分保证铰刀直径和便于测量，倒锥部分可减少铰刀与孔壁的摩擦和减小孔径扩大量。整体式铰刀的柄部有直柄和锥柄之分，直径较小的铰刀，一般做成直柄形式，而大直径铰刀则常做成锥柄形式。

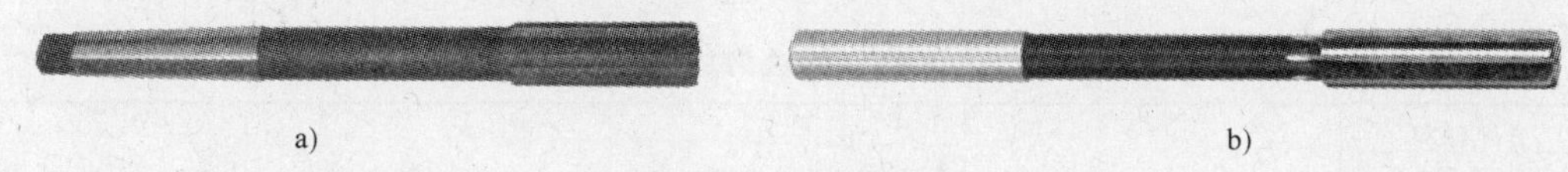

a)　　b)

图 2-81　标准机用铰刀

a）锥柄　b）直柄

（4）螺纹孔加工刀具　数控铣床（加工中心）大多采用攻螺纹的加工方法来加工内螺纹。此外，还采用螺纹铣削刀具来铣加工螺纹。

丝锥（图 2-82）由工作部分和柄部组成。工作部分包括切削部分和校准部分。切削部分的前角为 8° ~ 10°，后角铲磨成 6° ~ 8°。前端磨出切削锥角，使切削负荷分布在几个刀齿上，使切削省力。校正部分的大径、中径、小径均有（0.05 ~ 0.12）/100 的倒锥，以减少与螺孔的摩擦，减小所攻螺纹的扩张量。

2. 铣刀的种类与选择

铣刀的种类很多，这里只介绍几种在数控机床上常用的铣刀。

（1）面铣刀　面铣刀如图 2-83 所示，面铣刀的圆周表面和端面上都有切削刃，端部切削刃为副切削刃。面铣刀多制成套式镶齿结构，刀齿材料为高速钢或硬质合金，刀体材料为 40Cr。

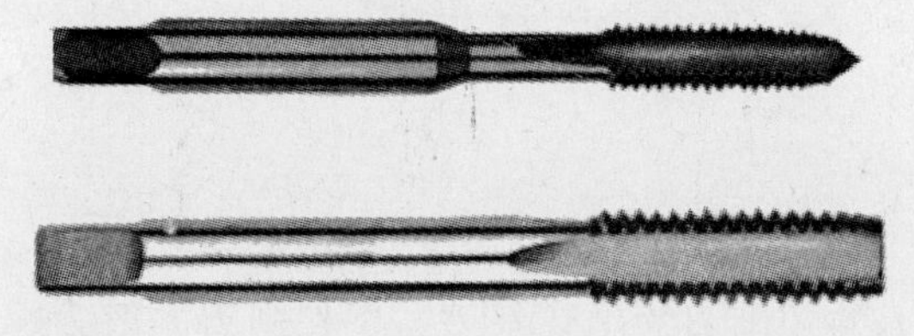

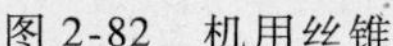

图 2-82　机用丝锥

图 2-83　面铣刀

高速钢面铣刀按国家标准规定，直径为 80 ~ 250mm，螺旋角 $\beta = 10°$，刀齿数 z 为 10 ~ 20。

硬质合金面铣刀与高速钢面铣刀相比，铣削速度较高，加工效率高，加工表面质量也较好，并可加工带有硬皮和淬硬层的工件，故得到广泛应用。硬质合金面铣刀按刀片和刀齿的安装方式不同，可分为整体焊接式、机夹-焊接式和可转位式三种。

由于整体焊接式和机夹-焊接式面铣刀难于保证焊接质量，刀具寿命低，重磨较费时，目前已逐渐被可转位式面铣刀所取代。

可转位式面铣刀是将可转位刀片通过夹紧元件夹固在刀体上，当刀片的一个切削刃用钝后，直接在机床上将刀片转位或更换新刀片。因此，这种铣刀在提高产品质量、加工效率，降低成本，操作使用方便等方面都具有明显的优越性，已得到广泛应用。

可转位式铣刀要求刀片定位精度高、夹紧可靠、排屑容易、可快速更换刀片，同时各定位、夹紧元件通用性要好，制造要方便，并且应经久耐用。

标准可转位面铣刀直径 ϕ(16～630)mm。粗铣时，铣刀直径要小些，因为粗铣切削力大，选小直径铣刀可减小切削转矩。精铣时，铣刀直径要大些，尽量包容工件整个加工宽度，以提高加工精度和效率，并减小相邻两次进给之间的接刀痕迹。

面铣刀前角的数值主要根据工件材料和刀具材料来选择，其具体数值见表 2-11。

表 2-11 面铣刀的前角

工件材料 / 刀具材料	钢	铸 铁	黄铜、青铜	铝 合 金
高速钢	10°～20°	5°～15°	10°	25°～30°
硬质合金	-15°～15°	-5°～5°	4°～6°	15°

铣刀的磨损主要发生在后面上，因此适当加大后角，可减少铣刀磨损。常取 $\alpha_o=5°～12°$，工件材料软取大值，工件材料硬取小值，粗齿铣刀取小值，细齿铣刀取大值。

铣削时冲击力大，为了保护刀尖，硬质合金面铣刀的刃倾角常取 $\lambda_s=-5°～-15°$。只有在铣削低强度材料时，取 $\lambda_s=5°$。

主偏角 κ_r 在 45°～90°范围内选取，铣削铸铁常用 45°，铣削一般钢材常用 75°，铣削带凸肩的平面或薄壁零件时要用 90°。

（2）立铣刀 立铣刀（图 2-84）是数控机床上用得最多的一种铣刀。立铣刀的圆柱表面和端面上都有切削刃，它们可同时进行切削，也可单独进行切削。

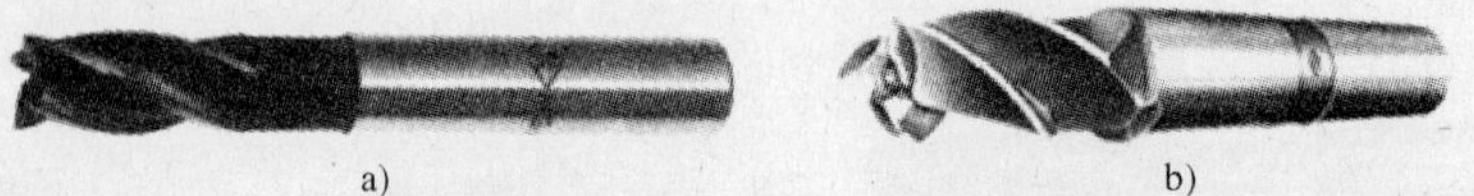

a) b)

图 2-84 立铣刀

a）直柄立铣刀 b）锥柄立铣刀

立铣刀圆柱表面的切削刃为主切削刃，端面上的切削刃为副切削刃。主切削刃一般为螺旋齿，这样可以增加切削平稳性，提高加工精度。由于普通立铣刀端面中心处无切削刃，所以立铣刀不能作轴向进给，端面刃主要用来加工与侧面相垂直的底平面。

为了能加工较深的沟槽，并保证有足够的备磨量，立铣刀的轴向长度一般较长。

为了改善切屑卷曲情况，增大容屑空间，防止切屑堵塞，刀齿数比较少，容屑槽圆弧半径则较大。一般粗齿立铣刀齿数 z 为 3～4，细齿立铣刀齿数 z 为 5～8，套式结构立铣刀齿数 z 为 10～20，容屑槽圆弧半径 r 为 2～5mm。当立铣刀直径较大时，还可制成不等齿距结构，以增强抗振作用，使切削过程平稳。

标准立铣刀的螺旋角 β 为 40°～45°（粗齿）和 30°～35°（细齿），套式结构立铣刀的 β 为 15°～25°。

立铣刀的刀柄有直柄和锥柄之分。直径较小的立铣刀，一般制成直柄形式。对于直径较大的立铣刀，一般做成7:24的锥柄形式。还有一些大直径（ϕ25～ϕ80mm）的立铣刀，除采用锥柄形式外，还可采用内螺纹来拉紧刀具。直径大于ϕ60～ϕ160mm的立铣刀可做成套式结构。

（3）模具铣刀　模具铣刀由立铣刀发展而成，可分为圆锥形立铣刀（圆锥半角$\alpha/2$＝3°、5°、7°、10°）、圆柱形球头立铣刀和圆锥形球头立铣刀三种，其柄部有直柄、削平型直柄和莫氏锥柄。它的结构特点是球头或端面上布满了切削刃，圆周刃与球头刃圆弧连接，可以作径向和轴向进给。模具铣刀中，圆柱形球头铣刀（图2-85）在数控机床上应用较为广泛。

（4）键槽铣刀　键槽铣刀如图2-86所示，它一般有两个刀齿，圆柱面和端面都有切削刃，端面刃延至中心既像立铣刀，又像钻头。加工时先轴向进给达到槽深，然后沿键槽方向铣出键槽全长。

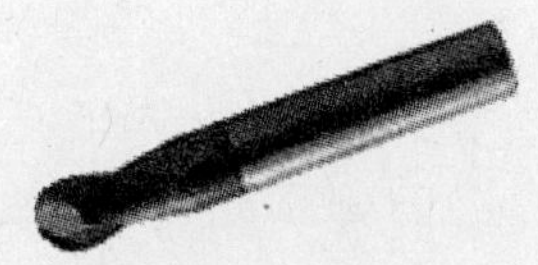

图2-85　球头铣刀

a)　b)

图2-86　键槽铣刀

a）直柄键槽铣刀　b）锥柄键槽铣刀

按国家标准规定，直柄键槽铣刀直径d为2～22mm，锥柄键槽铣刀直径d为14～50mm。键槽铣刀直径的偏差有e8和d8两种，键槽铣刀的圆周切削刃仅在靠近端面的一小段长度内发生磨损，重磨时，只需刃磨端面切削刃，因此重磨后铣刀直径不变。

（5）鼓形铣刀　鼓形铣刀的切削刃分布在半径为R的圆弧面上，端面无切削刃。加工时控制刀具上下位置，相应改变切削刃的切削部位，可以在工件上切出从负到正的不同斜角。R越小，鼓形铣刀所能加工的斜角范围越广，但所获得的表面质量也越差。这种刀具的缺点是刃磨困难，切削条件差，而且不适于加工有底的轮廓表面。

（6）成形铣刀　常见的几种成形铣刀如图2-87所示，一般都是为特定的工件或加工内容专门设计制造的，如角度面、凹槽、特形孔或台阶等。

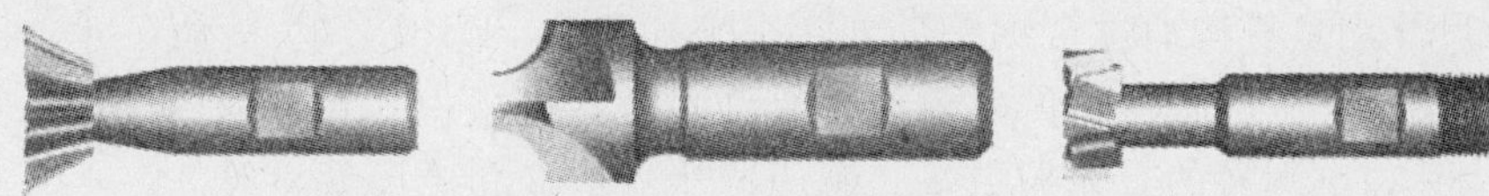

图2-87　几种常见的成形铣刀

第八节　数控铣床（加工中心）常用工具简介

一、加工中心用对刀仪

对刀仪及其使用原理如图2-88所示。

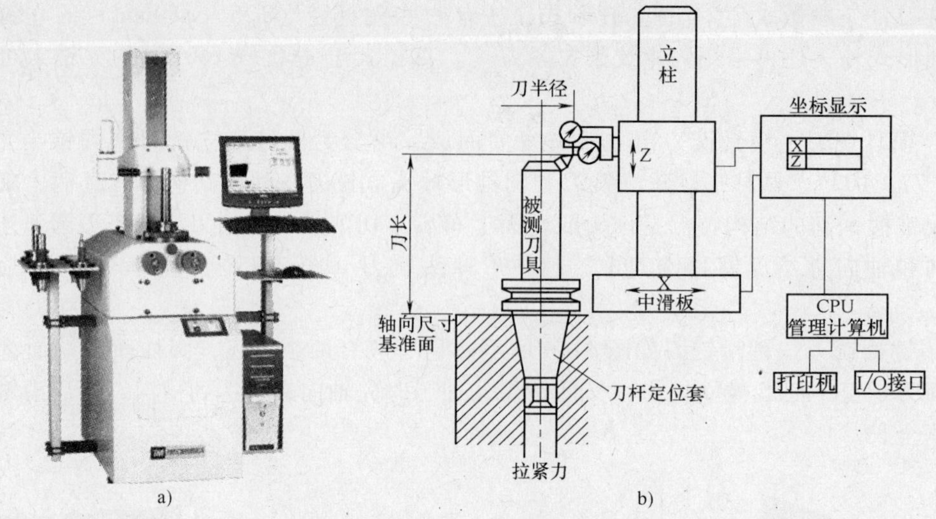

图 2-88 加工中心对刀仪及其使用原理

1. 刀柄定位机构

刀柄定位基准是测量的基准，所以有很高的精度要求，一般都要和机床主轴定位基准的要求接近，这样才能使测量数据接近在机床上使用的实际情况。定位机构包括一个回转精度很高、与刀柄锥面接触良好、带拉紧刀柄机构的对刀仪主轴。该主轴的轴向尺寸基准面与机床主轴相同，主轴能高精度回转便于找出刀具上刀齿的最高点，对刀仪主轴中心线对测量轴Z、X 向有很高的平行和垂直度要求。

2. 测头部分

测头部分有接触式测量和非接触式测量之分。接触式测量用百分表（或扭簧仪）直接测刀齿最高点，这种测量方式精度可达 0.001mm，它比较直观，但容易损伤表头和切削刃刃部。

非接触式测量用得较多是投影光屏，投影物镜放大倍数有 8、10、15 和 30 倍等。由于光屏的质量、测量技巧、视觉误差等因素，其测量精度在 0.005mm 左右，这种测量不太直观，但可以综合检查切削刃质量。

3. Z、X 轴尺寸测量机构

Z、X 轴尺寸测量机构通过带测头部分两个坐标移动，测得 Z 和 X 轴尺寸，即为刀具的轴向尺寸和半径尺寸。两轴使用的实测元件有许多种：机械式的有游标刻线尺、精密丝杠和刻线尺加读数头；电测量的有光栅数显、感应同步器数显和磁尺数显等。

4. 测量数据处理装置

由于柔性制造技术的发展，对数控机床用刀具的测试数据也需要进行有效管理，因此在对刀仪上再配置计算机及附属装置，它可存储、输出、打印刀具预调数据，并与上一级管理计算机（刀具管理工作站、单元控制器）联网，形成供 FMC、FMS 用的有效刀具管理系统。

二、加工中心用对刀器

对刀器是用于测定刀具与工件的相对位置仪器。常用的对刀器具有对刀量块（芯棒）、机械式找正器、机械偏心式寻边器（图 2-89）、电子式对刀器、电子式寻边器（图 2-90）、

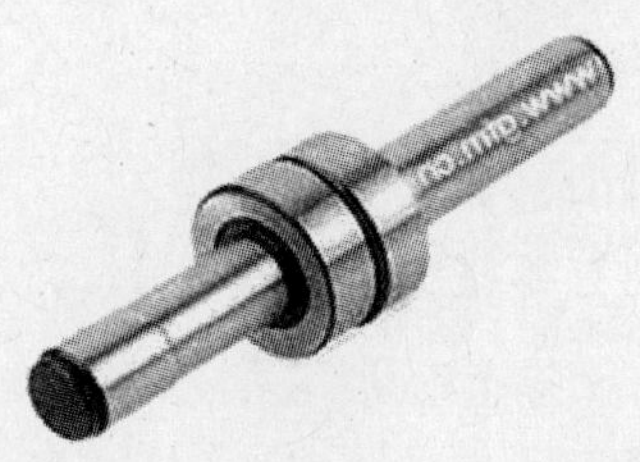

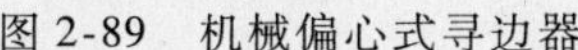

图 2-89　机械偏心式寻边器

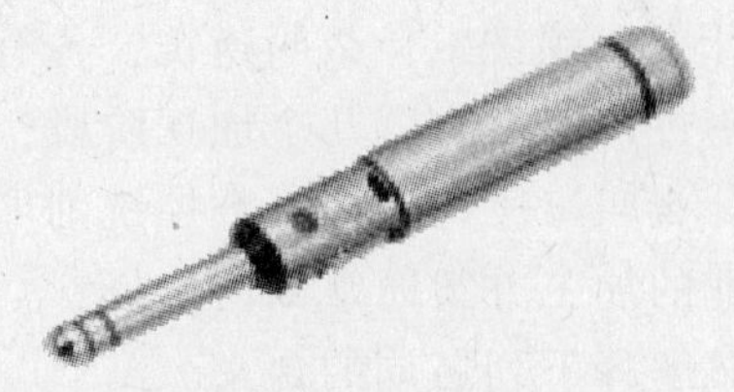

图 2-90　电子式寻边器

机械式 Z 向对刀器（图 2-91）等。在现代加工中心上对刀器与找正器常常集成在一起。

常用的加工中心对刀器有对刀量块和电子式 Z 向设定器。对刀量块实际上就是由淬火钢、硬质合金或陶瓷材料制成的量块，使用时将它放在对刀面上，刀具和对刀量块对齐，以此来确定刀具相对于工件的位置。电子式 Z 向设定器（图 2-92）的外部是一个量块，内部装有电子感应电路，当刀具和电子式对刀器接触时，其上的指示灯亮。

图 2-91　机械式 Z 向对刀器

图 2-92　电子式 Z 向设定器

三、锁刀座与扳手

锁刀座与扳手如图 2-93 所示，用于放置刀具及锁紧、松开刀具。

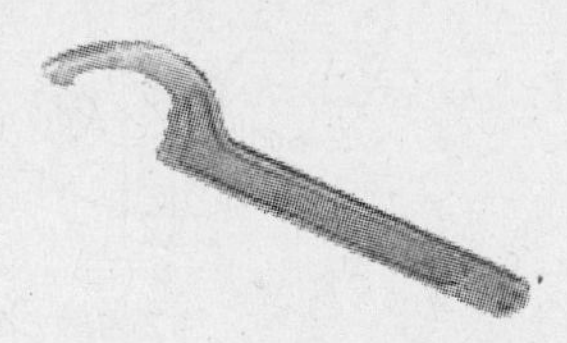

图 2-93　扳手与锁刀座

【思考与练习】

1. 零件的结构工艺性分析包括哪几方面的内容？
2. 数控铣床与加工中心各适用于加工哪些零件？

3. 数控加工工艺文件主要包括哪些？

4. 什么叫顺铣？什么叫逆铣？各有什么优缺点？

5. 零件加工时有哪几个加工阶段？划分加工阶段的目的是什么？

6. 什么叫工序、工步？数控铣削加工工序的安排原则有哪些？

7. 孔的加工方案通常如何选择？

8. 试解释下列名词的含义。

六点定位原理　工件的装夹　完全定位　不完全定位

欠定位　过定位　粗基准　精基准

9. 数控铣床加工中零件的定位精基准的选择原则有哪些？

10. 数控切削用刀具有哪几种？

11. 加工图 2-94 所示的具有三个台阶的型腔零件。试编制型腔的数控铣削加工工艺（其余表面已加工）。

12. 零件如图 2-95 所示，分别按“定位迅速”和“定位准确”的原则确定 XY 平面内的孔加工进给路线。

13. 图 2-96 所示零件的 *A*、*B* 面已加工好，在加工中心上加工其余表面，试确定定位、夹紧方案。

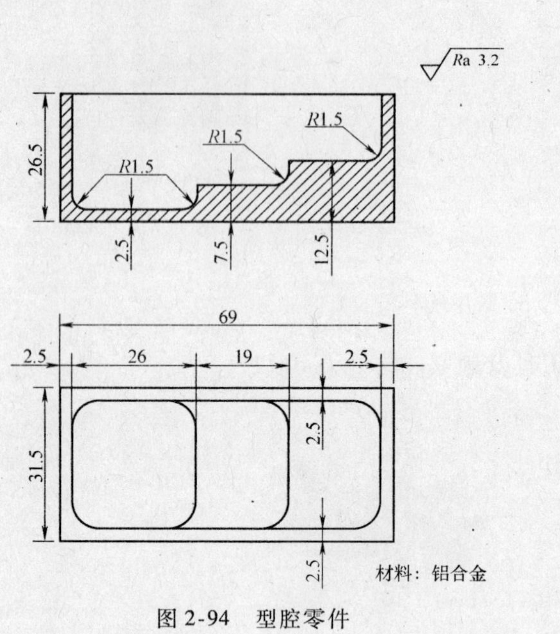

图 2-94　型腔零件

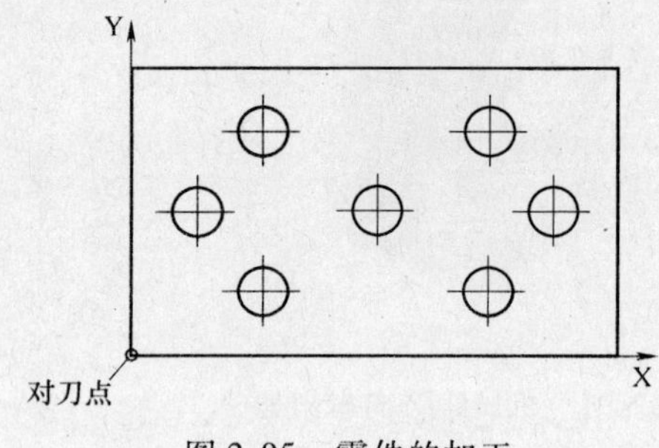

图 2-95　零件的加工

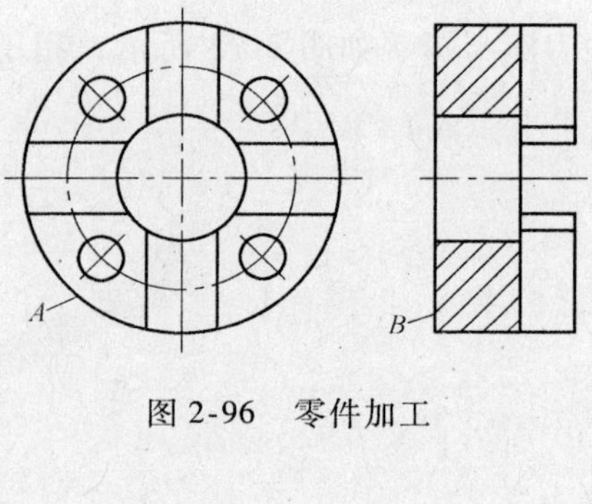

A
B

图 2-96　零件加工

第三章 数控铣床（加工中心）编程基础

第一节　数控编程概述
第二节　数控铣床（加工中心）的坐标系
第三节　数控机床的主要功能
第四节　数控加工程序的格式与组成
第五节　数控铣削机床上的有关点
第六节　刀具补偿功能

本章主要讲解编程的基础知识及编程前的准备知识。通过本章的学习要重点掌握各坐标系间的关系、各关键点的意义、刀具补偿的使用以及编程前的各准备知识。

第一节　数控编程概述

一、数控编程的概念

把零件的加工工艺路线、工艺参数、刀具的运动轨迹、位移量、切削参数（主轴转数、进给量、背吃刀量等）及辅助功能（换刀、主轴正转和反转、切削液开和关等）按照数控机床规定的指令代码及程序格式编写成的加工程序就是数控程序。数控程序一般制成程序单，再把这一程序单中的内容记录在控制介质上，然后输入到数控机床的数控装置中，从而控制机床加工。这种从零件图样的分析到制成控制介质的全部过程叫数控程序的编制。编程人员编制好程序以后，要输入到数控装置中的方法有多种，如通过穿孔纸带、数据磁带、软磁盘输入，也可以手动数据输入（即 MDI）和直接通信等。

二、数控编程的方法

数控编程的方法可分为手工编程和自动编程两种。

1. 手工编程

手工编程是指主要由人工来完成数控机床程序编制各个阶段的工作。当加工零件形状不十分复杂或程序较短时，可以采用手工编程的方法。

手工编程方法是编制加工程序的基础，也是机床现场加工调试的主要方法，对机床操作人员来讲是必须掌握的基本功，其重要性是不容忽视的。手工编程的步骤，如图 3-1 所示。

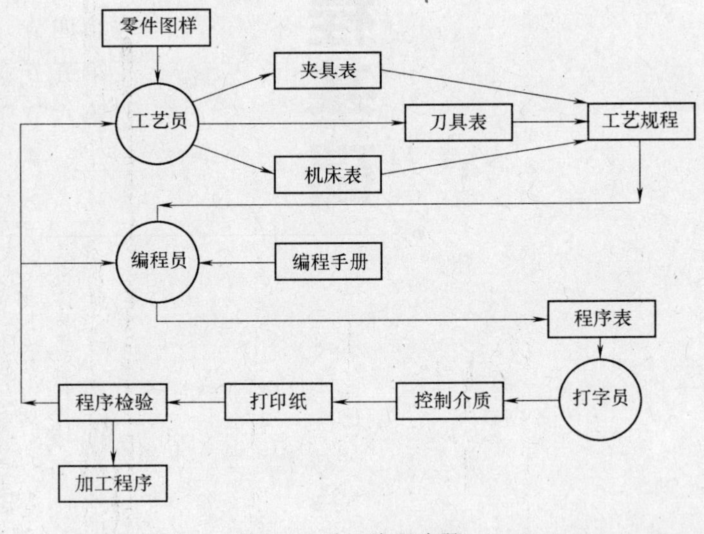

图 3-1　手工编程步骤

2. 自动编程

自动编程是指借助数控语言编程系统或图形编程系统，由计算机来自动生成零件加工程序的过程。编程人员只需根据加工对象及工艺要求，借助数控语言编程系统规定的数控编程语言或图形编程系统提供的图形菜单功能，对加工过程与要求进行较简单的描述，而由编程系统自动计算出加工运动轨迹，并输出零件数控加工程序。由于计算机上可自动地绘出所编程序的图形及进给轨迹，所以能及时地检查程序是否有错，并进行修改，得到正确的程序。

按输入方式的不同，自动编制程序可分为语言数控自动编程、图形交互自动编程、语音提示自动编程、会话自动编程和实物（探针）自动编程等。现在我国应用较广泛的主要是会话自动编程和图形交互式编程。

对于形状复杂，具有非圆曲线轮廓、三维曲面等零件编写加工程序，采用自动编程方法效率高，可靠性好。可提高编程效率几十倍乃至上百倍，并能解决手工编程无法解决的许多复杂零件的编程难题。

常用的自动编程软件有 CAXA、PRO/E、MASTERCAM、UG、SOLIDWORKS 等。

三、手工编程的步骤

手工编程过程主要包括分析零件图样，确定加工工艺过程，数值计算，编写零件加工程序，制备控制介质，校对程序及首件试切加工，如图 3-2 所示。

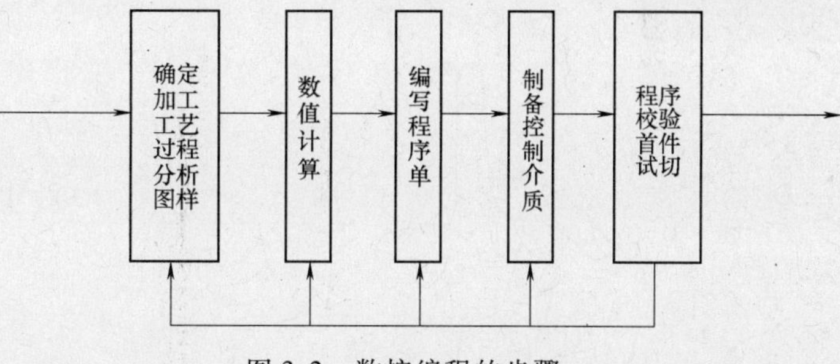

图 3-2　数控编程的步骤

手工编程的具体步骤与要求：

1. 分析零件图样和工艺处理

对零件图样进行分析以明确加工的内容及要求，确定加工方案，选择合适的数控机床，设计（选择）夹具，选择刀具，确定合理的进给路线及选择合理的切削用量等。

2. 数值处理

在完成了工艺处理之后，下一步就是根据零件的几何尺寸、加工路线和刀具半径补偿方式，计算刀具运动轨迹，以获得刀位数据。

3. 编写零件加工程序单

在完成上述工艺处理和数值计算之后，编程员使用数控系统的程序指令，按照要求的程序格式，逐段编写零件加工程序单。编程员应对数控机床的性能、程序指令及代码非常熟悉，才能编写出正确的零件加工程序。

4. 制备控制介质

制备控制介质，即把编制好的程序单上的内容记录在控制介质上，作为数控装置的输入信息。

5. 程序校验与首件试加工

程序单和制备好的控制介质必须经过检验和试加工才能正式使用。当发现有加工误差时，应分析误差产生的原因，找出问题所在，并加以修正。

第二节　数控铣床（加工中心）的坐标系

为了便于编程时描述机床的运动，简化程序的编制方法及保证记录数据的互换性，数控机床的坐标和运动方向均已标准化，这里仅作介绍和解释。

一、坐标系确定原则

1. 刀具相对于静止工件而运动的原则

这一原则使编程人员能在不知道是刀具移近工件还是工件移近刀具的情况下，就可根据零件图样，确定机床的加工过程。

2. 标准坐标（机床坐标）系的规定

在数控机床上，机床的运动是由数控装置来控制的，为了确定机床上的成形运动和辅助运动，必须先确定运动的方向和运动的距离，这就需要一个坐标系才能实现，这个坐标系就称为机床坐标系。

标准的机床坐标系是一个右手笛卡儿直角坐标系，如图 3-3 所示。图中规定了 X、Y、Z 三个直角坐标轴的方向，这个坐标系的各个坐标轴与机床的主要导轨相平行，它与安装在机床上、并且按机床的主要直线导轨找正的工件相关。根据右手螺旋方法，可以很方便地确定出 A、B、C 三个旋转坐标的方向。

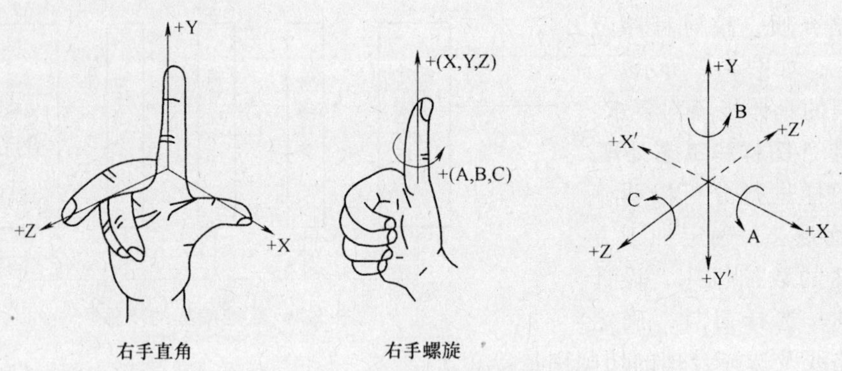

图 3-3　右手笛卡儿直角坐标系

二、坐标轴的确定方法

1. Z 坐标的确定

Z 坐标的运动是由传递切削力的主轴所规定的，其坐标轴平行于机床的主轴。

2. X 坐标的确定

X 坐标一般是水平的，平行于工件的装夹平面，是刀具或工件定位平面内的主要坐标。对卧式铣（镗）床或加工中心来说，从主要刀具的主轴向工件看时，X 轴正方向指向右方；对单立柱的立式铣（镗）床或加工中心来说，从主要刀具主轴向立柱看时，X 轴的正方

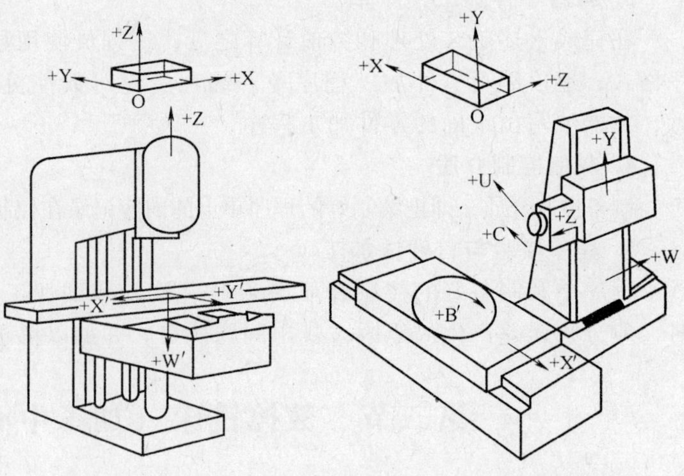

图 3-4　数控立式铣床和卧式镗铣床的坐标示意图

向指向右方；对双立柱（龙门式）铣（镗）床或加工中心来说，从主要刀具的主轴向左侧立柱看时，X 轴的正方向指向右方。

3. Y 坐标的确定

确定了 X、Z 坐标后，Y 坐标可以通过右手笛卡儿直角坐标系来确定。图 3-4 所示为立式数控铣床和卧式铣镗床的坐标示意图。

4. 旋转运动

通常用 A、B、C 表示其轴线平行于 X、Y、Z 的旋转运动。A、B、C 正向为在 X、Y 和 Z 方向上，右旋螺纹前进的方向。

5. 附加坐标轴

在 X、Y、Z 主要直线运动之外，有第二组平行于它们的坐标运动，该坐标称为附加坐标。它们应分别被指定为 U、V、W；如还有第三组运动，则分别指定为 P、Q 和 R，如有不平行或可以不平行于 X、Y、Z 的直线运动，则可相应地规定为 U、V、W、P、Q 或 R。

如果在第一组回转运动 A、B、C 之外，还有平行或不平行于 A、B、C 的第二组回转运动，可指定为 D、E、F。

6. 工件的运动

对于移动部分是工件而不是刀具的机床，必须将前面所介绍的移动部分是刀具的各项规定，在理论上作相反的安排。此时，用带“′”的字母表示工件正向运动，如 +X′、+Y′、+Z′表示工件相对于刀具正向运动的指令，+X、+Y、+Z 表示刀具相对于工件正向运动的指令，二者所表示的运动方向恰好相反。

三、机床坐标系

仅仅确定了坐标轴的方位，还不能确定一个坐标系，必须确定原点的位置。数控加工中涉及到二个坐标系，分别是机床坐标系和工件坐标系，而工件坐标系根据不同的场合又分为编程坐标系和加工坐标系。对同一台机床而言，这几个坐标系的坐标轴都相互平行，只是原点位置不同。机床坐标系的原点设在机床上的一个固定位置，它在机床装配、安装、调整好后就确定下来，是数控加工运动的基准参考点。在数控铣床或加工中心上，它的位置取在 X、Y、Z 三个坐标轴正方向的极限位置，通过机床运动部件的行程开关和挡铁来确定。采用相对位置编码的数控机床每次开机后都要通过回零操作，使各坐标方向的行程开关和挡铁接触，使坐标值置零，以建立机床坐标系；而采用绝对位置编码的数控机床不需要进行回零操作，其零点位置由专用存储器记忆。

四、工件坐标系

工件坐标系分为编程坐标系和加工坐标系。

1. 编程坐标系

编程人员在编程时，需要把零件的尺寸转换为刀具运动的坐标，这就要在零件图样上确定一个坐标原点，这个坐标原点就是编程原点，它所决定的坐标系就是编程坐标系。其位置没有一个统一的规定，确定原则是以利于坐标计算为准，同时尺寸做到基准统一，即使编程原点与设计基准、工艺基准统一。

2. 加工坐标系

加工坐标系实际上是编程坐标系从图样向零件的转化。编程坐标系是在纸上确定的，加工坐标系是在工件上确定的。如果把图样蒙在工件上，两者应该重合。数控程序中的坐标值都是按编程坐标计算的，零件在机床上安装好后，刀具与编程坐标系之间没有任何关系，如何知道程序中的坐标所对应的点在工件上什么位置呢？这就需要通过对刀确定编程原点在机床坐标系中的位置（即确定加工原点的位置），再通过加工坐标系把编程坐标系与机床坐标系联系起来，刀具才能准确定位完成加工。

如图 3-5b 所示的工件，编程坐标系原点取在 O_3 点。图 3-5a 为工件安装到工作台上的状态。通过回零操作，确定机床坐标系原点 O_1 点的位置。要使刀具正确加工零件，必须把工件坐标系原点建立在图示的 O_2 点，O_2 点在机床坐标系中的位置通过对刀获得。假设通过对刀，得到 O_2 点与 O_1 点间的距离为 X 向 100mm，Y 方向 50mm，Z 方向 40mm，则可通过 G54 或 G92 等指令把加工坐标系原点建立在 O_2 点，即指明了编程坐标系在机床坐标系中的位置。

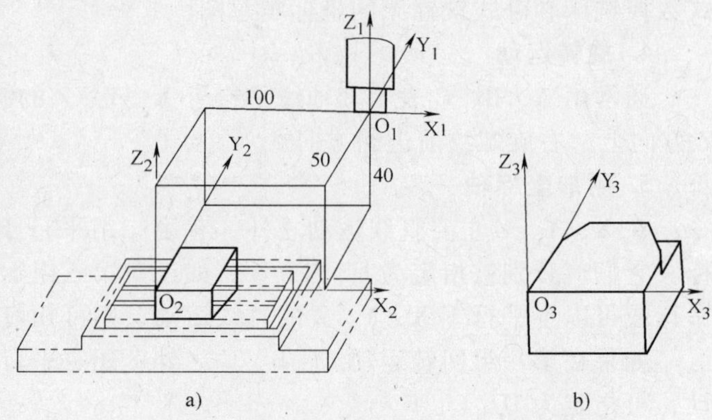

图 3-5　机床坐标系、编程坐标系与加工坐标系
a）机床坐标系和加工坐标系　b）编程坐标系

第三节　数控机床的主要功能

一、准备功能

准备功能字的地址符是 G，所以又称为 G 功能、G 指令或 G 代码。它的作用是建立数控机床的工作方式，为数控系统插补运算、刀补运算、固定循环等作好准备。

G 指令中的数字一般是两位正整数（包括 00）。随着数控系统功能的增加，G00 ~ G99 已不够使用，所以有些数控系统的 G 功能字中的后续数字已采用 3 位数。G 功能有模态 G 功能和非模态 G 功能之分。非模态 G 功能只在所规定的程序段中有效，程序段结束时被注销；模态 G 功能是指一组可相互注销的 G 功能，其中某一 G 功能一旦被执行，则一直有效，直到被同一组的另一 G 功能注销为止。

二、辅助功能

辅助功能字也称 M 功能，M 指令或 M 代码。M 指令是控制机床在加工时做一些辅助的指令，如主轴的正反转、切削液的开关等。

☆　不同的数控系统，其 G、M 功能有所不同，即使相同的系统，也可能因机床、生产厂家的不同而有所区别，使用时应以机床说明书为准。

三、进给速度

1. F 功能的分类

（1）每分进给　用 F 指令表示刀具每分钟的进给量，在加工中心与数控铣床上常用

G94 表示，单位为 mm/min，如图 3-6b所示。如 F100 通常表示“每分钟进给 100mm”。

(2) 每转进给　用 F 指令表示主轴每转的进给量，在加工中心与数控铣床上常用 G95 表示，单位为 mm/r，如图 3-6a 所示。如 F0.2 通常表示“每转进给 0.2mm”。

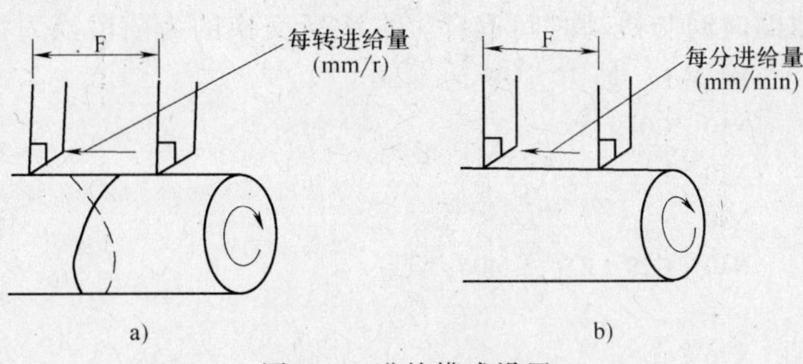

图 3-6　进给模式设置
a）每转进给模式　b）每分钟进给模式

2. 关于进给速度倍率

操作面板上有一刻度盘，在相对于控制介质、存储器、手动数据输入运动等所有指令进给量的 10% ~150%（不同数控系统范围可能不同）范围内，可以每一级的 10% 调整进给速度。如果把刻度调整在 100% 时，为按程序所设定的速度进给。这个刻度盘在试加工时使用，目的是选取最佳的进给速度。

四、主轴转速功能

主轴转速功能用来指定主轴的转速，单位为 r/min，地址符使用 S，所以又称为 S 功能或 S 指令。中档以上的数控机床，其主轴驱动已采用主轴控制单元，它们的转速可以直接指定，即用 S 后加数字直接表示每分钟主轴转速。例如，要求主轴 2000r/min，指令为 S2000。

通常，机床面板上设有主轴转速倍率开关，用于不停机的手动调节主轴转速。

五、刀具功能

1. 刀具功能字

这是用于指令加工中所用刀具号及自动补偿编组号的地址字，地址符规定为 T。其自动补偿内容主要指刀具的刀位偏差、刀具长度补偿、刀具半径补偿。

2. 加工中心的换刀功能

自动刀具交换的指令为 M06，用 T 功能来选择所需的刀具。M06 有 M05 功能，因此用了 M06 后必须设置主轴转速与转向（正、反转）。刀具号由 T 后的两位数字（BCD 代码）来指定。

在刀库刀具排满时，主轴上无刀，此时主轴上刀号为 T00。换刀后，刀库内无刀的刀套上刀号为 T00。例如，T02 号刀换到主轴上，此时刀库中 T02 号的刀变成了 T00，其刀套上为空刀。

在刀库刀具排满时，如果也在主轴上装一把刀，则刀具总数可以增加一把，也可以把 T00 作为主轴上这把刀的刀号，刀具交换后，刀库内将无空刀套，T00 号刀实际上存在。例如，T05 号刀与主轴上 T00 号刀交换后，T05 号刀换到主轴上成了 T00 号刀，T05 号刀套内放的是原来主轴上的 T00 号刀，即原来的 T00 号刀变成了现在的 T05 号刀。

编程时可以使用两种方法：

1）N×× G28 Z__ T××;

……

N×× M06;

……

执行该程序段后，T××号刀由刀库中转至换刀刀位，作换刀准备，此时执行 T 指令的辅助时间与机动时间重合。本次所交换的为前段换刀指令执行后转至换刀刀位的刀具。

例 3-1　换刀方式

```
N10  G01  X__  Y__  Z__  T01;
N20  …;
N30  …;
N40  G28  Z__  M06;
…;
N70  T02;
N80  …;
N90  G28  Z__  M06;
…
```

在 N40 段换的是在 N10 段选出的 T01 号刀，即在 N70 ~ N90（不包括 N90 段）段中加工所用的是 T01 号刀。在 N90 段换上的是 N70 段选出的 T02 号刀，即从 N90 下段开始用 T02 号刀加工。在执行 N10 与 N90 段的 T 功能时，不占用加工时间。

2）N×× G28 Z_ T×× M06;

……

返回参考点时，刀库先将 T××号刀具转出，然后进行刀具交换，换到主轴上去的刀具为 T××。若回参考点的时间小于 T 功能执行时间，则要等到刀库中相应的刀具转到换刀刀位以后才能执行 M06，因此，这种方法占用机动时间较长。

例 3-2　换刀方式

```
N10  G01  X__  Y__  Z__  M03  S1500;
N20  …;
N30  G28  Z__  T02  M06;
…
```

在执行 N30 段时，在主轴回参考点的同时，刀库转动，若主轴已回参考点而刀库还没有转出 T02 号刀，此时不执行 M06，直到刀库转出 T02 号刀后，才执行 M06，将 T02 号刀换到主轴上。

3. 刀具管理功能

有的数控系统有刀具使用寿命管理功能，即可预先设置刀具的使用寿命，该刀具的实际切削时间可由计算机累加计算，达到使用寿命时提示更换锋利的刀具或自动更换刀库上的备用刀。

第四节　数控加工程序的格式与组成

一、程序组成

一个数控加工程序由程序开始部分、程序内容、程序结束指令三部分组成。例如：

```
程序开始  O0001;
          ┌N10  G92  X0  Y0  Z0;
程序内容  ┤N20  G90  G00  X20  Y30  T01  S800  M03;
          │N30  G01  X50  Y10  F200;
          └N40  X0  Y0;
```

程序结束 N50 M02；

1. 程序开始部分

常用程序号表示程序开始，地址符用字母“O”（或“P”）或“%”加表示程序号的数值（最多4位，数值没有具体含义）组成，其后可加括号注出程序名或作注释，但不得超过16个字符。程序号必须放在程序之首。不同的数控系统对程序号地址符有不同的规定。

2. 程序内容部分

程序内容部分是整个程序的核心部分，由若干个程序段组成，表示数控机床要完成的全部动作。常用顺序号表示顺序，程序中可以在程序段前任意设置顺序号，可以不写，也可以不按顺序编号，或只在重要程序段前按顺序编号，以便检索。如在不同刀具加工时给出不同的顺序号，顺序号也叫程序段号或程序段序号。顺序号位于程序段之首，它的地址符为N，后续数字一般2~4位。顺序号可以用在主程序、子程序和宏程序中。

3. 程序结束部分

以程序结束指令构成一个最后的程序段。程序结束指令常用M02或M30。

程序段号加上若干个程序字就可组成一个程序段。在程序段中表示地址的英文字母可分为尺寸字地址和非尺寸字地址两种。表示尺寸字地址的有X、Y、Z、U、V、W、P、Q、I、J、K、A、B、C、D、E、R、H共18个英文字母。表示非尺寸字地址的有N、G、F、S、T、M、L、O共8个英文字母。其字母的含义见表3-1。

表3-1 地址字母表及含义

地址	功能	意义	地址	功能	意义
A	坐标字	绕X轴旋转	N	顺序号	程序段顺序号
B	坐标字	绕Y轴旋转	O	程序号	程序号、子程序号的指定
C	坐标字	绕Z轴旋转	P	特殊功能	暂停或程序中某功能的开始使用的顺序号
D	补偿号	刀具半径补偿指令	Q	特殊功能	固定循环终止段号或固定循环中的定距
E	进给速度	第二进给功能	R	坐标字	固定循环中定距离或圆弧半径的指定
F	进给速度	进给速度的指令	S	主轴功能	主轴转速的指令
G	准备功能	指令动作方式	T	刀具功能	刀具编号的指令
H	补偿号	补偿号的指定	U	坐标字	与X轴平行的附加轴的增量坐标值或暂停时间
I	坐标字	圆弧中心X轴向坐标	V	坐标字	与Y轴平行的附加轴的增量坐标值
J	坐标字	圆弧中心Y轴向坐标	W	坐标字	与Z轴平行的附加轴的增量坐标值
K	坐标字	圆弧中心Z轴向坐标	X	坐标字	X轴的坐标值或暂停时间
L	重复次数	固定循环及子程序的重复次数	Y	坐标字	Y轴的坐标值
M	辅助功能	机床开/关指令	Z	坐标字	Z轴的坐标值

程序中有时还会用到一些符号，它们的含义见表3-2。

表3-2 程序中所用符号及含义

符号	意义	符号	意义
HT或TAB	分隔符	-	负号
LF或NL	程序段结束	/	跳过任意程序段
%	程序开始	:	对准功能
(	控制暂停	BS	返回
)	控制恢复	EM	纸带终了
+	正号	DEL	注销

二、程序段格式

程序段格式是指在同一个程序段中关于字母、数字和符号等各个信息代码的排列顺序和含义规定的表示方法。数控机床有三种程序段格式：固定程序段格式；具有分隔符号 TAB 的固定顺序的程序段格式；字地址程序段格式。

目前，使用最多的就是字地址程序段格式（也称为使用地址符的可变程序段格式）。以这种格式表示的程序段，每个字之前都标有地址码，用以识别地址。因此，对不需要的字或与上一程序段相同的字都可省略。一个程序段内的各个字也可以不按顺序（但为了编程方便，常按一定的顺序）排列。采用这种格式虽然增加了地址读入，但编程直观灵活，便于检查，可缩短程序段，广泛应用于车、铣等数控机床。

第五节　数控铣削机床上的有关点

在数控机床中，刀具的运动是在坐标系中进行的。在一台机床上，有各种坐标系与零点。理解它们对使用、操作机床以及编程都非常重要。

一、机床原点

机床原点是指在机床上设置的一个固定的点，即机床坐标系的原点。它在机床装配、调试时就已确定下来了，是数控机床进行加工运动的基准参考点。在数控铣床上，机床原点一般取在 X、Y、Z 三个直线坐标轴正方向的极限位置上，如图 3-7 所示，图中 O 即为立式铣床的机床原点。

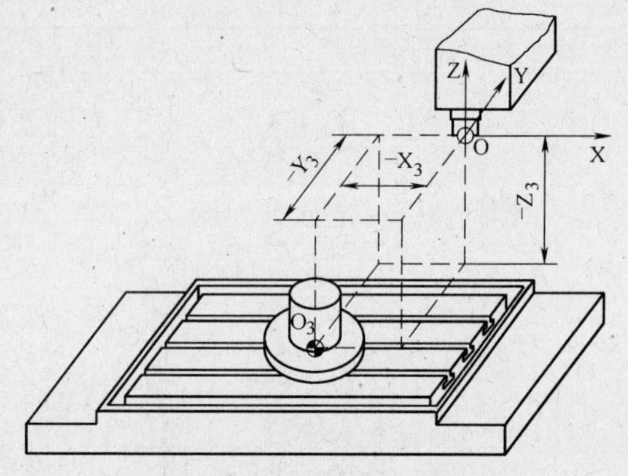

图 3-7　数控铣床机床原点

二、机床参考点

许多数控机床（全功能型及高档型）都设有机床参考点，该点至机床原点在其进给坐标轴方向上的距离在机床出厂时已确定。使用时，可通过“寻找操作”（回零）方式进行确认。它与机床原点相对应，有的机床参考点与原点重合。它是机床制造商在机床上借助行程开关设置的一个物理位置，与机床原点的相对位置是固定的，机床出厂之前由机床制造商精密测量确定。一般来说，加工中心的参考点为机床的自动换刀位置。

机床原点实际上是通过返回（或称寻找）机床参考点来完成确定的。机床参考点的位置在每个轴上都是通过减速行程开关粗定位，然后由编码器零位电脉冲（或称栅格零点）精确定位的。数控机床通电后，必须首先使各轴均返回各自参考点，正确建立了机床坐标系后，才能进行其他操作。机床参考点相对原点的值是一个可设定的参数值，它由机床厂家测量并输入至数控系统中，用户不得改变。当返回参考点的工作完成后，显示器即显示出机床参考点在机床坐标系中的坐标值，此时表明机床坐标系已经建立。

☆ 不同数控系统返回参考点的动作、细节不同，因此使用时，应仔细阅读有关说明。

1. 返回参考点

参考点是CNC机床上固定点，可以利用返回参考点指令将刀架移动到该点，并且可以设置多个参考点，其中第一参考点与机床参考点一致，其他参考点与第一参考点的距离利用参数预先设置。接通电源后通常要进行第一参考点返回，否则不能进行其他操作。

返回参考点的方法：

（1）手动返回参考点　即机床上电后的回零操作。

（2）自动返回参考点　该功能是用于接通电源已进行手动返回参考点后，在程序中需要返回参考点进行换刀时，使用自动返回参考点功能。

自动返回参考点时需要用到如下指令：

G28　X__；　　　　　　　X向回参考点

G28　X__　Y__　Z__　；主轴回参考点

其中X、Y、Z坐标设定值为指定的某一中间点，但此中间点不能超过参考点，如图3-8所示。该点可以以绝对值（G90）的方式写入，也可以增量（G91）方式写入。

系统在执行G28　X__时，X向快速向中间点移动，到达中间点后，再快速向参考点定位，X向参考点指示灯亮，说明X轴参考点已到达。

在执行G28　X__　Y__　Z__时，是X、Y、Z同时各自回其参考点，最后以X向、Y向与Z向参考点的指示灯都亮而结束。

返回机床这一固定点的功能用来在加工过程中检查坐标系的正确与否和建立机床坐标系，以确保精确的控制加工尺寸。

2. 从参考点返回G29

G29指令使刀具以快速移动速度，从机床参考点经过G28指令设定的中间点，快速移动到G29指令设定的返回点，如图3-9所示，指令如下：

G29　X__　Y__　Z__；

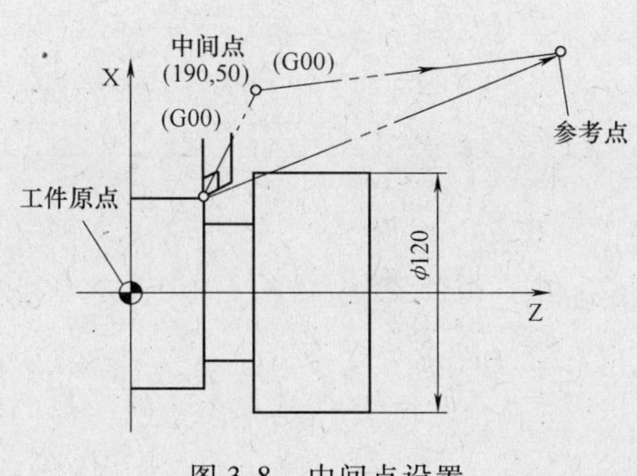

图3-8　中间点设置

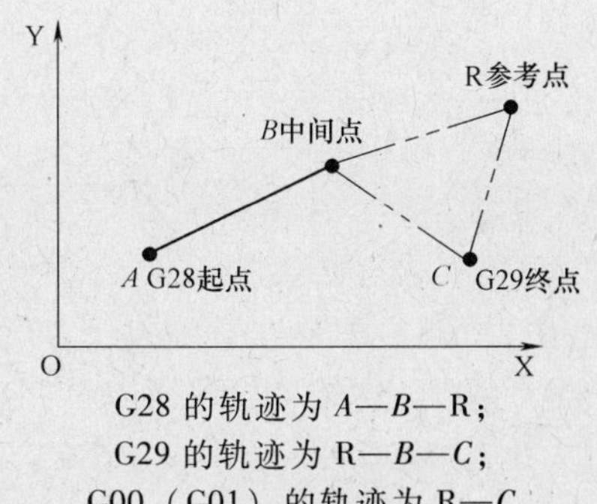

图3-9　G28、G29与G00（G01）的关系

其中，X、Y、Z值可用绝对值（G90）的方式写入，也可用增量方式（G91）方式写入。当然，在从参考点返回时，可不用G29而用G00或G01，但此时，不经过G28设置的中间点，而直接运动到返回的目标点。

在铣削类数控机床上，G28、G29后面可以跟X、Y、Z中的任一轴或二轴的坐标，亦可以三轴同时输入，其意义与以上介绍相同。

三、刀架相关点

从机械上说，寻找机床参考点就是使刀架相关点与机床参考点重合，从而使数控系统获取刀架相关点在机床坐标系中的坐标位置。所有刀具的长度补偿量均是刀尖相对该点长度尺寸，即为刀长。可采用机内或机外刀具测量的方法测得每把刀具的补偿量。

有些数控机床使用某把刀具作为基准刀具，其他刀具的长度补偿均以该刀具做为基准，对刀则直接用基准刀具完成。这实际上是把基准刀具的刀尖做为刀架相关点，其含义与上相同。但采用这种方式，当基准刀具出现误差或损坏时，整个刀库的刀具要重新设置。

四、工件坐标系原点

在加工中，工件的装夹位置相对于机床是固定的，所以工件坐标系在机床坐标系中位置也是确定的。

在镗铣类数控机床上，G92 指令与 G54 ~ G59 指令都用于设定工件加工坐标系，但它们在使用中是有区别的，G92 指令是通过程序来设定工件加工坐标系，所设定的工件坐标系原点的位置与刀具的当前位置和 G92 后的参数值有直接关系；G54 ~ G59 指令是通过 CRT/MDI 在设置参数方式下设定工件加工坐标系，工件坐标系一经设定，加工坐标原点在机床坐标系中的位置是不变的，它与刀具的当前位置无关，除非再通过 CRT/MDI 方式更改。G92 指令程序段只是设定加工坐标系，而不产生任何动作；G54 ~ G59 指令程序段则可以和 G00、G01 指令组合在选定的加工坐标系中进行位移。

1. 用 G92 确定工件坐标系原点

编程中，一般是选择工件或夹具上的某一点作为编程零点，建立一个坐标系，这个坐标系即通常所讲的工件坐标系。这个坐标系的原点与机床坐标系的原点（机床零点）之间的距离用 G92（EIA 代码中用 G50）指令进行设定，即确定工件坐标系原点距刀具现在位置多远的地方，也就是以编程原点为准，确定刀具起始点的坐标值，并把这个设定值存于程序存储器中，作为零件所有加工尺寸的基准点。因此，在每个程序的开头都要设定工件坐标系，其标准编程格式如下：

G92　X__　Y__　Z__；

图 3-10 所示为立式加工中心工件坐标系设定的例子。图中机床坐标系原点（机械原点）是指刀具退到机床坐标系最远的距离点，在机床出厂之前已经调好，并记录在机床说明书或编程手册之中，供用户编程时使用。

例 3-3　如图 3-11 所示，用 G92 确定工件坐标系。

```
N1   G90;
N2   G92   X6   Y6   Z0;        刀具当前位置在 R 点，将编程原点设置在 W1 点
…
N8   G00   X0   Y0;             刀具在 W1 点
N9   G92   X4   Y3;             将编程原点设置在 W2 点
…
N13  G00   X0   Y0;             刀具在 W2 点
N14  G92   X4.5   Y-1.2;        将编程原点设置在 W3 点
```

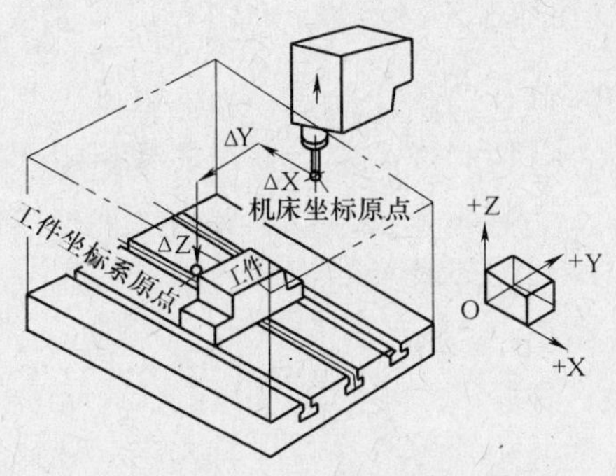

图 3-10　立式加工中心

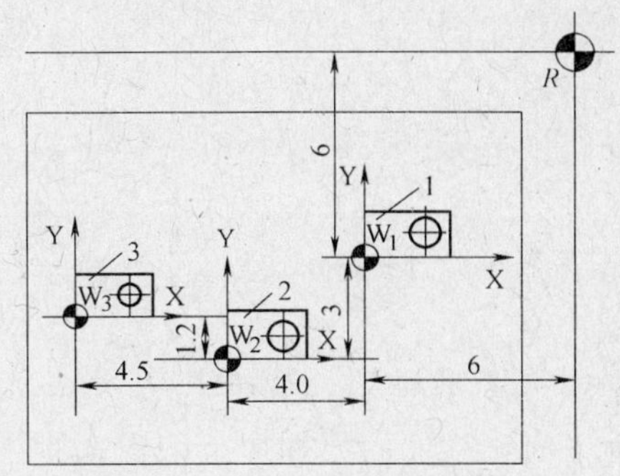

图 3-11　工件坐标系原点的确定

2. 用 G54 ~ G59 确定工件坐标系

图 3-12 给出了用 G54 ~ G59 确定工件坐标的方法。

工件坐标系的设定可采用输入每个坐标系距机械原点的 X、Y、Z 轴距离（X、Y、Z）来实现。

当工件坐标系设定后，如果在程序中写成 G90　G54　X30.0　Y40.0；时，机床就会向预先设定的 G54 坐标系中的 *A* 点（30.0，40.0）处移动。同样，当写成 G90　G59　X30.0　Y40.0；时，机床就会向预先设定的 G59 中的 *B* 点（30.0，30.0）处移动（图 3-13）。

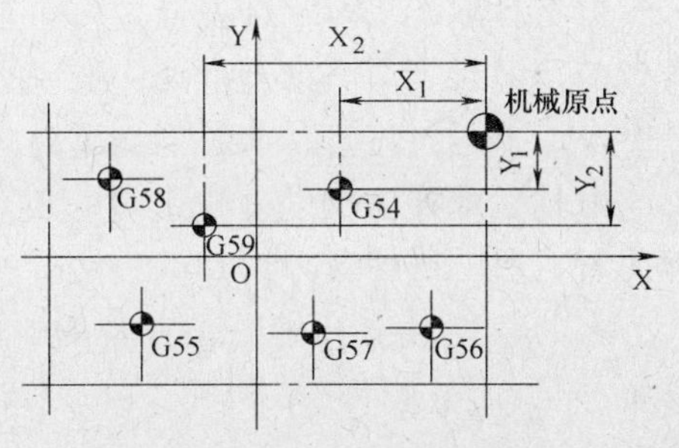

图 3-12　工件坐标系的使用

另外，在用 G54 ~ G59 方式时，通过 G92 指令编程后，也可建立一个新的工件加工坐标系。如图 3-14 所示，在 G54 方式时，当刀具定位于 XOY 坐标平面中的（200，160）点时，执行程序段 G92　X100.0　Y100.0；就由量 A 偏移产生了一个新的工件坐标系 X′O′Y′坐标平面。

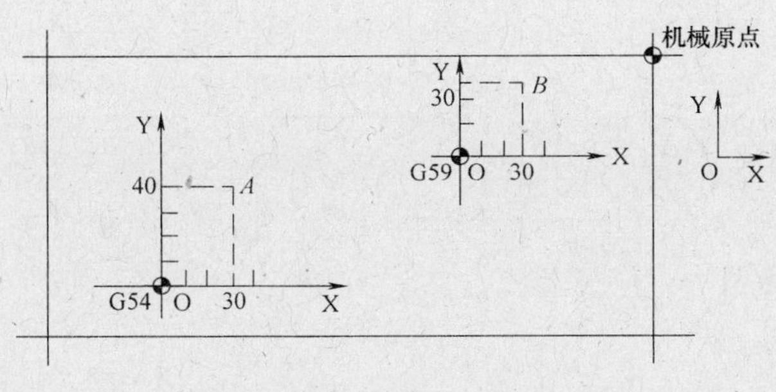

图 3-13　工件坐标系的使用

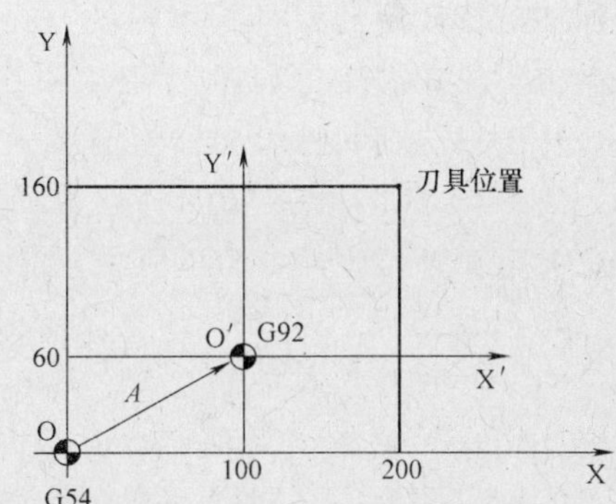

图 3-14　重新设定坐标原点位置

第六节　刀具补偿功能

数控机床在切削过程中不可避免地存在刀具磨损问题，如钻头长度变短，铣刀半径变小等，这时加工出的工件尺寸也随之变化。如果系统功能中有刀具尺寸补偿功能，可在操作面板上输入相应的修正值，使加工出的工件尺寸仍然符合图样要求，否则就得重新编写程序。

尺寸补偿功能使数控编程大为简便，在编程时可以完全不考虑刀具中心轨迹计算，直接按零件轮廓编程。启动机床加工前，只需输入使用刀具的参数，数控系统会自动计算出刀具中心的运动轨迹坐标，为编程人员减轻了劳动强度。另外，试切和加工中工件尺寸与图样要求不符时，可借助相应的补偿加工出合格的零件。刀具尺寸补偿通常有三种：刀具位置补偿、刀具长度尺寸补偿、刀具半径尺寸补偿。在数控铣床上用到的刀具补偿为后两种。

一、刀具长度补偿

为了简化零件的数控加工编程，使数控程序与刀具形状和刀具尺寸尽量无关。现代数控系统除了具有刀具半径补偿功能外，还具有刀具长度补偿（Tool Length Compensation）功能。刀具长度补偿使刀具垂直于进给平面（如 XY 平面，由 G17 指定）偏移一个刀具长度修正值，因此在数控编程过程中，一般无需考虑刀具长度。

刀具长度补偿要视情况而定。一般而言，刀具长度补偿对于二坐标和三坐标联动加工是有效的，但对于刀具摆动的四、五坐标联动数控加工，刀具长度补偿则无效，在进行刀位计算时可以不考虑刀具长度，但后置处理计算过程中必须考虑刀具长度。

刀具长度补偿在发生作用前，必须先进行刀具参数的设置。设置的方法有机内试切法、机内对刀法、机外对刀法和编程法。

有的数控系统补偿的是刀具的实际长度与标准刀具的差，如图 3-15a 所示。有的数控系统补偿的是刀具相对于相关点的长度，如图 3-15b、c 所示，其中图 3-15c 是球头刀的情况。

1. 刀具长度补偿的建立

格式：G43/G44　Z __ H __；或 G43/G44　H __；

根据上述指令，把 Z 轴移动指令的终点位置加上（G43）或减去（G44）补偿存储器设定的补偿值。由于把编程时设定的刀具长度值和实际加工所使用的刀具长度值的差设定在补偿存储器中，故无需变更程序便可以对刀具长度的差进行补偿，这里的补偿又称为偏移。

由 G43、G44 指令指明补偿方向，由 H 代码指定设定在补偿存储器中的补偿量。

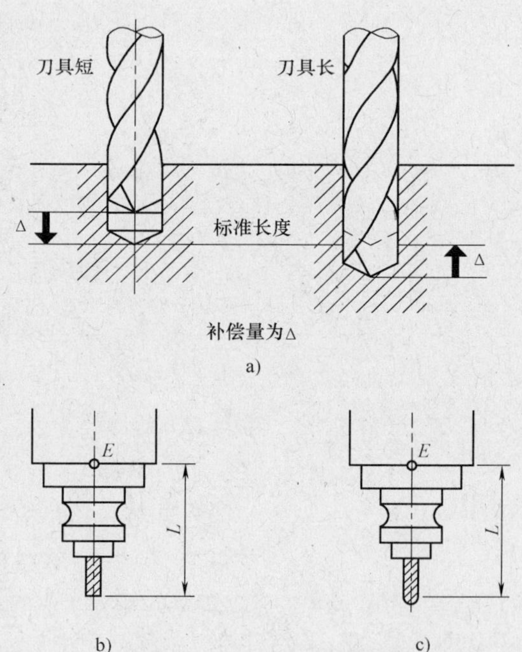

图 3-15　刀具长度补偿

2. 补偿方向

G43 表示正方向一侧补偿；G44 表示负方向一侧补偿。无论是绝对值指令还是增量值指令，在 G43 时，程序中 Z 轴移动指令终点的坐标加上用 H 代码指定的补偿量，其最终计算结果的坐标值为终点。

补偿值的符号为负时，分别变为反方向。G43、G44 为模态 G 代码，在同一组的其他 G 代码出现之前一直有效。

3. 指定补偿量

由 H 代码指定补偿号。程序中 Z 轴的指令值减去或加上与指定补偿号相对应（设定在补偿量存储器中）的补偿量。

补偿量与补偿号相对应，由 CRT/MDI 操作面板预先输入在存储器中。与补偿号 00 即 H00 相对应的补偿量，始终意味着零。不能设定与 H00 相对应的补偿量。

4. 取消刀具长度补偿

指令 G49 或者 H00 取消补偿。一旦设定了 G49 或 H00，立刻取消补偿。

变更补偿号及补偿量时，仅变更新的补偿量，并不把新的补偿量加到旧的补偿量上，如

H01…；补偿量 20.0

H02…；补偿量 30.0

G90　G43　Z100.0　H01；　　Z 方向移到 120.0

G90　G43　Z100.0　H02；　　Z 方向移到 130.0

二、刀具半径补偿

刀具半径补偿有两种补偿方式，分别称为 B 型刀补和 C 型刀补。B 型刀补在工件轮廓的拐角处用圆弧过渡，这样在外拐角处，由于补偿过程中刀具切削刃始终与工件尖角接触，使工件上尖角变钝，在内拐角处则会引起过切。C 型刀补采用了比较复杂的刀偏矢量计算的数学模型，彻底消除了 B 型刀补存在的不足。下面仅讨论 C 型刀补。

1. 刀具半径补偿（G40～G42）

二维刀具半径补偿仅在指定的二维进给平面内进行，进给平面由 G17（XOY 平面）、G18（YOZ 平面）和 G19（ZOX 平面）指定，刀具半径或刀尖半径值则通过调用相应的刀具半径补偿寄存器号码（通常用 D 指定）来取得。

（1）刀具半径补偿的目的　在数控铣床上进行轮廓的铣削加工时，由于刀具半径的存在，刀具中心（刀位点或刀心）轨迹和工件轮廓不重合。如果数控系统不具备刀具半径自动补偿功能，则只能按刀心轨迹进行编程，即在编程时给出刀具中心运动轨迹，如图 3-16 所示的点画线轨迹，其计算过程相当复杂，尤其当刀具磨损、重磨或换新刀而使刀具直径变化时，必须重新计算刀心轨迹，修改程序，这样既繁琐，又不易保证加工精度。当数控系统具备刀具半径补偿功能时，数控编程只需按工件轮廓进行，如图 3-16 中的粗实线轨迹，数控系统会自动计算刀心轨迹，使刀具偏离工件轮廓一个半径值，即进行刀具半径补偿。

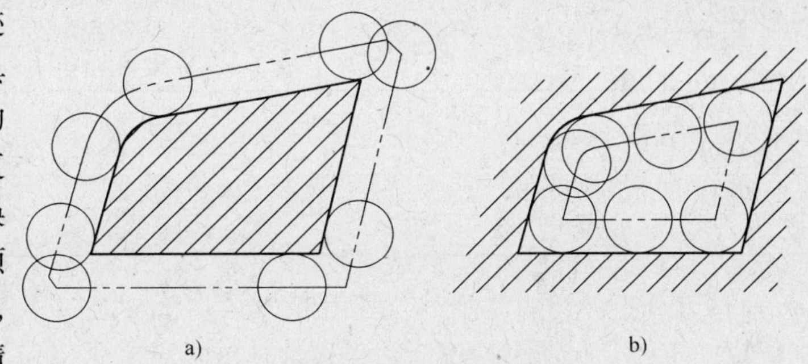

图 3-16　刀具半径补偿
a）　外轮廓加工　b）　内轮廓加工

（2）刀具半径补偿功能的应用

1）刀具因磨损、重磨、换新刀而引起刀具直径变化后，不必修改程序，只需在刀具参数设置中输入变化后刀具直径。如图 3-17 所示，1 为未磨损刀具，2 为磨损刀具，两者值不同，只需将刀具参数表中的刀具半径 r_1 改为 r_2，即可适用同一程序。

2）同一程序、同一尺寸的刀具，利用刀具半径补偿，可进行粗精加工。如图 3-18 所示，

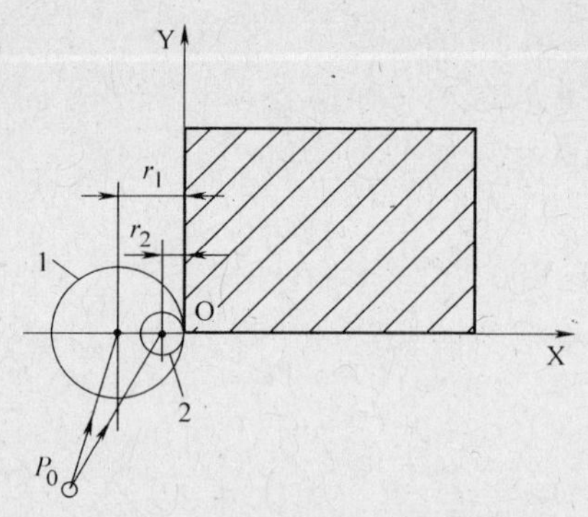

图 3-17 刀具直径变化，加工程序不变

1—未磨损刀具 2—磨损后刀具

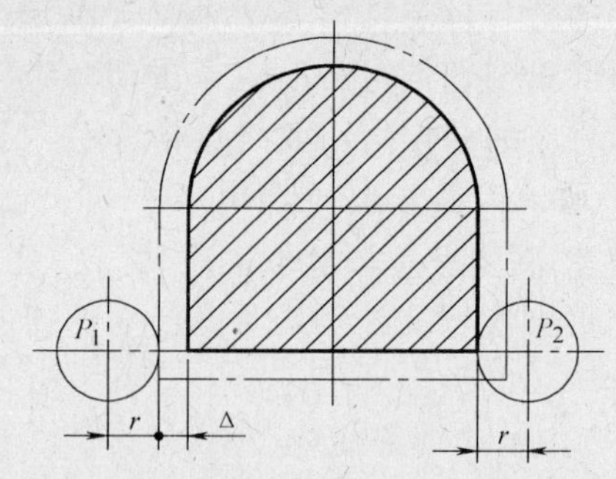

图 3-18 利用刀具半径补偿进行粗精加工

P_1—粗加工刀心位置 P_2—精加工刀心位置

刀具半径 r，精加工余量 Δ。粗加工时，输入刀具直径 $D=2\ (r+\Delta)$，则加工出细点画线轮廓；精加工时，用同一程序，同一刀具，但输入刀具直径 $D=2r$，则加工出实线轮廓。

在现代数控系统中，有的已具备三维刀具半径补偿功能。对于四、五坐标联动数控加工，还不具备刀具半径补偿功能，必须在刀位计算时考虑刀具半径。

（3）刀具半径补偿方法 铣削加工刀具半径补偿分为刀具半径左补偿（Cutter Radius Compensation Left）（用 G41 定义）和刀具半径右补偿（Cutter Radius Compensation Right）（用 G42 定义），使用非零的 D##代码选择正确的刀具半径补偿寄存器号。根据 ISO 标准，当刀具中心轨迹沿前进方向位于零件轮廓右边时称为刀具半径右补偿，反之称为刀具半径左补偿，如图 3-19 所示；当不需要进行刀具半径补偿时，则用 G40 取消刀具半径补偿。根据参数的设定，可用 D 代码指定刀具半径补偿号。G40、G41、G42 后边一般只能跟 G00、G01，而不能跟 G02、G03 等。补偿方向由刀具半径补偿的 G 代码（G41、G42）和补偿量的符号决定，见表 3-3。

表 3-3 补偿量符号

补偿量符号 / G 代码	+	-
G41	补偿左侧	补偿右侧
G42	补偿右侧	补偿左侧

1）刀具半径补偿建立。刀具由起刀点（Start Point）（位于零件轮廓及零件毛坯之外，距离加工零件轮廓切入点较近）以进给速度接近工件，刀具半径补偿方向由 G41（左补偿）或 G42（右补偿）确定，如图 3-19 所示。

在图 3-20 中，建立刀具半径左补偿的有关指令如下：

```
N10  G90  X-10.0  Y-10.0  Z0;        定义程序原点，起刀点坐标为（-10，-10）
N20  S900  M03;                      主轴正转，转速 900r/min
N30  G17  G01  G41  X0  Y0  D01;     建立刀具半径左补偿，刀具半径补偿寄存器号为 D01
N40  Y50.0;                          定义首段零件轮廓
```

其中 D01 为调用 D01 号刀具半径补偿寄存器中存放的刀具半径值。建立刀具半径右补偿的有关指令：

```
N30  G17  G01  G42  X0  Y0  D01;
N40  Y50.0;
```

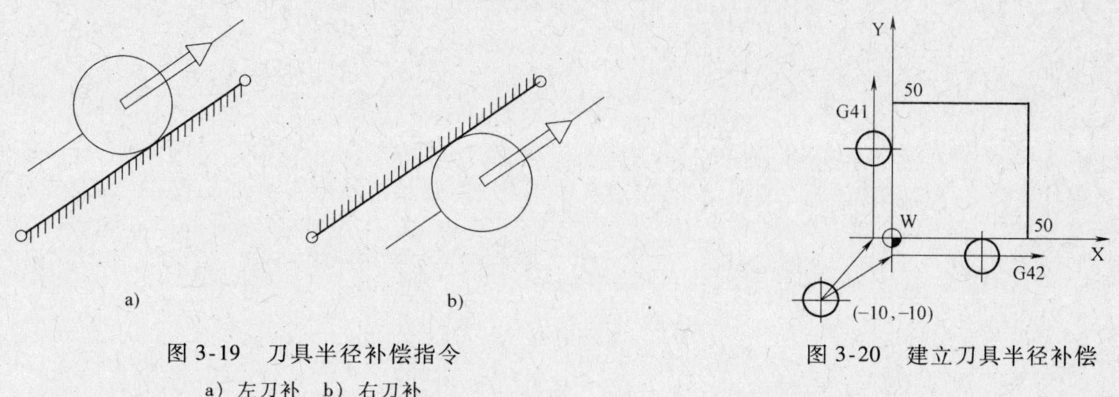

图 3-19 刀具半径补偿指令
a）左刀补 b）右刀补

图 3-20 建立刀具半径补偿

在刀具半径补偿建立时，一般是直线且为空行程，以防过切，以 G42 指令为例，其各种情况下的刀具半径补偿建立的过程，如图 3-21 所示。

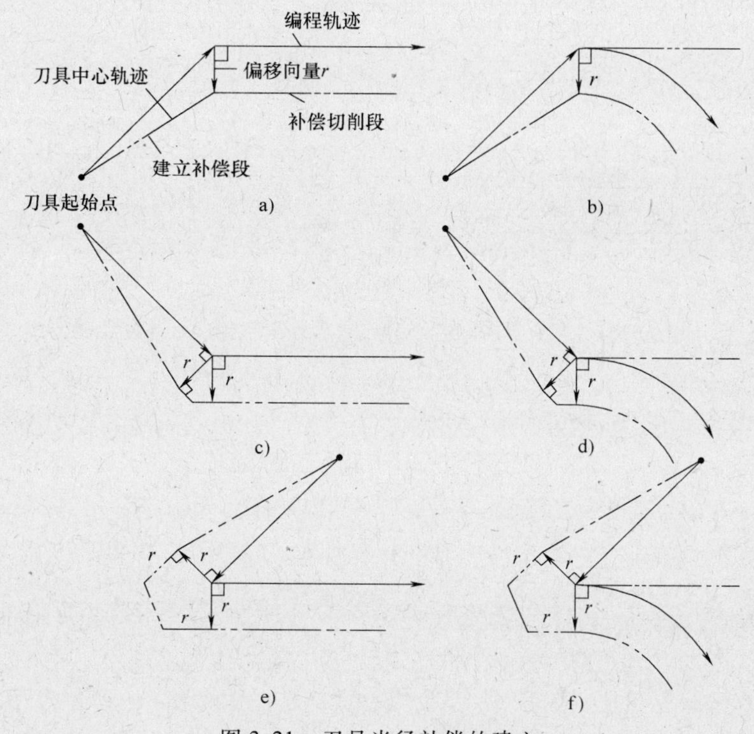

图 3-21 刀具半径补偿的建立

2）刀具半径补偿的运行。以 G42 指令为例，其各种情况下的刀具半径补偿的运行过程如图 3-22 所示。

3）刀具半径补偿的取消。刀具撤离工件，回到退刀点，取消刀具半径补偿。与建立刀具半径补偿过程类似，退刀点也应位于零件轮廓之外，退出点距离加工零件轮廓较近，可与起刀点相同，也可以不相同。如图 3-23 所示，假如退刀点与起刀点相同的话，其刀具半径补偿取消过程的命令：

```
N100  G01  X0  Y0;                    加工到工件原点
N110  G01  G40  X-10.0  Y-10.0;       取消刀具半径补偿，退回到起刀点
```

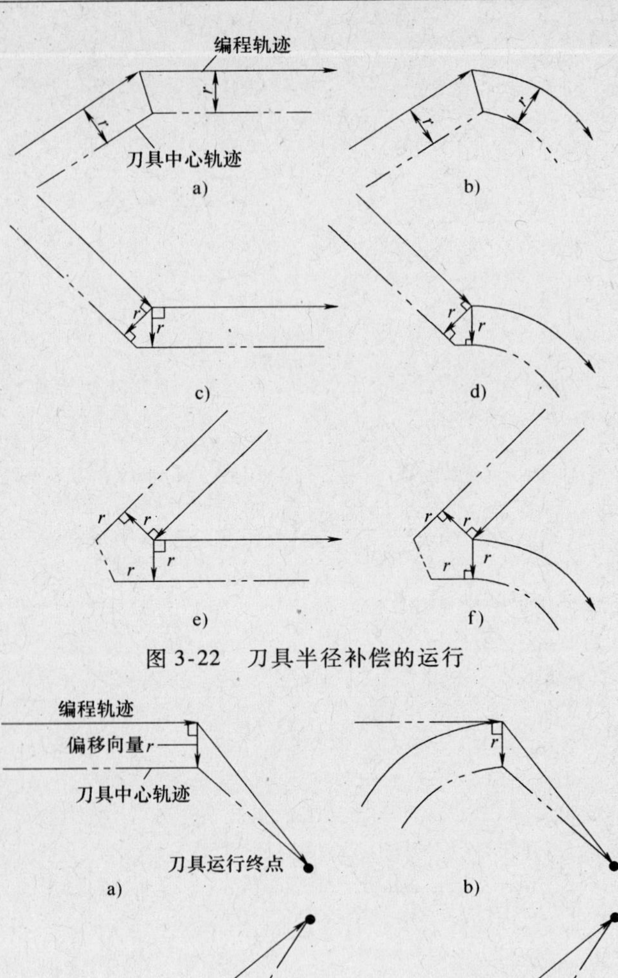

图 3-22　刀具半径补偿的运行

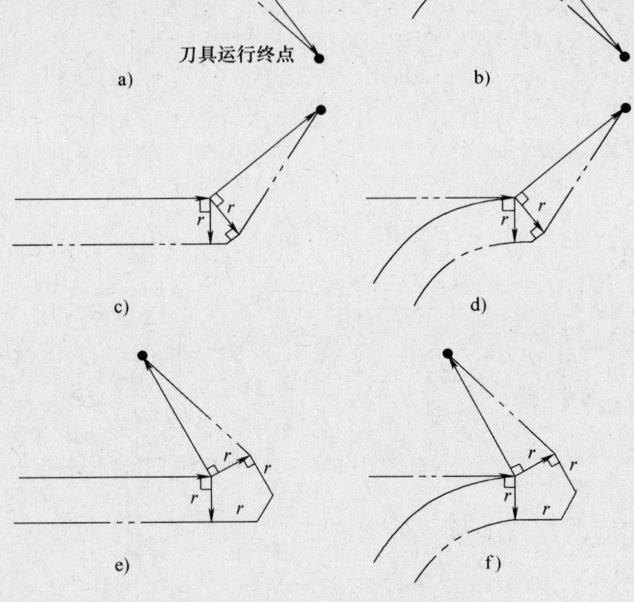

图 3-23　刀具半径补偿的取消

N110 程序段也可以这样写：

N110　G01　G41　X - 10.0　Y - 10.0　D00；或

N110　G01　G42　X - 10.0　Y - 10.0　D00；

即 D00 中的补偿量永远为 0。

取消刀具半径补偿时，同样要防止过切。

☆　1. 建立补偿的程序段，必须是在补偿平面内不为零的直线移动。
2. 建立补偿的程序段，一般应在切入工件之前完成。
3. 取消补偿的程序段，一般应在切出工件之后进行。

2. 补偿量（D代码）

补偿量由CRT/MDI操作面板设定，与程序中指定的D代码后面的数字（补偿号）相对应。补偿号00，即D00相对应的补偿量，始终等于0。与其他补偿号相对应的补偿量可以设定。

3. 刀具半径补偿量的改变

改变刀具半径补偿量，一般是在补偿取消的状态下重新设定刀具半径补偿量。如果在已补偿的状态下改变补偿量，则程序段的终点是按该程序段所设定的补偿量来计算的。如图3-24所示。

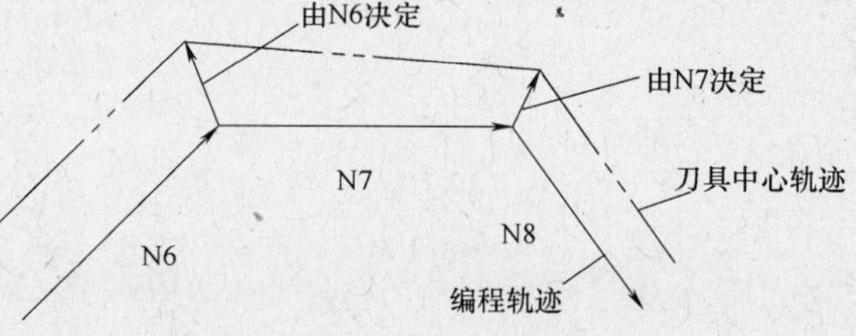

图3-24　刀具半径补偿量的改变

4. 补偿的一般注意事项

用H或D代码指定补偿量的号码，如果是从开始取消补偿方式到刀具半径补偿方式以前，H或D代码在任何地方指令都可以。若进行一次指令后，只要在中途不变更补偿量，则不需要重新指定。

从取消补偿方式移向刀具半径补偿方式时的移动指令，必须是点位（G00）或者是直线（G01）插补，不能用圆弧（G02或G03）插补。

从刀具半径补偿方式移向取消补偿方式时的移动指令，必须是点位（G00）或者是直线（G01）插补，不能用圆弧（G02或G03）插补。

从左向右或从右向左切换补偿方向时，通常要经过取消补偿方式（具体情况参照数控系统编说明书）。

☆　现在有些数控系统的在进行刀具半径补偿时，补偿建立和补偿取消的程序段也可以采用圆弧插补指令（G02/G03）。

【思考与练习】

1. 什么是数控编程？数控编程有哪几个步骤？
2. 有哪几种数控编程的方法？它们各自的定义是什么？
3. 请画出立式数控铣床与卧式数控铣床的机床坐标系。
4. 在数控机床上，X、Y、Z坐标是怎样定义的？
5. 什么是模态？
6. 进给速度有哪几种表示方法？
7. 在加工中心上的换刀方法有哪几种？请用指令表示出来。
8. 数控程序由哪几部分组成？
9. 简述数控机床上各种点的定义。
10. 数控镗铣床类机床上工件零点是怎样确定的？
11. 什么是刀具长度补偿？请写出指令。
12. 刀具半径补偿的目的是什么？怎样应用？请写出刀具半径补偿的指令。

第四章 HNC-21/22M与SIEMENS 802D编程指令

第一节　辅助功能 M 代码与准备功能 G 代码

第二节　刀具选择及工艺分析

第三节　平面加工

第四节　凹槽加工

第五节　轮廓加工

第六节　孔加工

第七节　曲面加工与综合程序

第八节　其他功能指令

本章用解决各类特征（平面、槽、轮廓、孔及曲面等）加工的方法来讲解两个系统的编程指令及固定循环指令。通过本章的学习，要能系统灵活地运用各指令解决实际加工问题。

本章所要完成的加工零件的零件图与立体图如图 4-1 所示。

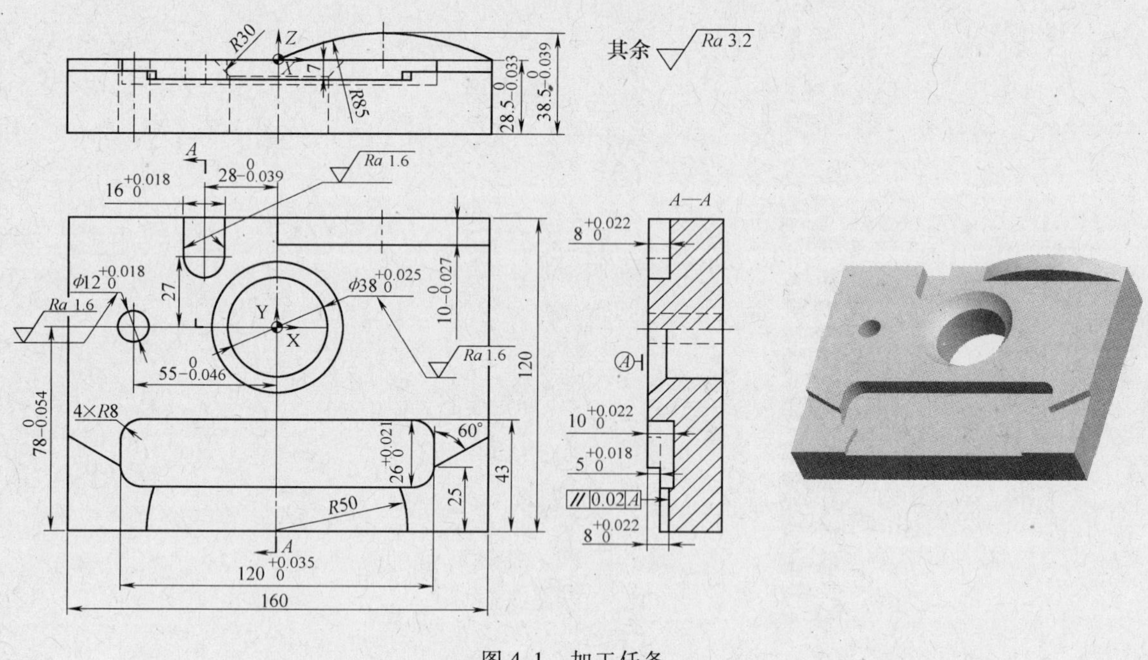

图 4-1　加工任务

第一节　辅助功能 M 代码与准备功能 G 代码

一、HNC-21/22M 数控系统与 SIEMENS 802D 数控系统简介

1. HNC-21/22M 数控系统简介

华中数控系统是由武汉华中数控股份有限公司研制的，目前已成为国内主要型号的数控系统之一，广泛应用于机械、汽车、能源、航空航天、教育等行业。

HNC-21/22M 数控系统属于华中“世纪星”数控系统系列。“世纪星”数控系统是在华中 I 型、华中 2000 系列数控系统的基础上，为了满足用户对低价格、高性能、简单、可靠的要求而开发的数控系统。它采用先进的开放式体系结构，内置嵌入式工业 PC，配置彩色液晶显示屏和通用工程面板，集成进给轴接口、主轴接口、手持单元接口、内嵌式 PLC 接口于一体，支持硬盘、电子盘等程序存储方式及软驱、DNC、以太网等程序交换功能，具有低价格、高性能、配置灵活、结构紧凑、易于使用、可靠性高等特点。HNC-21/22M 数控系统用于数控铣床及加工中心的控制。

HNC-21/22M 数控系统支持的最大联动轴数为 4 轴。它采用国际标准 G 代码编程，与各种流行的 CAD/CAM 自动编程系统兼容，具有直线、圆弧、固定循环、旋转、缩放、镜像、刀具补偿、宏程序等功能。其具有的小线段连续加工功能，特别适合于 CAD/CAM 设计的复杂模具零件加工。其内置的 RS232 通信接口，轻松实现机床数据通信。

2. SIEMENS 802D 数控系统简介

SIEMENS 数控系统是德国西门子公司研制的，它的应用范围较广泛，具有功能强、可靠性高等优点，我国生产的许多数控机床和进口数控机床都配置了 SIEMENS 系统。

SIEMENS 数控系统以较好的稳定性和较优的性能价格比，在我国数控机床行业被广泛应用。其产品类型主要包括 802、810、840 等系列。

SIEMENS 802D 是一个具有免维护性能，将 CNC、PLC、人机界面和通信等功能集成于一体，可靠性高，易于安装的全数控伺服控制系统。SIEMENS 802D 为用户提供了优良的性能，具有高质量和高可靠性，调试简单的特点。

SIEMENS 802D 可控制 4 个进给轴和 1 个数控或模拟主轴。SIEMENS 802D 具有非常显著的用户友好界面，其单色或彩色显示器、水平安装方式或垂直安装方式全功能数控键盘、标准机床控制面板、三个手轮接口、RS232 串行接口、生产现场总线接口、标准键盘接口、PC 卡插槽（用于数控备份和批量生产），都为操作和编程人员提供了极大的方便。在具体的操作和显示安排方面，也都是基于人机工程学设计的，符合不同应用要求，如带有 8 个水平软键和 8 个垂直软键。

SIEMENS 802D 主要用于控制车床、钻铣床和加工中心，同时也用于磨床和其他特殊用途机床。其主要功能为三轴联动，具有直线插补、平面圆弧插补、螺旋线插补、空间圆弧（CIP）插补等控制方式；同时具有普通螺纹加工、变距螺纹加工，旋转轴控制，端面和柱面坐标转换（C 轴功能），前馈控制、加速度突变控制，程序预读可达 35 段，刀具寿命监控，主轴准停，刚性攻螺纹、恒线速度切削，FRAME 功能等功能。

二、辅助功能 M 代码

常用的辅助功能 M 代码见表 4-1。

表 4-1 M 代码

代码	类型	HNC-21/22M	SIEMENS 802D
M00	非模态后作用	程序暂停	程序暂停
M01	非模态	无此指令	程序有条件暂停
M02	非模态后作用	程序结束	程序结束
M05	模态、后作用	主轴停止转动	主轴停止转动
M30	非模态后作用	程序结束并返回程序起点	程序结束后复位
M98	非模态	调用子程序	无此指令
M99	非模态	子程序结束并返回主程序	无此指令
M03	模态、前作用	主轴正转起动	主轴正转起动
M04	模态、前作用	主轴反转起动	主轴反转起动
M06	非模态后作用	更换刀具	更换刀具

（续）

代码	类型	HNC-21/22M	SIEMENS 802D
M07	模态、前作用	2 号切削液打开	2 号切削液打开
M08	模态、前作用	1 号切削液打开	1 号切削液打开
M09	模态、后作用	切削液停止	切削液停止
M40			自动变换齿轮级
M41 ~ M45			齿轮级 1 到齿轮级 5
M41			低速（齿轮级 1）
M42			高速（齿轮级 2）
M17			子程序结束

辅助功能由地址字 M 及其后面的一或两位数字组成，主要用于控制零件程序的走向以及机床各种辅助功能的开关动作。

在 SIEMENS 802D 系统中，一个程序段中最多可以有 5 个 M 功能、一个 T 功能和一个 D 功能，它们按 M、S、T、D、F 的顺序输出到接口控制器。

1. M 功能的两种形式

M 功能有非模态 M 功能和模态 M 功能两种形式。

（1）非模态 M 功能（当前程序段有效代码） 只在书写了该代码的程序段中生效。

（2）模态 M 功能（持续有效代码） 一组可以相互注销的 M 功能，这些功能在被同一组的另一个功能注销（取代）前一直有效。

模态 M 功能中包含一个默认功能，即系统上电时被初始化为该功能。

M03、M04 和 M05 为同组模态 M 功能，M05 为默认值。

M07、M08 和 M09 为同组模态 M 功能，M09 为默认值。

2. 前作用与后作用 M 功能

（1）前作用 M 功能 如果前作用 M 功能指令与坐标轴移动指令在同一个程序段，则此 M 功能在轴运动之前执行。如“G00 X100 M03;”程序段，主轴正转以后，X 轴开始移动。

（2）后作用 M 功能 如果后作用 M 功能指令与坐标轴移动指令在同一个程序段，则此 M 功能在轴运动结束以后执行。如“G00 X100 M05;”程序段，在 X 轴移动到终点以后，主轴停止旋转。

3. CNC 内定的 M 功能

CNC 内定的 M 功能用于控制零件程序的走向，不由机床制造商设计决定，即与 PLC 无关。

HNC-21/22M 数控系统内定的 M 功能有 M00、M02、M30、M98 和 M99。

SIEMENS 802D 数控系统内定的 M 功能有 M00、M01、M02 和 M30。

（1）程序暂停 M00 当 CNC 程序执行到 M00 指令时，将暂停执行当前程序，以方便操作者进行刀具和工件的尺寸测量、工件掉头、手动变速等操作。暂停时机床的主轴、进给及切削液停止，而全部现存的模态信息保持不变。要继续执行后续程序，需重新按机床操作面板上的“起动”（循环起动）按钮。

SIEMENS 802D 数控系统中的 M01 功能与 M00 功能基本相似。如果机床控制面板上的“任选开关”处于“ON”时，M01 有效，处于“OFF”时，数控系统将跳过本指令。

（2）程序结束 M02 M02 编在主程序的最后一个程序段中。当 CNC 执行到 M02 指令时，机床的主轴、进给、切削液全部停止，加工结束。

HNC-21/22M 系统中数控程序使用 M02 结束后，若要重新执行该程序就必须重新调用该程序，然后再按操作面板上的“循环起动”键。而在 SIEMENS 802D 系统中，可重新调用该程序，也可以使用操作面板上的“复位”键，然后再按“起动”键重新执行该程序。

（3）程序结束并返回零件程序头 M30　M30 与 M02 功能基本相同，程序在执行 M30 程序段时，加工结束，并控制系统自动返回到零件程序头，若要重新执行该程序，只需再次按操作面板上的“循环起动”键即可。

（4）子程序控制指令 M98 和 M99　在 HNC-21/22M 数控系统中的子程序调用使用指令 M98，而子程序返回到上级程序，使用指令 M99。

4. PLC 设定的 M 功能

PLC 设定的 M 功能用于机床各种辅助功能的开关动作控制，可能会因机床制造厂不同而有差异，使用时要参考说明书。

（1）主轴控制指令 M03、M04、M05

1）M03。起动主轴以程序中编制的主轴速度顺时针方向（从 Z 轴正向朝 Z 轴负向看）旋转。

2）M04。起动主轴以程序中编制的主轴速度逆时针方向（从 Z 轴正向朝 Z 轴负向看）旋转。

3）M05。主轴停转。

（2）换刀指令 M06　用于在加工中心上调用一个要安装在主轴上的刀具，刀具将被自动安装在主轴上。

（3）切削液打开/停止指令 M07、M08 和 M09

1）M07。执行此指令时，打开 2 号切削液管道。

2）M08。执行此指令时，打开 1 号切削液管道。

3）M09。执行此指令时，关闭切削液。

三、准备功能 G 代码

准备功能 G 代码由 G 及其后面的一或二位数字组成，它用来规定刀具和工件的相对运动轨迹、机床坐标系、坐标平面、刀具补偿、坐标偏置等多种加工操作。

G 功能有模态 G 功能和非模态 G 功能之分。

非模态 G 功能只在所规定的程序段中有效，程序段结束时被注销；模态 G 功能为一组可相互注销的 G 功能，这些功能一旦被执行则一直有效，直到被同一组的 G 功能注销为止。

模态 G 功能组中包含一个默认 G 功能，上电时即被初始化为该功能。

没有共同参数的不同组的 G 代码可以放在同一程序段中，而且与顺序无关。

我国 JB/T 3208—1999 规定了 100 个 G 代码，从 G00 ~ G99。在 100 个 G 代码中有一部分未规定其含义，留待将来修订时再用；另一部分“永不指定”的 G 代码，即使将来修订时也不指定其含义，这一部分由机床设计者自行规定其含义。由于数控系统的功能越来越强，所需的准备功能越来越多，现在已有许多系统厂家对原有的 G 代码进行了扩展，如 SIEMENS 802D 系统中的 G110、G331 等。

虽然 G 代码有国际上的标准和国内的标准，但是现在对于不同版本的系统，同一个 G 代码也赋予了不同的功能，不同的数控系统的编程差异较大，故必须按照所用数控系统的说明书的具体规定使用。

表 4-2 为 HNC-21/22M 系统和 SIEMENS 802D 系统的常用的 G 代码。

表 4-2　常用 G 代码

数控系统功能	HNC-21/22M	SIEMENS 802D	说　明
快速定位	G00	G0	功能组:运动指令（插补方式）模态指令 默认值为 G01/G1
直线插补	G01	G1	
顺圆插补	G02	G2	
逆圆插补	G03	G3	
螺旋线插补	G02/G03	G2/G3	
中间点圆弧插补	—	CIP	
恒螺距圆弧插补	—	G33	
螺纹插补	—	G331	
虚轴指令	G07		
不带补偿夹具加工内螺纹—退刀	—	G332	
带切线过渡的圆弧插补	—	CT	
暂停时间	G04	G4	特殊运行,非模态指令
带补偿夹具攻螺纹	—	G63	
回参考点	G28	G74	
回固定点	G29	G75	
局部坐标系(可编程偏置)	G52	TRANS/ATRANS	写存储器,非模态指令
旋转	G68(开)/G69(关)	ROT/ AROT	
镜像	G24(开)/G25(关)	MIRROR/AMIRROIR	
比例缩放	G50(开)/G51(关)	SCALE/ASCALE	
主轴转速下限或工作区域下限	—	G25	
主轴转速上限或工作区域上限	—	G26	
极坐标指令	G38	G110/G111/G112	
X/Y 平面	G17	G17	加工平面选择 模态指令 默认值为 G17
Z/X 平面	G18	G18	
Y/Z 平面	G19	G19	
刀具半径补偿取消	G40	G40	刀具半径补偿 模态指令 默认值为 G40
左刀补	G41	G41	
右刀补	G42	G42	
刀具长度补偿取消	G49	—	刀具长度补偿 模态指令 默认值为 G49
长度正补偿	G43	—	
长度负补偿	G44	—	
取消可设定零件偏置	—	G500	可设定零点偏置　模态指令 默认值:华中为 G54;西门子为 G500
工件坐标系选择(第一～第六可设定零点偏置)	G54、G55、G56、G57、G58、G59	G54、G55、G56、G57、G58、G59	

（续）

数控系统功能	HNC-21/22M	SIEMENS 802D	说 明
直接机床坐标系编程（取消可设定零点偏置）	G53	G53	非模态指令
准确定位	G61	G60	定位性能、模态指令 默认值：华中为 G64； 西门子为 G60
连续路径切削	G64	G64	
准确定位	G09	G9	非模态指令
单方向定位	G60	—	非模态指令
米制尺寸（公制）	G21	G71/G710	英制/米制尺寸、模态指令 默认值：华中为 G21； 西门子为 G71
英制尺寸（英制）	G20	G70/G700	
绝对尺寸	G90	G90	模态指令 默认值为 G90
增量尺寸	G91	G91	
进给率（mm/min）	G94	G94	模态指令 默认值： 华中为 G94； 西门子为 G95
进给率（mm/r）	G95	G95	
返回初始平面	G98	—	
返回安全平面	G99	—	
取消固定循环	G80	—	G80、G01、G02、G03 均可取消固定循环
钻孔、中心孔	G81	CYCLE81	
带停顿的钻孔、中心孔	G82	CYCLE82	
深孔钻削	G83	CYCLE83	
高速深孔钻削	G73	—	
攻左旋螺纹循环	G74	—	
精镗、铰循环	G76	—	
攻螺纹循环	G84	CYCLE84	
镗孔、铰孔循环	G85/G86/G87/G88/G89	CYCLE85/86/87/88/89	
钻削直线排列的孔	—	HOLES1	
钻削圆弧排列的孔	—	HOLES2	
铣加长孔		LONGHOLE	
铣槽	—	SLOT1	
铣圆形槽	—	SLOT2	
矩形槽	—	POCKET3	
圆形槽	—	POCKET4	
螺纹铣削	—	CYCLE90	
端面铣	—	CYCLE71	
轮廓铣	—	CYCLE72	

（续）

数控系统功能	HNC-21/22M	SIEMENS 802D	说　明
校验刀具测量头，刀具测量：铣刀长度，半径	—	CYCLE971	
在孔中或表面校验刀具测量头	—	CYCLE976	
与轴平行测量钻孔、轴、槽、拐角、内直角、外直角	—	CYCLE977	
在平面内或垂直方向单点测量	—	CYCLE978	
向后跳转指令	—	GOTOB	
向前跳转指令	—	GOTOF	
圆弧加工时打开进给倍率修正	—	CFC	进给倍率修正，模态指令 默认值为 CFC
关闭进给倍率修正	—	CFTCP	
圆弧过渡	—	G450	刀具半径补偿时 拐角特性，模态指令 默认值为 G450
等距线的交点，刀具在工件转角处不切削	—	G451	
轨迹跳过加速	—	BRISK	加速度特性，模态指令 默认值为 BRISK
轨迹平滑加速	—	SOFT	
预控关闭	—	FFWOF	预控，模态指令 默认值为 FFWOF
预控打开	—	FFWON	
工作区域限制生效	—	WALIMON	工作区域限制，模态指令 默认值为 WALIMON
工作区域限制取消	—	WALIMOF	
西门子方式	—	G290	其他数控语言，模态指令 默认值为 G290
其他方式	—	G291	
子程序名及子程序调用	—	L	
子程序结束	—	RET	

第二节　刀具选择及工艺分析

加工前，先对图 4-1 所示的零件进行工艺分析，并选择刀具及合理的加工用量，为程序的编制做准备。

一、工艺分析及刀具选择

1. 工艺分析

如图 4-1 所示，零件外形规则，各加工部分的尺寸公差、形位公差、表面粗糙度值要求较高。零件复杂程度一般，包含了平面、圆弧表面、空间圆柱面、内外轮廓、铣槽、钻孔、镗孔、铰孔以及三维曲面的加工，且大部分尺寸为 IT7 ~ IT8 级精度。

机床选用立式加工中心，通用夹具选用机用平口台虎钳装夹工件。在使用时，要校正平口台虎钳固定钳口，使之与工作台 X 轴移动方向平行。在工件下表面与平口台虎钳间放入精度较高的平行垫块（垫块厚度与宽度要适当），工件在钳口上方留出 25mm，利用木锤或铜棒敲击工件，使平行垫块不能移动，夹紧工件。如果批量生产，在 X 向也应采用相应定位措施。

工件坐标系原点：X、Y 向零点为 ϕ38mm 圆心，Z 轴零点为孔口上表面，如图 4-1 所示。

加工工序：

1）铣削平面，保证尺寸 28.5mm，选用 ϕ80mm 可转位面铣刀（5 个刀片）。

2）粗铣宽 26mm 槽，选用 ϕ14mm 二刃键槽铣刀。

3）粗铣 R50mm 凹圆弧槽和深 5mm 凹槽，选用 ϕ25mm 三刃立铣刀。

4）粗铣 R85mm 圆弧凸台侧面、上表面和宽 16mm 槽，选用 ϕ14mm 三刃立铣刀。

5）钻中心孔，选用 ϕ3mm 中心钻。

6）钻孔（ϕ12mm 孔和 ϕ38mm 孔），选用 ϕ11.8mm 直柄麻花钻。

7）扩中间位置孔，选用 ϕ35mm 锥柄麻花钻。

8）精铣宽 26mm 槽、R85mm 圆弧凸台侧面和上表面、宽 16mm 槽，选用 ϕ14mm 四刃立铣刀。

9）精铣 R50mm 凹圆弧槽和深 5mm 凹槽，选用 ϕ25mm 四刃立铣刀。

10）粗镗孔（ϕ38mm 孔），选用 ϕ37.5mm 粗镗刀。

11）精镗 ϕ38mm 孔，选用 ϕ38mm 精镗刀。

12）铰孔（ϕ12mm 孔）加工，选用 ϕ12mm 机用铰刀。

13）孔口 R30mm 圆角，选用 ϕ14mm 三刃立铣刀。

2. 刀具的选择

加工过程中采用的刀具有 ϕ80mm 可转位面铣刀，ϕ14mm 二刃键槽铣刀，ϕ25mm、ϕ14mm 三刃立铣刀，ϕ25mm、ϕ14mm 四刃立铣刀，ϕ3mm 中心钻，ϕ11.8mm、ϕ35mm 麻花钻，ϕ12mm 机用铰刀，ϕ37.5mm 粗镗刀和 ϕ38mm 精镗刀。

3. 刀具材料及切削参数的选择

刀具材料及刀具的切削参数见表 4-3。

表 4-3　刀具材料及刀具的切削参数

<table>
<tr><th colspan="2">加工步骤</th><th colspan="6">刀具与切削参数</th></tr>
<tr><th rowspan="2">序号</th><th rowspan="2">加工内容</th><th colspan="2">刀具规格</th><th>主轴转速 n</th><th>进给速度 v_f</th><th colspan="2">刀具补偿</th></tr>
<tr><th>类型</th><th>材料</th><th>/(r/min)</th><th>/(mm/min)</th><th>长度</th><th>半径</th></tr>
<tr><td>1</td><td>粗加工上表面</td><td rowspan="2">ϕ80mm 面铣刀</td><td rowspan="2">硬质合金</td><td>450</td><td>200</td><td rowspan="2">H1/T1D1</td><td></td></tr>
<tr><td>2</td><td>精加工上表面</td><td>800</td><td>160</td><td></td></tr>
<tr><td rowspan="2">3</td><td rowspan="2">粗铣宽 26mm 凹槽</td><td rowspan="2">ϕ14mm 二刃键槽铣刀</td><td rowspan="9">高速钢</td><td rowspan="2">600</td><td rowspan="2">60</td><td>H2/T2D1</td><td>7.2</td></tr>
<tr><td>H3/T2D2</td><td>7.2</td></tr>
<tr><td>4</td><td>粗加工 R50mm 凹槽</td><td rowspan="2">ϕ25mm 三刃立铣刀</td><td rowspan="2">300</td><td rowspan="2">75</td><td>H4/T3D1</td><td rowspan="2">12.7</td></tr>
<tr><td>5</td><td>粗加工深 5mm 凹槽</td><td>H5/T3D2</td></tr>
<tr><td>6</td><td>粗加工 R85mm 圆弧凸台侧面</td><td rowspan="3">ϕ14mm 三刃立铣刀</td><td rowspan="3">600</td><td rowspan="3">80</td><td rowspan="3">H6/T4D1</td><td rowspan="3">7.2</td></tr>
<tr><td>7</td><td>粗加工宽 16mm 凹槽</td></tr>
<tr><td>8</td><td>粗加工 R85mm 圆弧凸台上表面</td></tr>
<tr><td>9</td><td>点孔加工</td><td>ϕ3mm 中心钻</td><td>1200</td><td>120</td><td>H8/T5D1</td><td rowspan="3"></td></tr>
<tr><td>10</td><td>钻孔加工(ϕ12mm)</td><td rowspan="2">ϕ11.8mm 钻头</td><td rowspan="2">550</td><td rowspan="2">80</td><td rowspan="2">H9/T6D1</td></tr>
<tr><td>11</td><td>钻孔加工(ϕ38mm)</td></tr>
</table>

（续）

加工步骤		刀具与切削参数					
序号	加工内容	刀具规格		主轴转速 n /(r/min)	进给速度 v_f /(mm/min)	刀具补偿	
		类　型	材料			长度	半径
12	扩中间位置孔	ϕ35mm 钻头	高速钢	150	20	H10/T7D1	
13	精铣宽 26mm 凹槽	ϕ14mm 四刃立铣刀		800	100	H11/T8D1	7
14	精加工 R85mm 圆弧凸台侧面						
15	精加工宽 16mm 凹槽						
16	精加工 R85mm 圆弧凸台上表面				1000		
17	精加工 R50mm 凹槽	ϕ25mm 四刃立铣刀		600	90	H12/T9D1	12.5
18	精加工深 5mm 槽						
19	粗镗 ϕ37.5mm 孔	ϕ37.5mm 粗镗刀	硬质合金	850	80	H13/T10D1	
20	精镗 ϕ38mm 孔	ϕ38mm 精镗刀		1000	40	H14/T11D1	
21	铰孔加工	ϕ12mm 机用铰刀		300	50	H15/T12D1	
22	孔口 R30mm 圆角	ϕ14mm 三刃立铣刀		800	1000	H7/T4D2	7

二、编程思路

1）在编制大型程序时，可以利用分块编程、分块加工的方法，即一个程序只加工其中一个内容，直至零件加工完成，然后把所有的程序整合成一个程序，一次完成零件的加工，这样有利于加工过程的强化理解。

2）编程时，主程序尽量简洁明了，并有相应注释。

3）零件轮廓粗、精加工，可以采用刀具半径补偿简化编程（只编写精加工程序）。

4）平面的粗、精加工也可以采用刀具长度补偿简化编程。

5）对称形状可以采用镜像加工。

第三节　平面加工

加工图 4-1 所示零件的上表面，圆弧凸台侧面留 2mm 的加工余量，加工效果如图 4-2 所示。

平面加工常用的刀具为面铣刀或立铣刀。

一、平面加工的常用方法

1. 双向横坐标平行法

该方法为刀具沿平行于横坐标方向加工，并且可以变换方向（即顺铣与逆铣变换），如图 4-3a 所示。

2. 单向横坐标平行法

该方法为刀具仅沿一个方向平行于横坐标加工（只允许顺铣或逆铣），如图 4-3b 所示。

图 4-2　平面加工

3. 单向纵坐标平行法

该方法为刀具仅沿一个方向平行于纵坐标加工，如图 4-3c 所示。

4. 双向纵坐标平行法

该方法为刀具沿平行于纵坐标方向加工，并且可以变换方向，如图 4-3d 所示。

5. 内向环切法

该方法为刀具以矩形轨迹分别平行于横坐标、纵坐标由外向内加工，并且可以变换方向，如图 4-3e 所示。

6. 外向环切法

该方法为刀具以矩形轨迹分别平行于横坐标、纵坐标由内向外加工，并且可以变换方向，如图 4-3f 所示。

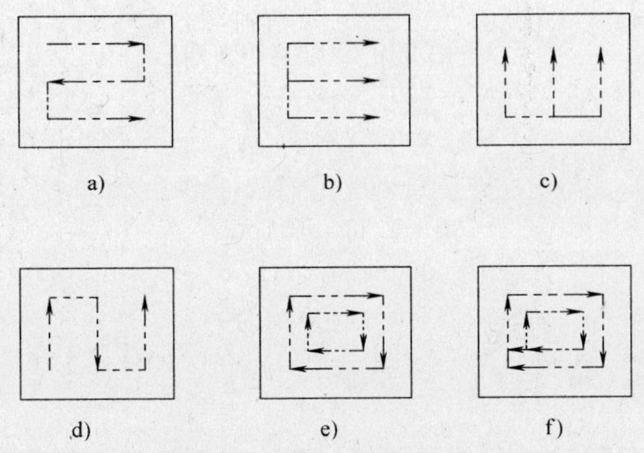

图 4-3　平面加工的常用方法

二、加工思路

本例采用双向横坐标平行法，其走刀轨迹如图 4-4 所示。

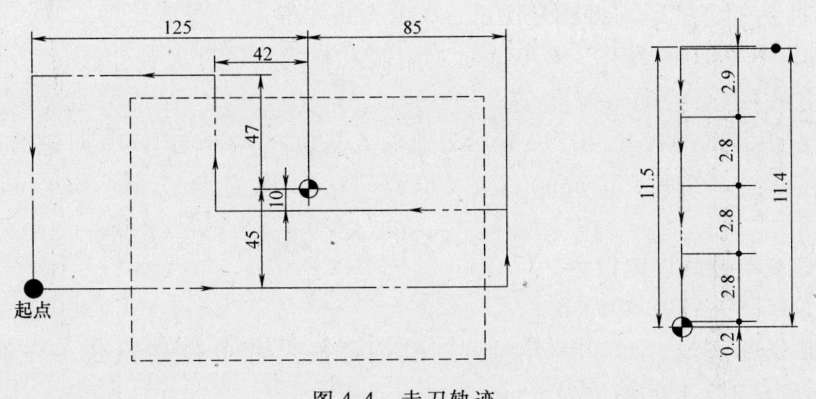

图 4-4　走刀轨迹

由图 4-1 可以看到，总余量为 11.5mm，分粗、精加工完成。粗加工分四次进给，第一次背吃刀量为 2.9mm，其余三次背吃刀量为 2.8mm，留精加工余量为 0.2mm。

多次进给可在子程序采用相对值编程来完成，也可以将一把刀具设置多个长度补偿值，通过调用不同的长度补偿值来实现。

三、编程指令

1. 绝对编程指令与相对编程指令

G90 为绝对值编程，对应着绝对位置数据输入，表示坐标系中目标点的坐标尺寸。

G91 为相对值编程，对应着增量位置数据输入，表示待运行的位移量。

G90、G91 为模态代码，可相互注销（替换），G90 为缺省值；G90、G91 可用于同一程序段中，但要注意其顺序对执行所造成的差异。

在 SIEMENS 802D 系统中，也可用 = AC（ ）和 = IC（ ）表示绝对值编程和增量值编程。

例 4-1　如图 4-5 所示，要求刀具由原点顺序移到 1、2、3 点，再回到原点。

绝对编程（可不写 G90）

```
N1  G00  X20  Y15;
N2  X40  Y50;
N3  X60  Y25;
N4  X0  Y0;
```

相对编程

```
N1  G00  G91  X20  Y15;
N2  X20  Y35;
N3  X20  Y-25;
N4  X-60  Y-25;
```

混合编程

```
N1  G00  X20  Y15;
N2  X40  G91  Y35;
N3  X20  G90  Y25;
N4  G91  X-60  G90  Y0;
```

= AC（ ）和 = IC（ ）;

```
N1  G0  X20  Y15;
N2  X40  Y=IC(35);
N3  X=IC(20)  Y=AC(25);
N4  X=AC(0)  Y=IC(-25);
```

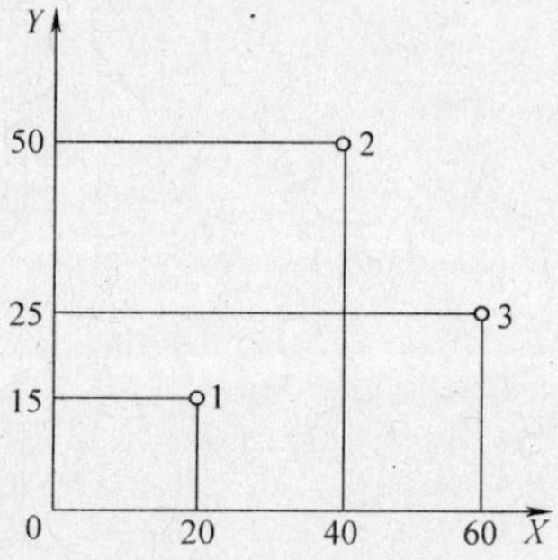

图 4-5　例 4-1 图

☆　**1. G90 和 G91 只影响坐标值的属性，不决定到达终点位置的轨迹。**

2. G90 和 G91 混合使用时，一定要注意坐标值的转换，防止坐标轴误动作。

2. 尺寸单位选择指令

1）HNC-21/22M 系统中，G20 表示英制输入制式，单位为英寸（in）；G21 表示米制输入制式，单位为毫米（mm）。

G20、G21 为模态代码，可相互注销，G21 为缺省值。

2）SIEMENS 802D 系统中，G70 表示英制输入制式，单位为英寸（in）；G71 表示米制输入制式，单位为毫米（mm）。

G700 表示英制输入制式，G710 表示公制输入制式。G700 与 G710 对进给速度的单位也产生影响，即英寸/分钟（in/min）、英寸/转（in/r）或毫米/分钟（mm/min）、毫米/转（mm/r）。

3. 进给速度单位的设定指令

格式：G94　F__；或 G95　F__；

G94 为每分钟进给，对于线性轴，F 的单位依尺寸单位的设定，分别为 mm/min、in/min；对于旋转轴，F 的单位为 r/min。

G95 为每转进给，即主轴旋转一周时刀具的进给量，F 的单位依尺寸单位的设定，分别为 mm/r、in/r，这个功能只在主轴装有编码器时才能使用。

G94 与 G95 为模态代码，可相互注销，G94 为缺省值。

☆　**G94 与 G95 中的 F 可以不写，而在后续的程序中给出。**

4. 快速定位指令

格式：

1）HNC-21/22M 系统：G00　X__　Y__　Z__;

2）SIEMENS 802D 系统：G0　X__　Y__　Z__;

其中，X、Y、Z 为快速定位的终点，绝对值编程时为终点的坐标值，增量值编程时为终点相对当前起点的位移增量。

G00 为模态代码，可由同组其他功能指令注销。

☆　**1. G00 指令执行时，刀具相对于工件以各轴预先设定的速度，从当前位置快速移动到程序段指令指定的定位目标点。**

2. G00 指令执行时的快移速度由机床参数对各轴分别设定，不能用 F 指令规定。

3. G00 一般用于加工前快速定位或加工后快速退刀；快移速度可由面板上的进给修调旋钮改变。

4. 当几个轴同时快速定位时，移动的轨迹一般不是直线，所以特别要注意避免刀具在快速定位时与工件发生碰撞。在快速退刀时，一般先将 Z 轴移到安全高度，再定位其他轴。

5. 线性进给指令

格式：

1）HNC-21/22M 系统：G01　X__　Y__　Z__　F__;

2）SIEMENS 802D 系统：G1　X__　Y__　Z__　F__;

其中，X、Y、Z 为线性进给的终点，绝对值编程时为终点的坐标值，增量值编程时为终点相对当前起点的位移增量；F 为合成进给速度。

图 4-5 中，从 1 点线性进给到 2 点，程序段为“G01　X40　Y50　F150;”或“G01　G91　X20　Y35　F150;”等几种。

G01 为模态代码，可由同组其他功能指令注销。

☆　**1. 从 1 点线性进给到 2 点，刀具的实际轨迹是 1 到 2 的直线，而从 1 点到 2 点的快速定位，刀具的运行轨迹一般并不是直线。**

2. G01 用于工件的加工和慢速接近工件。

3. 指令中的 F 可以不定义，但在 G01 指令前的其他程序段必须给出合理的 F 值；在没有定义 F 的情况下用 G01 使刀具与工件接触或加工工件是非常危险的，此时刀具可能会快速进给。

6. 平面选择

坐标平面选择指令是用来选择坐标平面的。右手笛卡儿坐标系的三个互相垂直的轴 X、Y、Z，两两组合分别构成三个平面，即 XY 平面、ZX 平面和 YZ 平面。G17 表示选择 XY 平面；G18 表示选择 ZX 平面；G19 表示选择 YZ 平面，如图 4-6 所示。数控系统一般默认 G17 指令，故 G17 指令一般可省略。

移动指令与平面选择无关，如执行“G17　G01　Z10;”指令时，Z 轴照样会移动。

7. SIEMENS 802D 系统中的刀具指令 T 和刀具补偿 D

（1）刀具指令 T　用 T 指令编程可以选择刀具。有两种方法来执行：一种是用 T 指令直

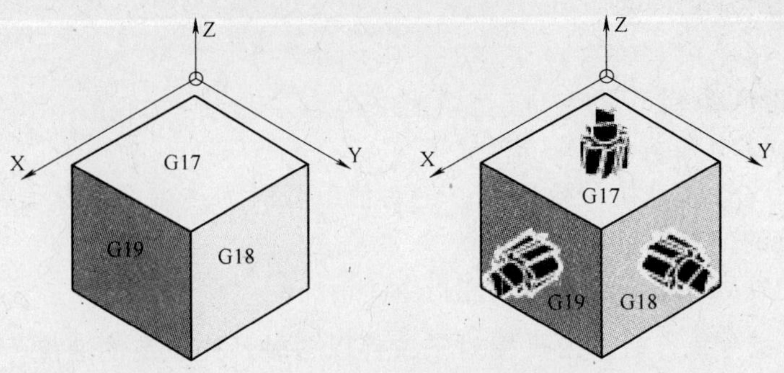

图 4-6　平面选择

接更换刀具（比如车床）；另一种是仅用 T 指令进行刀具的预选，换刀必须由 M6 来执行。具体用哪一种，在机床参数中确定。

格式：T__；

其中，刀具号为 1～32000，T0 表示没有刀具。系统中最多同时存储 32 把刀具。

例 4-2　刀具更换方式。

1）不用 M6 更换刀具。

N10　T1；　　　　刀具 1

…

N70　T558；　　　刀具 558

2）用 M6 更换刀具。

N10　T14；　　　　预选刀具 14

N20　M6；　　　　执行刀具更换，然后 T14 有效

（2）刀具补偿 D　一个刀具可以匹配 1～9 个不同补偿的数据组（用于多个切削沿）。用 D 及其相应的序号可以编制一个专门的切削刃。D 后的序号称为刀沿号。

如果没有编写 D 指令，则 D1 自动生效；如果编程 D0，则刀具补偿无效。

格式：D__；　　　　刀具补偿号 1～9

说明：

1）每把刀具可以匹配多个刀具补偿号，但系统中最多可以同时存储 64 个刀具补偿数据组。刀具补偿号匹配举例如图 4-7 所示。

T1	D1	D2	D3		D9
T2	D1				
T3	D1				
T6	D1	D2	D3		
T9	D1	D2			
T_	D1	D2			

图 4-7　刀具补偿号匹配举例

2）刀具更换后，程序中调用的刀具长度补偿、半径补偿立即生效；如果没有编程 D 刀沿号，则 D1 自动生效。先编程的长度补偿先执行，对应的坐标轴也先运行。

例 4-3　刀具更换与刀具补偿。

1）不用 M6 更换刀具（只用 T）。

```
G17;              确定待补偿的平面
T1;               更换刀具 1,T1 中 D1 自动生效
G0  Z__;          在 G17 平面中,Z 是刀具长度补偿,长度补偿在此覆盖
T4  D2;           更换刀具 4,T4 中 D2 值生效
…
G00  Z__  D1;     刀具 4 中 D1 值生效,在此更换切削刃(即更换刀具补偿值)
```

2）用 M6 更换刀具。

```
G17;              确定待补偿的平面
T1;               预选刀具
…
M6;               更换刀具,T1 中 D1 值生效
G00  Z__;         在 G17 平面中,Z 是刀具长度补偿,长度补偿在此覆盖
…
G00  Z__  D2;     刀具 1 中 D2 值生效,D1→D2 长度补偿的差值在此覆盖
T4;               刀具预选 T4,注意:T1 中 D2 仍然有效
…
D3  M06;          更换刀具 4,T4 中 D3 值生效
…
```

☆　同一把刀具可对应多个刀沿号。同一把刀具的不同刀沿号里包含着这把刀具的不同补偿数据，以适应这把刀具的不同加工需求（如粗、精加工等）。在 SIEMENS 802D 系统中，长度补偿值在通过相应的刀沿号调入后自动生效并进行补偿，而不使用 G43、G44 和 G49 指令。而刀具半径补偿值也在使用相应的刀沿号时被调入，但只有在程序中出现 G41 或 G42 时，半径补偿值才有效。

8. 子程序调用与返回

1）HNC-21/22M 系统。

调用格式：M98　P__　L__;

返回格式：M99;

P 的参数为被调用的子程序名，L 为调用子程序的次数。

2）SIEMENS 802D 系统。

调用格式：子程序名　P__;

返回格式：RET 或 M2 或 M17

P 为调用子程序的次数。

调用子程序和子程序返回都应作为一个独立的程序段书写。

图 4-8　轮廓形状

子程序一般用来编写经常重复进行的加工，比如某一确定的轮廓形状，如图 4-8 所示，或者某一特定的相同循环路

径，如本节任务的程序。

图 4-8 中，可以将下刀、轮廓的加工、抬刀作为子程序来编写，而主程序只负责刀具的定位和子程序的调用，这样做可以使整个程序清晰明了。

子程序不仅可以从主程序调用，也可以从其他子程序调用，这个过程称为子程序的嵌套调用。

☆　在子程序中可以改变模态有效的 G 功能，比如 G90 到 G91 的变换。在返回调用程序时请注意检查一下所有模态有效的功能指令，并按照要求进行调整。

四、参考程序

1. HNC-21/22M 系统程序

程序	说明
%0001;	程序名
N1　G54　G90　G17　G21　G94　G49　G40;	建立工件坐标系，绝对编程，XY 平面，米制编程，分进给，取消长度、半径补偿
N2　G28　Z100;	定位到换刀点
N3　M6　T1;	换 1 号刀：ϕ80mm 端铣刀
N4　M03　S450　F200;	主轴正转，转速 450r/min，进给速度为 200mm/min
N5　G00　G43　Z150　H01;	Z 轴快速定位，调用 1 号长度补偿值（刀具表的 1 号位置）
N6　X-125　Y-45;	X、Y 轴快速定位
N7　Z11.4;	Z 轴快速定位
N8　M98　P1000　L4;	调用子程序%1000，调用 4 次。第一次背吃刀量为 2.9mm，其余三次背吃刀量为 2.8mm，留 0.2mm 精加工余量
N9　G00　Z150;	Z 轴快速退刀
N10　S800　F160;	主轴正转，转速 800r/min，进给速度为 160mm/min
N11　Z2.8　M07;	Z 轴快速定位，切削液开
N12　M98　P1000;	调用子程序%1000，精加工
N13　G49　G00　Z150　M09;	Z 轴快速退刀，取消长度补偿，切削液关
N14　M05;	主轴停转
N15　M30;	程序结束
%1000;	子程序名%1000
N1　G91　G01　Z-2.8;	相对值编程，每次背吃刀量
N2　G90　X85;	绝对值编程，X 轴进给
N3　G00　Y-10;	Y 轴快速定位
N4　G01　X-42;	X 轴进给
N5　Y47;	Y 轴进给
N6　X-125;	X 轴快速定位
N7　G00 Y-45;	Y 轴快速定位
N8　M99;	子程序结束，返回主程序

2. SIEMENS 802D 系统程序

程序	说明
%_N_LJ0001_MPF	程序名：LJ0001

; $ PATH = /__N__MPF__DIR;	
N1　G54　G90　G17　G71　G94　G40;	建立工件坐标系,绝对编程,XY 平面,米制编程,分进给,取消刀具半径补偿
N2　T1;	选 1 号刀
N3　L6;	换刀(L6 为换刀子程序)
N4　M3　S450　F200;	主轴正转,定义主轴转速及进给速度(粗加工)
N5　G0　Z150　D1;	Z 轴快速定位,调用 1 号刀的 1 号补偿值
N6　X-125　Y-45;	X、Y 轴快速定位
N7　Z11.4;	Z 轴进给
N8　L1　P4;	调用子程序 L1 四次
N9　G0　Z150;	Z 轴快速退刀,准备提高主轴转速
N10　S800　F160;	主轴正转,转速 800r/min,进给速度 160mm/min(精加工)
N11　G0　X-125　Y-45　M8;	X、Y 轴快速定位,切削液开
N12　Z2.8;	Z 轴快速定位
N13　L1;	调用子程序 L1
N14　G0　Z150　M9;	Z 轴快速退刀,切削液关
N15　M5;	主轴停转
N16　M30;	程序结束

%__N__L1__SPF	
; $ PATH = /__N__SPF__DIR	子程序名 L1
N1　G91　G1　Z-2.8;	相对值编程,每次背吃刀量
N2　G90　X85;	绝对值编程,X 轴进给
N3　G0　Y-10;	Y 轴快速定位
N4　G1　X-42;	X 轴进给
N5　Y47;	Y 轴进给
N6　G0　X-125;	X 轴快速定位
N7　Y-45;	Y 轴快速定位
N8　RET;	子程序结束,返回主程序

五、端面铣削循环

在 SIEMENS 802D 系统中，有专门用于端面铣削的固定循环指令——CYCLE71。

循环是指用于特定加工过程的工艺子程序，比如用于钻孔、铣槽和螺纹切削等。只要改变循环指令中的参数，循环指令就可以用于各种具体的加工过程。

1. SIEMENS 802D 系统固定循环中各平面的定义

SIEMENS 802D 系统固定循环中各平面的定义如图4-9所示。

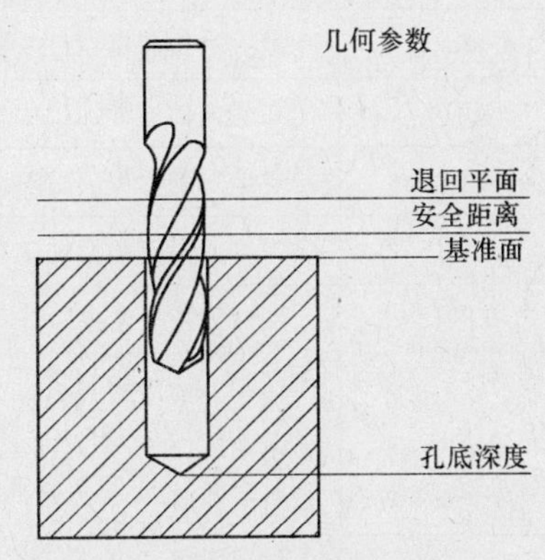

图 4-9　固定循环中各平面的定义

(1) 加工开始平面（安全距离）　这一平面为固定循环加工时，在 Z 向由快速转变为进给的位置，不管刀具在 Z 轴方向的起始位置如何，固定循环执行时的第一个动作总是将刀具沿 Z 向快速移动到这一平面上，因此，必须选择加工开始平面高于加工表面。

（2）加工底平面（孔底深度） 这一平面的选择决定了最终孔深，因此加工底平面在Z向坐标即可作为加工底平面。

（3）加工返回平面（退回平面） 这一平面规定了在固定循环中Z轴加工至底平面后返回到哪一位置，而在这一位置上，工作台XY平面应可以作定位运动而不会发生干涉，因此，加工返回平面必须等于或高于加工开始平面。

2. 端面铣削 CYCLE71

格式：CYCLE71（RTP，RFP，SDIS，DP，PA，PO，LENG，WID，STA，MID，MIDA，FDP，FALD，FFP1，VARI，FDP1）

功能：可以铣削任何矩形端面。循环识别粗加工（分步连续加工端面直至精加工）和精加工（端面的最后一步加工）。可以定义最大宽度和深度进给量。循环运行时不带刀具半径补偿。深度进给在开口处进行。如果加工与坐标轴有一定夹角的平面，其参数通过STA给定。

图4-10为端面铣削中的连续加工方式。各参数的含义见表4-4。

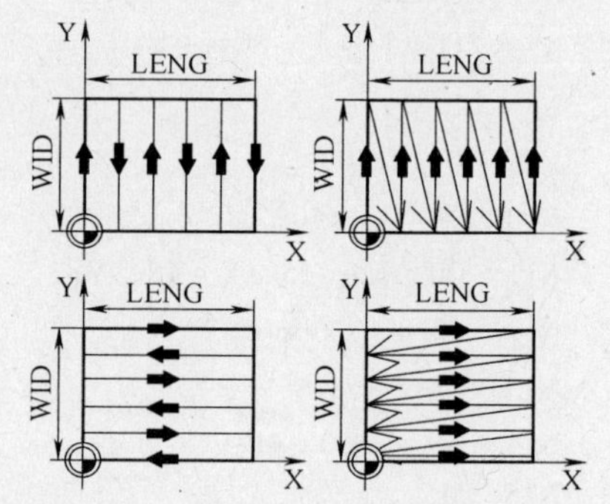

图4-10 端面铣削中的连续加工方式

表4-4 CYCLE71的参数及含义

参数	含义
RTP	返回平面(绝对值,即返回平面在工件坐标系中的坐标值)
RFP	基准面(绝对值,即基准面在工件坐标系中的坐标值)
SDIS	安全距离(无符号,工件开始加工表面到基准面的距离)
DP	槽深(绝对值)
PA	起始点的横坐标(绝对值)
PO	起始点的纵坐标(绝对值)
LENG	横轴(第一轴)上的矩形长度,增量。尺寸的起始角度由符号产生
WID	纵轴(第二轴)上的矩形长度,增量。尺寸的起始角度由符号产生
STA	端面纵向轴和端面第一轴间的角度(无符号输入)。取值:0°≤STA<180°
MID	最大进给深度(无符号输入)
MIDA	在平面的连续加工中作为数值的最大进给宽度
FDP	空运行的行程(铣削路径结束后的返回行程)(增量,无符号输入)
FALD	深度方向上的精加工余量(无符号输入)
FFP1	端面加工进给率
VARI	加工类型(两位数)。个位:1(粗加工)或2(精加工);十位:1(平行于横坐标,在一个方向)、2(平行于纵坐标,在一个方向)、3(平行于横坐标,方向交替)、4(平行于纵坐标,方向交替),方向交替指可以来回铣削
FDP1	溢出行程(增量,方向可交替)

例 4-4　根据下列参数编制加工程序

返回平面：10mm

参考平面：0mm

安全间隙：2mm

铣削深度：－11mm

矩形起始点：$X=100$mm　$Y=100$mm

矩形尺寸：$X=+60$mm　$Y=+40$mm

平面中的旋转角度：10°

最大进给深度：6mm

最大进给宽度：10mm

铣削路径结束时的返回行程 5mm

无精加工余量

端面加工进给率：4000mm/min

加工类型：粗加工，平行于 X 轴，方向可交替

由于刀刃的几何结构导致在最后切削时的超程：2mm

使用的铣刀半径为 10mm。

程序为

```
T2  D2;
G17  G0  G90  G54  G94  F2000  X0  Y0  Z20;                  回到起始位置
CYCLE71(10,0,2,-11,100,100,60,40,10,6,10,5,0,4000,31,2);   循环调用
G0  X0  Y0;
M30;                                                          程序结束
```

☆　**本例不适合使用端面铣削固定循环指令。**

第四节　凹 槽 加 工

加工图 4-1 所示零件中宽 26mm 的凹槽，加工效果如图 4-11 所示。

凹槽通常采用键槽铣刀进行粗铣，再用键槽铣刀或能作轴向进给的立铣刀进行精铣。如果槽比较深，在用键槽铣刀铣削之前应预钻工艺孔，用于下刀。

凹槽的加工路线有行切、环切和先行切后环切三种方式。

槽或轮廓在深度（如 Z 向）和平面方向（如 X、Y 向）都可以采用缩放功能分层加工。

一、加工思路

选用 ϕ14mm 的键槽铣刀粗铣，分两次下刀，侧面及底面均留 0.2mm 精加工余量；精加工采用 ϕ14mm 四刃立铣刀（能轴向进给），如立铣刀不能作轴向进给，则应采用斜向下刀。

粗、精加工采用同一子程序进行。因槽比较窄，采用环切方式加工。在使用刀具半径补

偿时，编程轨迹为工件的轮廓，图 4-12 所示的走刀轨迹为在使用刀具半径补偿以后，刀具中心（即刀位点）的走刀轨迹。

在 SIEMENS 802D 系统中有专门用于槽铣削加工的固定循环指令，可以简化编程。

图 4-11　凹槽加工

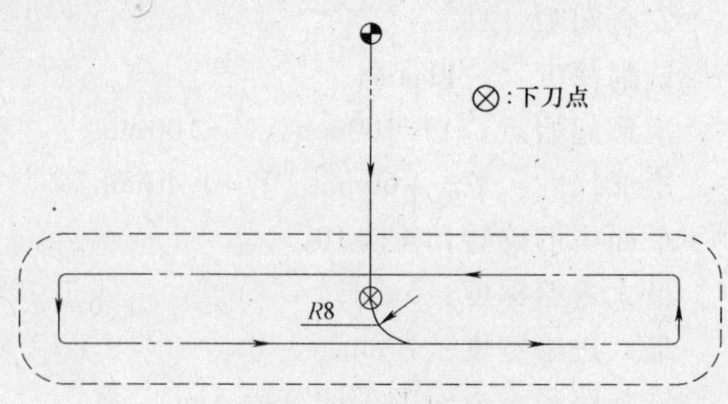

图 4-12　走刀轨迹

☆　**侧面的粗、精加工采用半径补偿值的不同来完成，而底面的粗、精加工采用长度补偿值来完成。因键槽铣刀与用于铣槽的立铣刀直径相同，则可以采用同一个子程序来完成粗、精加工。从表 4-3 可以看出，在 HNC-21/22M 系统中，用于粗加工的键槽铣刀的半径值设为 7.2mm，分别用 D2 和 D3 调用；长度补偿值设置两个，若其标准长度为 -20mm（即比用于对刀的刀具短 20mm），则 H2 设为 -14.8mm（用于下第一刀），H3 设为 -19.8mm（用于下第二刀，并留精加工余量 0.2mm）。同样，在 SIEMENS 802D 系统中，键槽铣刀拥有两个刀沿 D1 和 D2，D1 中设置刀具长度为 -14.8mm、刀具半径 7.2mm，D2 中设置刀具长度为 -19.8mm、刀具半径 7.2mm。用于精加工的立铣刀半径值设为 7mm，长度补偿值设为其标准长度（只有一个刀沿）。**

二、编程指令

1. 圆弧插补

圆弧有顺圆弧（G02/G2）和逆圆弧（G03/G3）之分，不同平面中顺圆弧、逆圆弧的判别方法是沿着不在圆弧平面内的坐标轴，由正方向向负方向看，顺时针方向为 G02，逆时针方向为 G03，如图 4-13 所示。

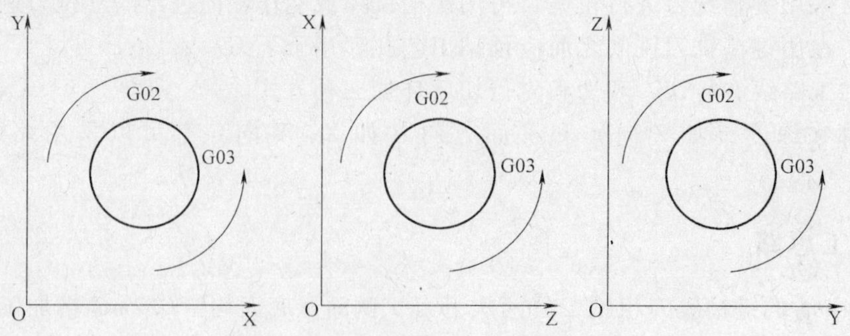

图 4-13　圆弧插补 G02/G03 在三个平面内的方向规定

在 SIEMENS 802D 系统中，圆弧可以用不同的方法进行描述，如图 4-14 所示。

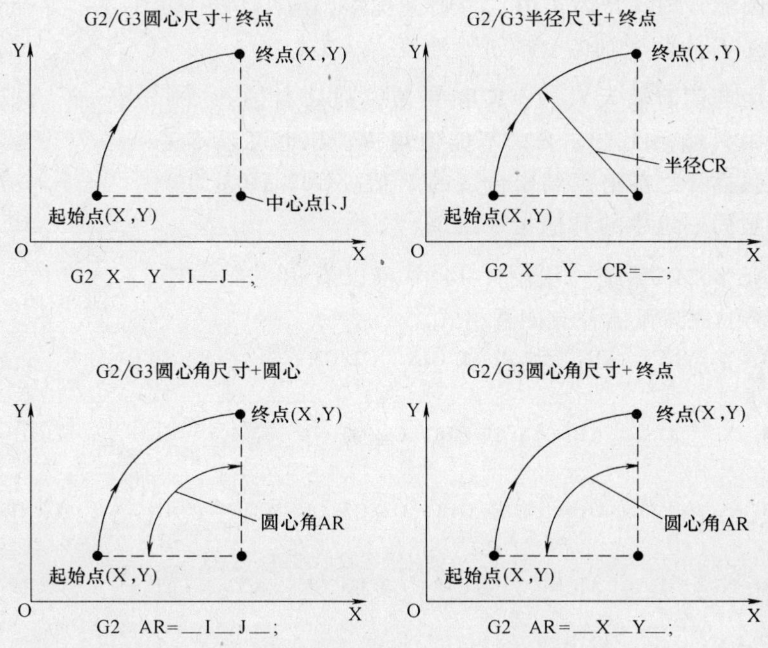

图 4-14　用 G2/G3 圆弧编程的方法（X/Y 轴系坐标）

格式：

1）HNC-21/22M 系统。

G17 $\begin{Bmatrix} G02 \\ G03 \end{Bmatrix}$ X__ Y__ $\begin{Bmatrix} I\_\_ \quad J\_\_ \\ R\_\_ \end{Bmatrix}$ F__;

G18 $\begin{Bmatrix} G02 \\ G03 \end{Bmatrix}$ X__ Z__ $\begin{Bmatrix} I\_\_ \quad K\_\_ \\ R\_\_ \end{Bmatrix}$ F__;

G19 $\begin{Bmatrix} G02 \\ G03 \end{Bmatrix}$ Y__ Z__ $\begin{Bmatrix} J\_\_ \quad K\_\_ \\ R\_\_ \end{Bmatrix}$ F__;

其中，G02 为顺时针圆弧插补，G03 为逆时针圆弧插补；G17 为 XY 平面的圆弧，G18 为 ZX 平面的圆弧，G19 为 YZ 平面的圆弧；X、Y、Z 为圆弧终点，G90 编程时为圆弧终点在工件坐标系中的坐标值，G91 编程时为圆弧终点相对于圆弧起点在对应坐标轴上的位移量；I、J、K 为圆弧圆心相对圆弧起点在 X、Y、Z 三个方向上的偏移量（等于圆心的坐标减去圆弧起点的坐标），如图 4-15 所示。R 为圆弧半径，当圆弧圆心角小于 180°（劣弧，

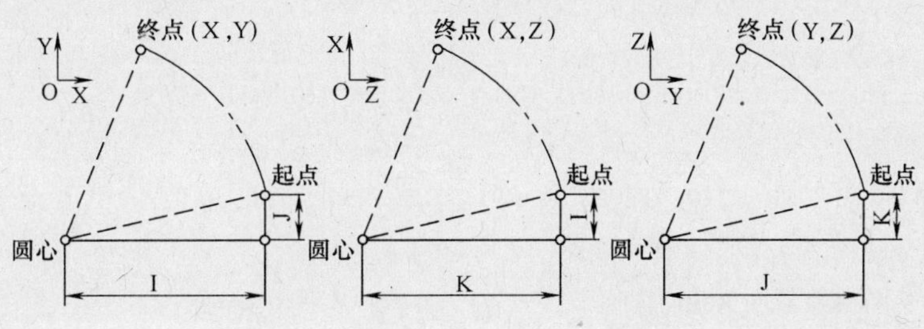

图 4-15　各平面中 I、J、K 的定义

图 4-16 中的 a 圆弧）时，R 为正值，否则（优弧，图 4-16 中的 b 圆弧）为负值；F 为两个轴的合成进给速度。

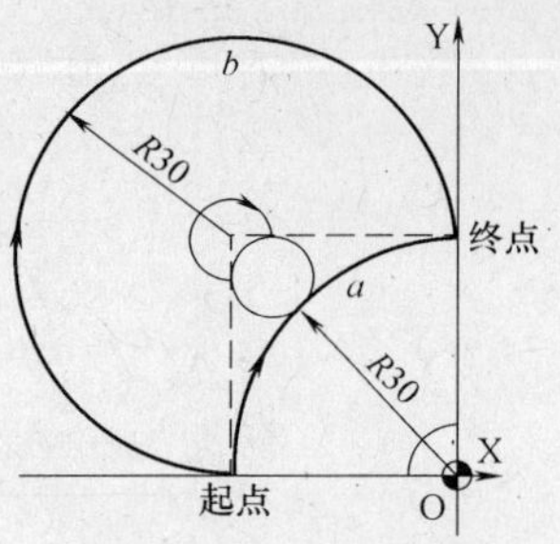

图 4-16　优弧与劣弧

☆　**指令中若同时编入 I、J、K 和 R 值，则 R 有效；加工整圆，指令中只能用 I、J、K，不能使用 R；F 也可以不给出，但在圆弧插补之前必须给出合适的 F 值。G02/G03 为模态指令，可被同一组中的其他指令注销。**

2）SIEMENS 802D 系统。从图 4-14 中可以看出，在 SIEMENS 802D 系统中，圆弧插补有四种格式。

G17　G2/G3　X__　Y__　I__　J__；或 G18　G2/G3　X__　Z__　I__　K__；或 G19　G2/G3　Y__　Z__　J__　K__；

G17　G2/G3　X__　Y__　CR =__；或 G18　G2/G3　X__　Z__　CR =__；或 G19　G2/G3　Y__　Z__　CR =__；

G17　G2/G3　I__　J__　AR =__；或 G18　G2/G3　I__　K__　AR =__；或 G19　G2/G3　J__　K__　AR =__；

G17　G2/G3　X__　Y__　AR =__；或 G18　G2/G3　X__　Z__　AR =__；或 G19　G2/G3　Y__　Z__　AR =__；

其中，CR 为圆弧半径，当圆心角小于或等于 180°时，CR 取正值，否则取负值；AR 为圆弧圆心角；其余参数的含义及用法与 HNC-21/22M 系统相同。

例 4-5　加工图 4-16 所示 a、b 圆弧。

1）HNC-21/22M 系统中，a 圆弧的加工指令为

G90　G02　X0　Y30　R30　F300；或 G90　G02　X0　Y30　I30　J0　F300；

G91　G02　X30　Y30　R30　F300；或 G91　G02　X30　Y30　I30　J0　F300；

b 圆弧的加工指令为

G90　G02　X0　Y30　R－30　F300；或 G90　G02　X0　Y30　I0　J30　F300；

G91　G02　X30　Y30　R－30　F300；或 G91　G02　X30　Y30　I0　J30　F300；

2）SIEMENS 802D 系统中，a 圆弧的加工指令为

G90　G2　X0　Y30　I30　J0　F300；或 G91　G2　X30　Y30　I30　J0　F300；

G90　G2　X0　Y30　CR＝30　F300；或 G91　G2　X30　Y30　CR＝30　F300；

G90　G2　I30　J0　AR＝90　F300；或 G91　G2　I30　J0　AR＝90　F300；

G30　G2　X0　Y30　AR＝90　F300；或 G91　G2　X30　Y30　AR＝90　F300；

b 圆弧的加工指令为

G90　G2　X0　Y30　I0　J30　F300；或 G91　G2　X30　Y30　I0　J30　F300；

G90　G2　X0　Y30　CR＝－30　F300；或 G91　G2　X30　Y30　CR＝－30　F300；

G90　G2　I0　J30　AR＝270　F300；或 G91　G2　I0　J30　AR＝270　F300；

G90　G2　X0　Y30　AR＝270　F300；或 G91　G2　X30　Y30　AR＝270　F300；

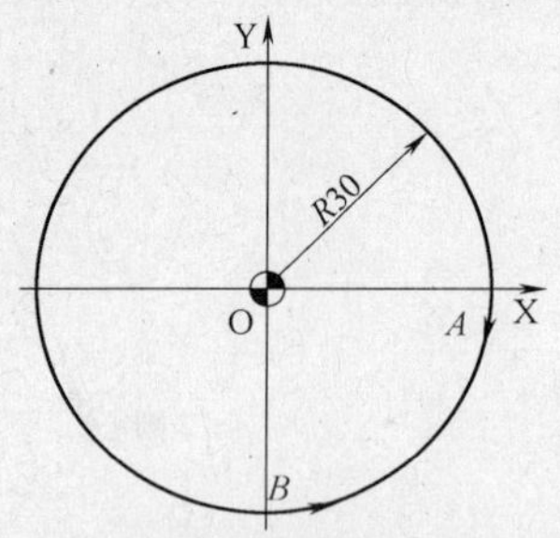

图 4-17　整圆编程

例 4-6　加工图 4-17 所示的整圆。

1）HNC-21/22M 系统中，从 A 点顺时针加工整圆，加工指

令为

G90 G02 X30 Y0 I-30 J0 F300；或 G91 G02 X0 Y0 I-30 J0 F300；

从 *B* 点逆时针加工整圆，加工指令为

G90 G03 X0 Y-30 I0 J30 F300；或 G91 G03 X0 Y0 I0 J30 F300；

2）SIEMENS 802D 系统中，从 *A* 点顺时针加工整圆，加工指令为

G90 G2 X30 Y0 I-30 J0 F300；或 G91 G2 X0 Y0 I-30 J0 F300；

从 *B* 点逆时针加工整圆，加工指令为

G90 G3 X0 Y-30 I0 J30 F300；或 G91 G3 X0 Y0 I0 J30 F300；

2. SIEMENS 802D 系统中的通过中间点进行圆弧插补

如果已知圆弧轮廓上的 3 个点而不知道圆弧的圆心、半径和圆心角，在 SIEMENS 802D 系统中可以用 CIP 功能予以解决。此时，圆弧的方向由中间点（位于圆弧起点和终点之间）的位置确定，中间点的坐标用 I1、J1、K1 表示，中间点的定义：

I1 =__用于 X 轴，J1 =__用于 Y 轴，K1 =__用于 Z 轴。

格式：

G17 CIP X__ Y__ I1 =__ J1 =__；

G18 CIP X__ Z__ I1 =__ K1 =__；

G19 CIP Y__ Z__ J1 =__ K1 =__；

CIP 为模态功能，被定义后一直有效直到被同组的 G 功能（G00、G01、G02、…）取代为止。CIP 指令可以用绝对值 G90、增量值 G91 进行编程，对终点和中间点都有效。用增量值编程时，I1、J1、K1 为相对于圆弧起点的增量值。

例 4-7 加工图 4-18 所示的圆弧。

G90 G0 X30 Y40； 圆弧的起始点

CIP X50 Y40 I1 =40 J1 =45； 终点和中间点

或

G90 G0 X30 Y40； 圆弧的起始点

G91 CIP X20 Y0 I1 =10 J1 =15； 增量值编程

3. SIEMENS 802D 系统中的切线过渡圆弧

在 SIEMENS 802D 系统中，使用 CT 和编程的终点可以使圆弧与前面的轨迹（圆弧或直线）进行切向连接，如图 4-19 所示。

圆弧的半径和圆心可以从前面的轨迹与编程的圆弧终点之间的几何关系得出。

例 4-8 加工图 4-19 所示的圆弧。

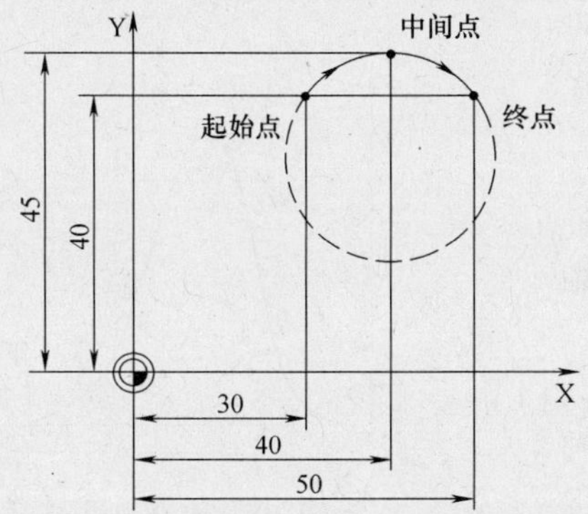

图 4-18 已知终点和中间点的圆弧插补

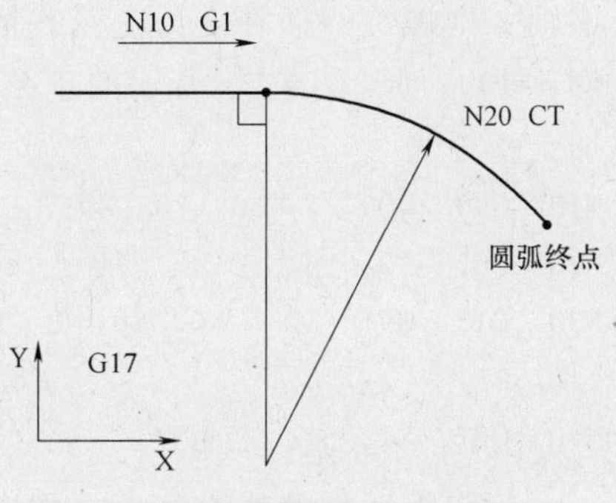

图 4-19 圆弧与前段轨迹切向连接

```
N10  G01  X__  F300;                     直线
N20  CT  X__  Y__;                       切向连接的圆弧
```

4. 螺旋线插补

螺旋插补由两个运动组成：平面中的圆弧运动和垂直该平面的第三轴的直线运动。

格式：

1）HNC-21/22M 系统。

```
G17  G02/G03  X__ Y__  (I__ J__/R__)  Z__ F__;      Z 为第三轴
G18  G02/G03  X__ Z__  (I__ K__/R__)  Y__ F__;      Y 为第三轴
G19  G02/G03  Y__ Z__  (J__ K__/R__)  X__ F__;      X 为第三轴
```

其中，第三轴为第三轴的终点坐标值，其余与圆弧插补相同。在 HNC-21/22M 系统中，螺旋线插补只能加工 360°以内的圆弧。

2）SIEMENS 802D 系统（以 G17 平面为例，Z 轴为第三轴）。

```
G17  G2/G3  X__ Y__ Z__ I__ J__ TURN =__;      圆弧终点与圆心
G17  G2/G3  X__ Y__ Z__ CR =__ TURN =__;       圆弧终点与半径
G17  G2/G3  I__ J__ Z__ AR =__ TURN =__;       圆心与圆心角
G17  G2/G3  X__ Y__ Z__ AR =__ TURN =__;       圆弧终点与圆心角
```

其中，Z 为第三轴终点坐标；TURN 为整圆的个数，即在 SIEMENS 802D 系统中，螺旋线插补指令可以加工大于 360°的圆弧。其余参数与圆弧插补相同。

例 4-9 加工图 4-20 所示的螺旋线。

1）HNC-21/22M 系统的加工指令为

```
G17  G03  X0  Y30  Z10  R30;
```

2）SIEMENS 802D 系统的加工指令为

```
G17  G3  X0  Y30  Z10  CR = 30;
```

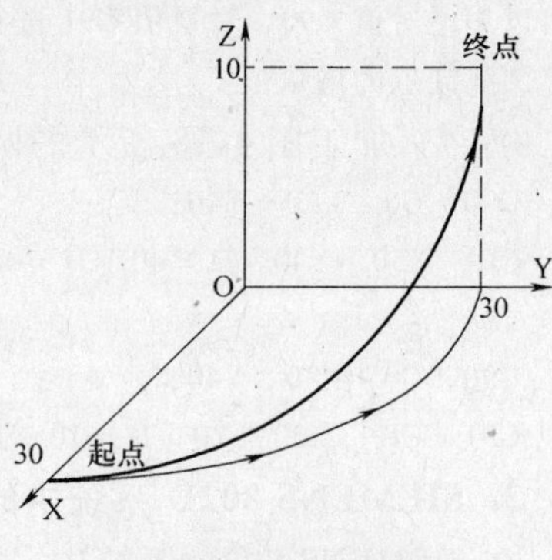

图 4-20 螺旋线插补

5. HNC-21/22M 系统中的虚轴指定指令和正弦线插补

格式：G07 X__ Y__ Z__

其中，X、Y、Z 为被指令轴，若被指令轴后跟数字 0，则该轴为虚轴，若跟数字 1，则该轴为实轴。

G07 为虚轴指定和取消指令。

若一轴为虚轴，则此轴只参加计算，不运动，若要使之运动，需用 G07 指令将其指定为实轴。

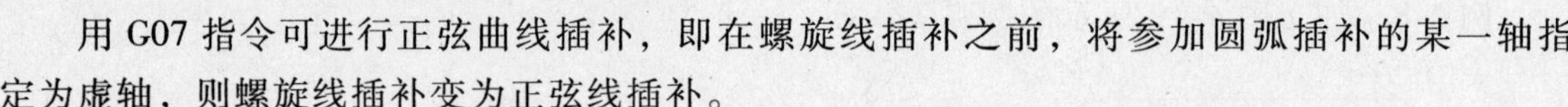

用 G07 指令可进行正弦曲线插补，即在螺旋线插补之前，将参加圆弧插补的某一轴指定为虚轴，则螺旋线插补变为正弦线插补。

例 4-10 加工图 4-21 所示的正弦线。

加工指令为

```
N10  G90  G00  X-50  Y0  Z0;               到达螺旋线的起始点
N20  G07  X0;                              将 X 轴指定为虚轴
N30  G17  G91  G03  X0  Y0  I0  J50  F800;
                                           加工正弦曲线
N40  G07  X1;                              将 X 轴指定为实轴
```

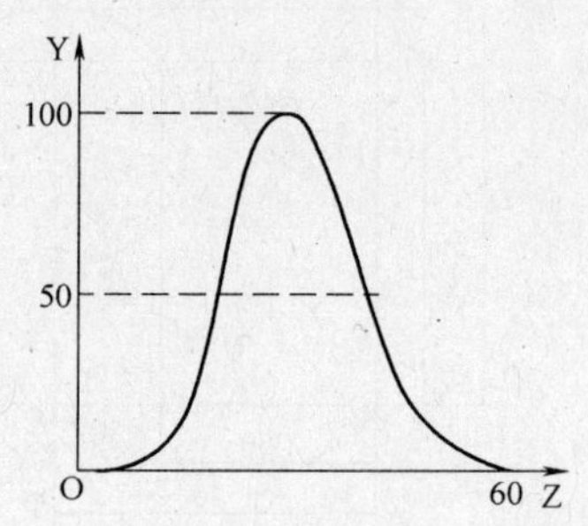

图 4-21 正弦线插补

☆ **正弦线即螺旋线在某一平面内的投影。**

三、参考程序

1. HNC-21/22M 系统程序

程序	说明
%0001;	程序名
N1 G54 G90 G17 G21 G94 G49 G40;	建立工件坐标系,绝对编程,XY 平面,米制编程,分进给,取消长度、半径补偿
N2 G28 Z100;	定位到换刀点
N3 M6 T2;	换 2 号刀:ϕ14mm 键槽铣刀(粗铣)
N4 M03 S600 F60;	主轴正转,转速 600r/min,进给速度为 60mm/min
N5 G00 G43 Z150 H02 D02;	Z 轴快速定位,调用 2 号长度补偿值(刀具表的 2 号位置)并引入 2 号半径补偿值
N6 M98 P1001;	调用子程序%1001,下第一刀
N7 G00 G43 Z2 H03;	调用键槽铣刀的 3 号长度补偿值(刀具表的 3 号位置)
N8 M98 P1002;	调用子程序%1001,下第二刀
N9 G40 G01 X20 Y-47;	取消刀具半径补偿
N10 G49 G00 Z150 M09;	Z 轴快速退刀,取消长度补偿,切削液关
N11 M05;	主轴停转
N12 G28 Z100;	定位到换刀点
N13 M6 T8;	换 8 号刀,ϕ14mm 四刃立铣刀(精铣)
N14 M03 S800 F100;	主轴正转,转速 800r/min,进给速度为 100mm/min
N15 G00 G43 Z150 H11 D11;	Z 轴快速定位,调用 11 号长度补偿值(刀具表的号位置)并引入 11 号半径补偿值
N16 M98 P1001;	调用子程序%1001 进行精加工
N17 G40 G01 X20 Y-47;	取消刀具半径补偿
N18 G49 G00 Z150 M09;	Z 轴快速退刀,取消长度补偿,切削液关
N19 M05;	主轴停转
N20 M30;	程序结束

程序	说明
%1001;	子程序名%1001
N1 G00 G41 X0 Y0 M07;	调用刀具半径补偿,打开切削液
N2 Y-53;	Y 向快速定位
N3 Z2;	Z 向快速定位
N4 G01 Z-10;	Z 向进给
N5 G03 X8 Y-61 R8;	圆弧切向内轮廓
N6 M98 P1002;	调用子程序%1002
N7 M99;	子程序结束,返回主程序

程序	说明
%1002;	子程序名%1002
N1 G01 X52;	X 向加工
N2 G03 X60 Y-53 R8;	圆弧加工
N3 G01 Y-43;	Y 向加工
N4 G03 X52 Y-35 R8;	圆弧加工

```
N5  X-52;                               X 向加工
N6  G03  X-60  Y-43  R8;                圆弧加工
N7  G01  Y-53;                          Y 向加工
N8  G03  X-52  Y-61  R8;                圆弧加工
N9  G01  X8;                            X 向加工
N10  M99;                               子程序结束,返回上级程序
```

2. SIEMENS 802D 系统程序

```
%__N__LJ0001__MPF                       程序名 LJ0001
;$ PATH=/__N__MPF__DIR;
N1  G54  G90  G17  G71  G94  G40;       建立工件坐标系,绝对编程,XY 平面,米制编程,分进
                                        给,取消刀具半径补偿
N2  T2;                                 选 2 号刀
N3  L6;                                 换刀(L6 为专用换刀子程序)
N4  M3  S600  F60;                      主轴正转,定义主轴转速及进给速度(粗加工)
N5  G0  Z150  D1;                       Z 轴快速定位,调用 2 号刀的 1 号刀沿(补偿值)
N6  L2;                                 调用子程序 L2
N7  G0  Z2  D02;                        调用 2 号刀的 2 号刀沿
N8  L3;                                 调用子程序 L3
N9  G40  G1  X20  Y-47;                 取消刀具半径补偿
N10  G0  Z150  M9;                      Z 轴快速退刀,切削液关
N11  M5;                                主轴停止
N12  T8;                                选 8 号刀
N13  L6;                                换刀
N14  M3  S800  F100;                    主轴正转,转速 800r/min,进给速度 100mm/min
N15  G0  Z150  D1;                      Z 轴快速定位,调用号刀的 1 号刀沿
N16  L2;                                调用子程序 L2
N17  G40  G1  X20  Y-47;                取消刀具半径补偿
N18  G0  Z150  M9;                      Z 向快速退刀,切削液关
N19  M5;                                主轴停转
N20  M30;                               程序结束

%__N__L2__SPF
;$ PATH=/__N__SPF__DIR;                 子程序名 L2
N1  G0  G41  X0  Y0  M8;                调用刀具半径补偿,打开切削液
N2  Y-53;                               Y 向快速定位
N3  Z2;                                 Z 向快速定位
N4  G1  Z-10;                           Z 向进给
N5  G3  X8  Y-61  R8;                   圆弧切向内轮廓
N6  L3;                                 调用子程序%1002
N7  RET;                                子程序结束,返回主程序

%__N__L3__SPF
;$ PATH=/-N-SPF-DIR;                    子程序名 L3
```

```
N1  G1  X52;                    X 向加工
N2  G3  X60  Y-53  R8;          圆弧加工
N3  G1  Y-43;                   Y 向加工
N4  G3  X52  Y-35  R8;          圆弧加工
N5  G1  X-52;                   X 向加工
N6  G3  X-60  Y-43  R8;         圆弧加工
N7  G1  Y-53;                   Y 向加工
N8  G3  X-52  Y-61  R8;         圆弧加工
N9  G1  X8;                     X 向加工
N10  RET;                       子程序结束,返回上级程序
```

四、槽铣削固定循环

SIEMENS 802D 系统有专门用于各种类型槽铣削的固定循环。

1. 圆弧槽 SLOT1

格式：SLOT1（RTP，RFP，SDIS，DP，DPR，NUM，LENG，WID，CPA，CPO，RAD，STA1，INDA，FFD，FFP1，MID，CDIR，FAL，VARI，MIDF，FFP2，SSF）；

功能：SLOT1 循环是一个综合的粗加工和精加工循环。使用此循环可以加工环形排列槽。槽的纵向轴按放射状排列。

该循环要求铣刀带端面齿，切削刃超过刀具中心（如键槽铣刀）。

工作过程如图 4-22 所示，参数及含义见表 4-5。

表 4-5　SLOT1 的参数及含义

参　数	含　义
RTP	返回平面(绝对值)
RFP	基准平面(绝对值)
SDIS	安全距离(无符号输入)
DP	槽深(绝对值)
DPR	相对于基准平面的槽深(无符号输入)
NUM	槽的数量
LENG	槽的长度(无符号输入)
WID	槽的宽度(无符号输入)
CPA	圆弧中心点的横坐标(绝对值)
CPO	圆弧中心点的纵坐标(绝对值)
RAD	圆弧半径(无符号输入)
STA1	起始角
INDA	增量角
FFD	深度加工进给率
FFP1	端面加工进给率
MID	一次进给的最大背吃刀量(无符号输入)。若 MID=0 表示一次切削到槽深
CDIR	加工槽的铣削方向。取值:2(用于 G02)或 3(用于 G03)
FAL	槽边缘的精加工余量(无符号输入)
VARI	加工类型。取值:0(完整加工)、1(只进行粗加工)、2(只进行精加工)
MIDF	精加工时的最大背吃刀量
FFP2	精加工进给率
SSF	精加工速度

例 4-11　铣削图 4-23 所示的圆周分布槽。

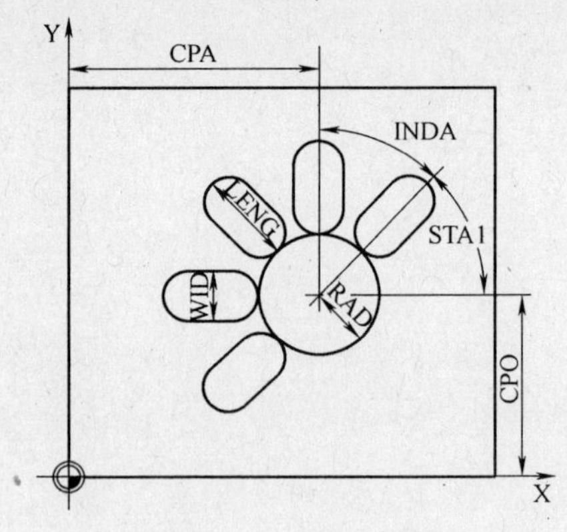

图 4-22　SLOT1 循环

图 4-23　SLOT1 应用示例

```
G17  G90  T1  D1  S600  M3;                                                    确定工艺参数
G0  X20  Y50  Z5;                                                              回到起始位置
SLOT1(5,0,1,-23,  ,4,30,15,40,45,20,45,90,100,320,6,2,0.5,0,  ,0,);  循环调用,参数 VARI,MIDF,
                                                                                FFP2 和 SSF 省略
M30;                                                                           程序结束
```

2. 圆周槽 SLOT2

格式：SLOT2（RTP，RFP，SDIS，DP，DPR，NUM，AFSL，WID，CPA，CPO，RAD，STA1，INDA，FFD，FFP1，MID，CDIR，FAL，VARI，MIDF，FFP2，SSF）；

功能：SLOT2 循环是一个综合的粗加工和精加工循环。使用此循环可以加工分布在圆上的圆周槽。

该循环要求铣刀带端面齿，切削刃超过刀具中心（如键槽铣刀）。

工作过程如图 4-24 所示，参数及含义见表 4-6。

表 4-6　SLOT2 的参数及含义

参　数	含　义
RTP	返回平面(绝对值)
RFP	基准平面(绝对值)
SDIS	安全距离(无符号输入)
DP	槽深(绝对值)
DPR	相对于基准平面的槽深(无符号输入)
NUM	槽的数量
AFSL	槽长的角度(无符号输入)
WID	槽的宽度(无符号输入)
CPA	圆弧中心点的横坐标(绝对值)
CPO	圆弧中心点的纵坐标(绝对值)
RAD	圆弧半径(无符号输入)
STA1	起始角

（续）

参　数	含　义
INDA	增量角
FFD	深度加工进给率
FFP1	端面加工进给率
MID	一次进给的最大背吃刀量(无符号输入)
CDIR	加工槽的铣削方向。取值:2(用于 G02)或 3(用于 G03)
FAL	槽边缘的精加工余量(无符号输入)
VARI	加工类型。取值:0(完整加工)、1(只进行粗加工)、2(只进行精加工)
MIDF	精加工时的最大背吃刀量
FFP2	精加工进给率
SSF	精加工速度

例 4-12　加工图 4-25 所示的圆周槽。

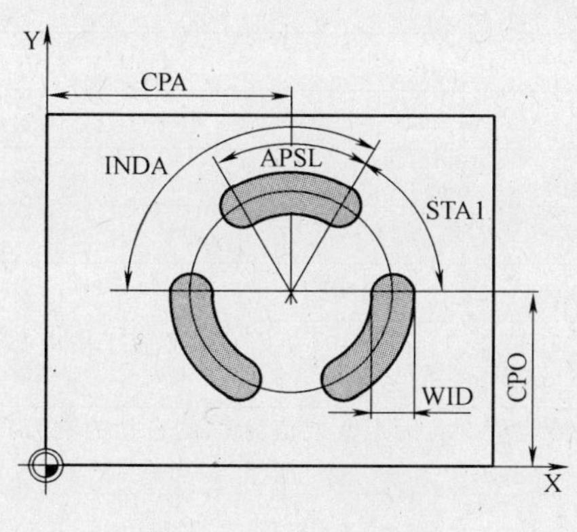

图 4-24　SLOT2 循环

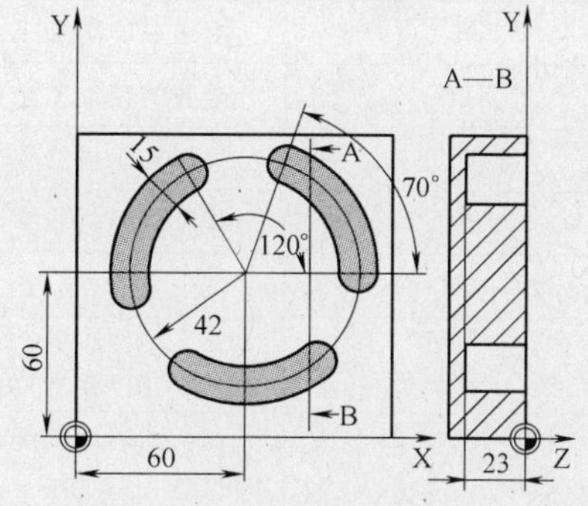

图 4-25　SLOT2 应用示例

G17　G90　T1　D1　S600　M3；	确定工艺参数
G0　X60　Y60　Z5；	回到起始位置
SLOT2(2,0,2,-23,　,3,70,15,60,65,42,　,120,100,300,6,2,0.5,0,　,0,)；	循环调用。基准面 + SDIS = 返回平面,含义:取消在横向进给轴(带 G00)方向到基准面 + SDIS 的下降,参数 VARI,MIDF,FFP2 和 SSF 省略
M30	程序结束

☆　在 HNC-21/22M 系统中，圆弧槽与圆周槽可以采用子程序结合坐标旋转变换指令完成加工；同样在 SIEMENS 802D 系统中也可以这样做。(这将在后续章节中讲到)

3. 矩形槽 POCKET3

格式：POCKET3 (RTP, RFP, SDIS, DP, LENG, WID, CRAD, PA, PO, STA, MID, FAL, FALD, FFP1, FFD, CDIR, VARI, MIDA, AP1, AP2, AD, RAD1, DP1)；

功能：此循环可以用于粗加工和精加工。精加工时，要求使用带端面齿的铣刀。深度进给始终从槽中心点开始并在垂直方向上执行，这样可以在此位置完成预钻削。

工作过程如图 4-26 所示，参数及含义见表 4-7。

表 4-7 POCKET3 的参数及含义

参数	含义
RTP	返回平面(绝对值)
RFP	基准平面(绝对值)
SDIS	安全距离(无符号输入)
DP	槽深(绝对值)
LENG	槽长。若槽参考点为拐角点,则带符号
WID	槽宽。若槽参考点为拐角点,则带符号
CRAD	槽拐角半径(无符号输入)
PA	槽参考点(中心点或拐角点)的横坐标(绝对值)
PO	槽参考点(中心点或拐角点)的纵坐标(绝对值)
STA	槽纵向轴和平面第一轴间的角度(无符号输入)。取值:0°≤STA<180°
MID	最大进给深度(无符号输入)
FAL	槽边缘的精加工余量(无符号输入)
FALD	槽底的精加工余量(无符号输入)
FFP1	端面加工进给率
FFD	深度加工进给率
CDIR	铣削方向(无符号)。取值:0(顺铣)、1(逆铣)、2(用于 G02)、3(用于 G03)
VARI	加工类型(两位数)。个位:1(粗加工)或 2(精加工);十位:0(使用 G00 垂直于槽中心)、1(使用 G01 垂直于槽中心)、2(沿螺旋线)、3(沿槽纵向轴摆动)
MIDA	在平面的连续加工中作为数值的最大进给宽度。若无定义或值为 0,则自动为铣刀直径的 80%
AP1	毛坯尺寸。槽长
AP2	毛坯尺寸。槽宽
AD	毛坯尺寸。槽深(相对于基准面)
RAD1	加工时螺旋路径的半径(相当于刀具中心点路径)或摆动时的最大插入角
DP1	沿螺旋路径加工时每转(360°)的插入深度

例 4-13 加工图 4-27 所示的矩形槽。槽长 60mm，槽宽 40mm，$R5$mm 的铣刀。

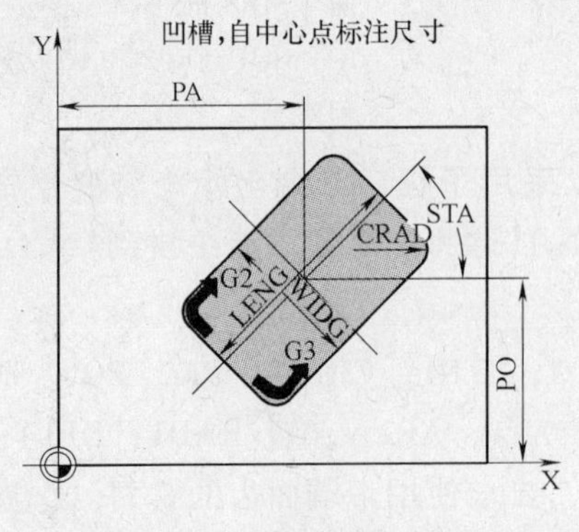

图 4-26 POCKET3 循环

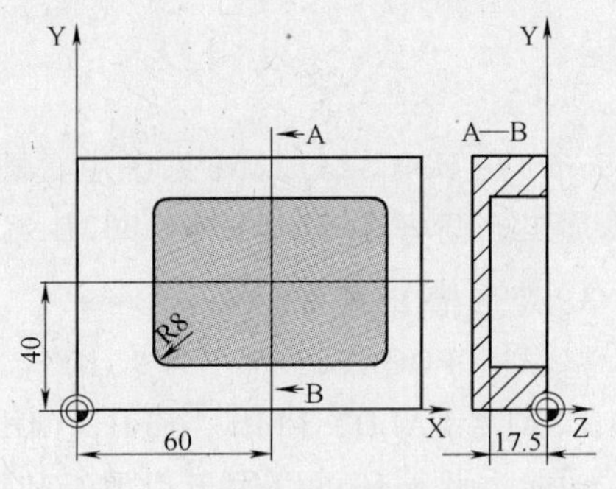

图 4-27 POCKET3 应用示例

```
G90  T1  D1  S600  M4;                                                              确定工艺参数
G17  G0  X60  Y40  Z5;                                                              回到起始位置
POCKET3(5,0,0.5,-17.5,60,40,8,60,40,0,4,0.75,0.2,100,75,0,11,5, , , , ,); 循环调用
M30;                                                                                程序结束
```

本节任务中的矩形槽如果使用循环指令进行粗、精加工，程序如下：

```
%_N_LJ0001_MPF                              程序名 LJ0001
;$PATH=/_N_MPF_DIR;
N1  G54  G90  G17  G71  G94  G40;           建立工件坐标系,绝对编程,XY 平面,米制编
                                            程,分进给,取消刀具半径补偿
N2  T2;                                     选 2 号刀
N3  L6;                                     换刀(L6 为专用换刀子程序)
N4  M3  S600;                               主轴正转,定义主轴转速
N5  G0  Z150  D1;                           Z 轴快速定位,调用 2 号刀的 1 号刀沿(补偿值)
N6  X0  Y-48;                               X、Y 向快速定位
N7  Z2  M7;                                 Z 向快速定位,切削液开
N8  POCKET3(2,0,2,-10,120,26,8,0,
    -48,0,5,0.2,0.2,60,60,3,11, , , , , ,); 调用矩形槽加工循环粗加工槽
N9  G0  Z150  M9;                           Z 轴快速退刀,切削液关
N10  M05;                                   主轴停转
N11  T8;                                    选 8 号刀
N12  L6;                                    换刀
N13  M3  S800;                              主轴正转,定义主轴转速
N14  G0  Z150  D1;                          Z 轴快速定位,调用号刀的 1 号刀沿(补偿值)
N15  X0  Y-48;                              X、Y 向快速定位
N16  Z2  M7;                                Z 向快速定位,切削液开
N17  POCKET3(2,0,2,-10,120,26,8,0,
    -48,0,0.2,0,0,100,100,3,12, , , , , ,); 调用矩形槽加工循环精加工槽
N18  G0  Z150  M9;                          Z 轴快速退刀,切削液关
N19  M05;                                   主轴停转
N20  M30;                                   程序结束
```

4. 圆形槽 POCKET4

格式：POCKET4（RTP，RFP，SDIS，DP，PRAD，PA，PO，MID，FAL，FALD，FFP1，FFD，CDIR，VARI，MIDA，AP1，AD，RAD1，DP1）；

功能：用于加工在平面中的圆形型腔。精加工时，需使用带端面齿的铣刀。深度进给始终从槽中心开始并垂直执行，这样可以在此位置适当的进行预钻削。

工作过程如图 4-28 所示，参数及含义见表 4-8。

表 4-8　POCKET4 的参数及含义

参　数	含　义
RTP	返回平面(绝对值)
RFP	基准平面(绝对值)
SDIS	安全距离(无符号输入)

（续）

参　数	含　义
DP	槽深（绝对值）
PRAD	槽半径
PA	槽中心点的横坐标（绝对值）
PO	槽中心点的纵坐标（绝对值）
MID	最大背吃刀量（无符号输入）
FAL	槽边缘的精加工余量（无符号输入）
FALD	槽底的精加工余量（无符号输入）
FFP1	端面加工进给率
FFD	深度加工进给率
CDIR	铣削方向（无符号）。取值:0（顺铣）、1（逆铣）、2（用于 G02）、3（用于 G03）
VARI	加工类型（两位数）。个位:1（粗加工）或 2（精加工）；十位:0（使用 G00 垂直于槽中心）、1（使用 G01 垂直于槽中心）、2（沿螺旋线）
MIDA	在平面的连续加工中作为数值的最大进给宽度。若无定义或值为 0，则自动为铣刀直径的 80%
AP1	毛坯尺寸。槽半径
AD	毛坯尺寸。槽深（相对于基准面）
RAD1	加工时螺旋路径的半径（相当于刀具中心点路径）
DP1	沿螺旋路径加工时每转（360°）的插入深度

例 4-14　铣削图 4-29 所示的圆形槽，$R10$mm 铣刀。

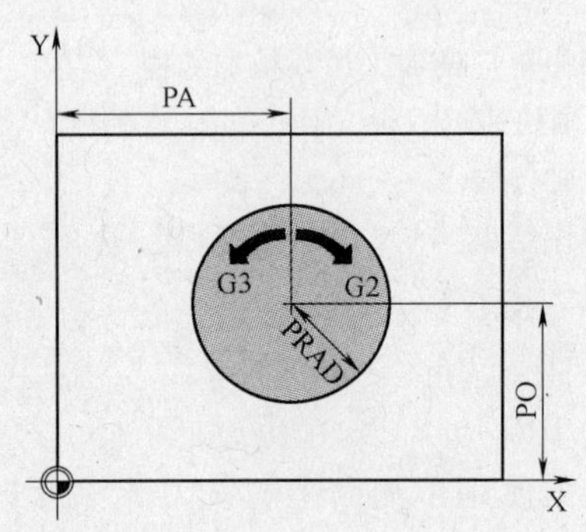

图 4-28　POCKET4 循环

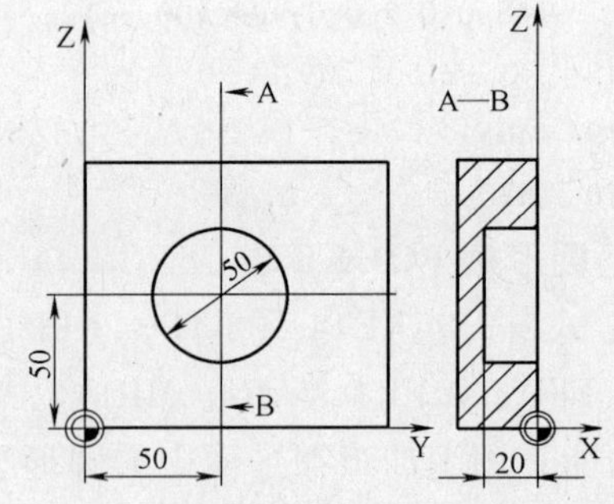

图 4-29　POCKET4 应用示例

G17　G90　G0　S650　M03　T1　D1；	确定工艺参数
X50　Y50；	回到起始位置
POCKET4（3，0，0，－20，25，50，60，6，0，0，200，100，1，21，0，0，0，2，3）；	循环调用。省略参数 FAL，FALD
M30；	程序结束

第五节　轮廓加工

加工图 4-1 所示零件中深 5mm 凹槽、R50mm 的凹圆弧槽、宽 16mm 凹槽和圆弧凸台的侧面，加工效果如图 4-30 所示。

轮廓加工分内轮廓和外轮廓加工。事实上，凹槽加工也属于内轮廓加工范畴。

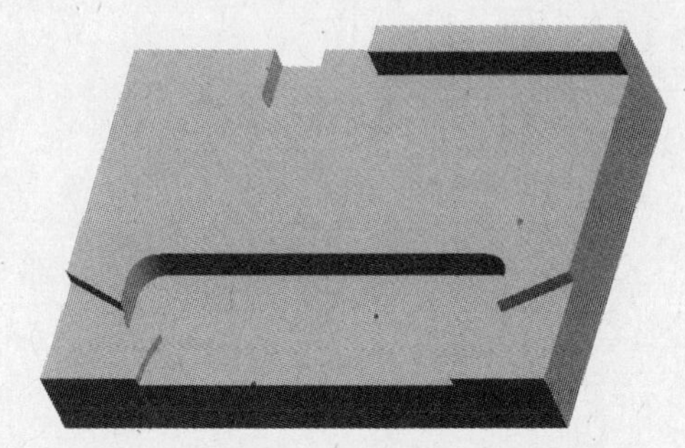

图 4-30　轮廓加工

轮廓加工根据加工过程，可以分为轮廓加工与残料加工。轮廓的粗、精加工可以采用刀具半径补偿完成，剩下的残料在取消刀具半径补偿后通过合理的走刀完成切削。

轮廓加工还包括落料加工，如一块板料，需要将中间一块按轮廓去除，则先选用键槽铣刀落料，然后用立铣刀精铣轮廓即可。

外轮廓加工通常采用立铣刀从工件外进刀，完成粗、精加工。

一、加工思路

粗铣 R50mm 的凹圆弧槽与深 5mm 的槽选用 ϕ25mm 三刃立铣刀，精铣采用 ϕ25mm 四刃立铣刀；粗铣 R85mm 圆弧凸台与宽 16mm 凹槽选用 ϕ14mm 三刃立铣刀，精铣采用 ϕ14mm 四刃立铣刀（与铣宽 26mm 凹槽用同一把刀具）。

粗加工后，各表面均留 0.2mm 精加工余量。

两侧深 5mm 槽采用镜像指令完成加工。

加工时，仍然采用分块加工的方式进行，各部分的编程路线如图 4-31、图 4-32、图 4-33所示。

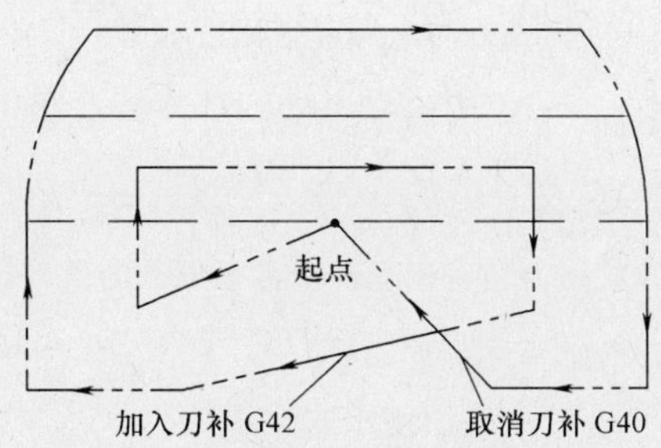

图 4-31　R50mm 凹圆弧槽编程路线

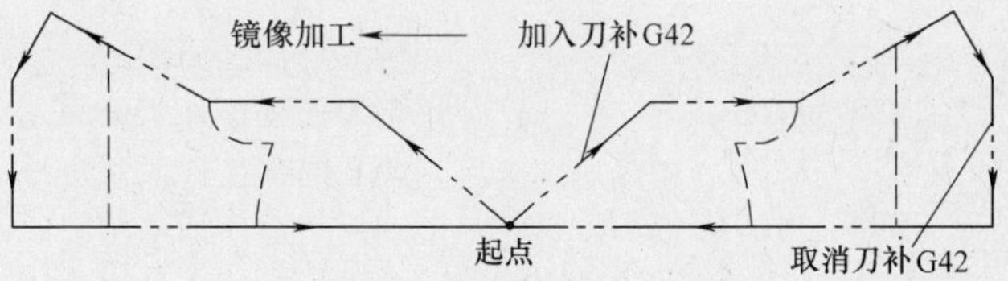

图 4-32　深 5mm 槽编程路线

二、编程指令

1. 局部坐标系设定（可编程的零点偏置）

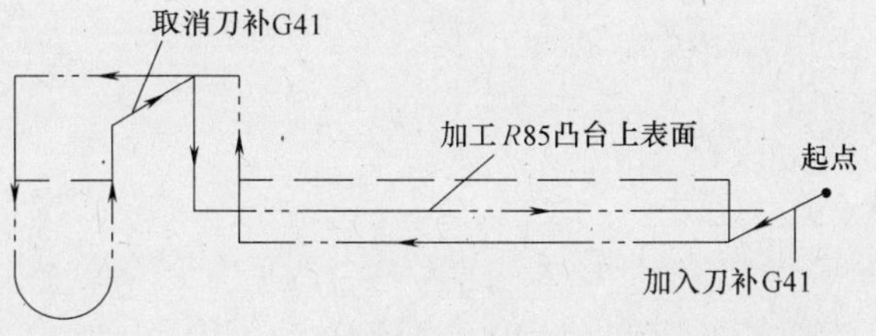

图 4-33　R85mm 圆弧凸台和 16mm 宽凹槽编程路线

HNC-21/22M 系统中的局部坐标设定指令 G52 与 SIEMENS 802D 系统中的可编程的零点偏置指令 TRANS/ATRANS

功能基本相同，可以在所有正在使用的工件坐标系（G92 或 G54 ~ G59 等）内形成子坐标系。

如果工件在不同的位置有重复出现的形状或结构，或为了方便编程、计算等需要一个新的临时参考点，可以采用此功能。

局部坐标系设定后，程序中的坐标尺寸均为该坐标系中数据尺寸，但原工件坐标系与机床坐标系保持不变。

格式：

1）HNC-21/22M 系统。

G52　X__Y__Z__;

其中，X、Y、Z 为所要设定的局部坐标系的原点在当前工件坐标系中的坐标值。如果需要取消设定的局部坐标系，只需执行指令“G52　X0　Y0　Z0;”即可。

2）SIEMENS 802D 系统。

TRANS　X__Y__Z__;

ATRANS　X__Y__Z__;

TRANS

其中，TRANS 为可编程的偏移，可取消当前所有有关偏移、旋转、比例系数、镜像的指令（即取消先前的相关指令，使用现在的偏移），其后的 X、Y、Z 为所要设定的局部坐标系的原点在当前工件坐标系中的坐标值；ATRANS 为附加于当前指令的可编程的偏移，若当前指令为 TRANS，则 ATRANS 后的 X、Y、Z 值为在当前局部坐标系中的坐标值；不带任何参数的 TRANS 可取消当前所有有关偏移、旋转、比例系数、镜像的指令（即取消后也不指定新的偏移）。

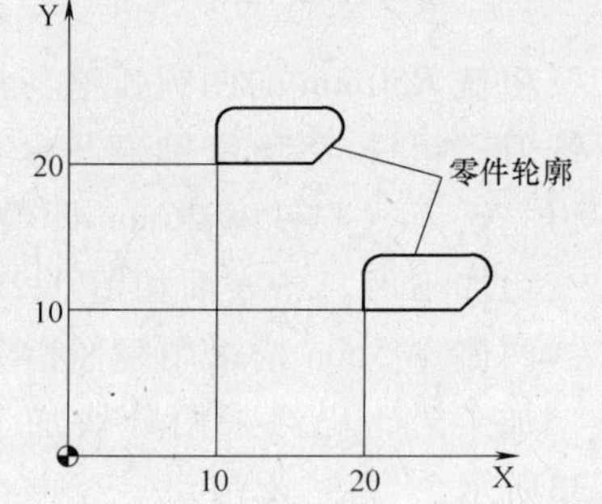

图 4-34　局部坐标系示例

例 4-15　加工图 4-34 所示零件的轮廓。

1）HNC-21/22M 系统。

G54　G17　G90;	设置加工环境
…	
G52　X10　Y20;	建立局部坐标系
M98　P1001;	调用子程序加工轮廓，子程序中的数据为相对于局部坐标系原点的值
G52　X20　Y10;	建立局部坐标系
M98　P1001;	调用子程序加工轮廓
G52　X0　Y0;	将坐标系原点设置还原为 G54

2）SIEMENS 802D 系统。

G54　G17　G90;	设置加工环境
…	
TRANS　X10　Y20;	建立局部坐标系
L1;	调用子程序加工轮廓，子程序中的数据为相对于局部坐标系原点的值
TRANS　X20　Y10;（或 ATRANS　X10　Y-10;）	建立局部坐标系

```
L1;                                    调用子程序加工轮廓
TRANS;                                 取消设定的局部坐标系
```

2. 缩放功能

格式：

1) HNC-21/22M 系统。

```
G51  X__Y__Z__P__;   建立缩放
M98  P__;            调用加工程序
G50;                 取消缩放
```

其中，X、Y、Z 为缩放中心的坐标值；G51 指令中的 P 为缩放倍数。G51 可指定平面缩放，也可指定空间缩放。

建立缩放以后，M98 调用的子程序的轨迹将以 X、Y、Z 给定的坐标值为中心，按 P 规定的缩放比例运算后运行。

在有刀具补偿情况下，先进行缩放，然后才进行刀具补偿。

2) SIEMENS 802D 系统。

```
SCALE  X__Y__Z__;    建立缩放，并取消前面所有有关偏移、旋转、缩放、镜像的指令
ASCALE  X__Y__Z__;   建立附加于当前指令的缩放，并取消前面所有相关指令（同上）
SCALE;               不带数值，消除前面所有有关指令
```

其中，X、Y、Z 为对应轴的缩放系数。如果缩放中心为工件坐标系原点，则使用 SCALE 直接缩放；如果缩放中心为其他点，则应先将此点设为临时原点（TRANS/ATRANS），然后使用 ASCALE 进行缩放。

当缩放的图形为圆时，两个轴的比例系数必须一致。

如果在 SCALE/ASCALE 有效时编程 ATRANS，则偏移量也同样被比例缩放。

☆　所谓的附加于当前指令，指在原有的偏移、旋转、缩放、镜像指令下使用偏移、旋转、缩放、镜像指令。

例 4-16　如图 4-35 所示，△A′B′C′是缩放后的图形，缩放中心 D 点的坐标为（50，50），缩放系数为 0.5 倍，刀具起点距上表面为 50mm。

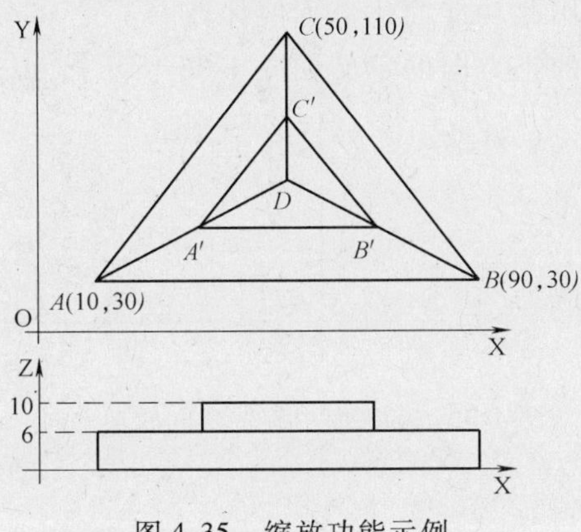

图 4-35　缩放功能示例

1）HNC-21/22M 系统加工程序。

主程序		子程序	
%0055；	主程序	%0011；	子程序
G54　G00　X0　Y0　Z50；	刀具到达起点	G42　G00　X-44　Y-20　D01　F300；	刀具半径补偿
G91　G17　M03　S600；		Z[-#51]；	
G43　X50　Y50　Z-36　H01；		G01　X84；	
#51=14；	全局变量（用于进给）	X-40　Y80；	
M98　P0011；	加工三角形 *ABC*	X-44　Y-88；	
#51=8；		Z[#51]；	
G51　X50　Y50　P0.5；	建立缩放	G40　G00　X44　Y28；	取消半径补偿
M98　P0011；	加工三角形 *A'B'C'*	M99；	返回主程序
G50；	取消缩放		
G90　G49　Z50；			
M05；			
M30；			

2）SIEMENS 802D 系统加工程序。

主程序		子程序	
%_N_SF1_MPF ;$ PATH=/_N_MPF_DIR；	主程序 SF1	%_N_SF11_SPF ;$ PATH=/_N_SPF_DIR；	子程序 SF11
G54　G0　X0　Y0 Z100　D01；	刀具到达起点，调用刀沿	G42　G00　X-44 Y-20　F300；	刀具半径补偿
G90　G17　M3　S600；		Z=-R1；	
X50　Y50　Z-36；		G1　X84；	
R1=14；	变量用于进给	X-40　Y80；	
SF11；	加工三角形 *ABC*	X-44　Y-88；	
R1=8；		Z=R1；	
TRANS　X50　Y50；	建立缩放中心	G40　G0　X44　Y28；	取消半径补偿
ASCALE　X0.5　Y0.5；	X、Y 轴的缩放比例为 0.5	RET；	返回主程序
SF11；	加工三角形 *A'B'C'*		
TRANS；	取消偏置与缩放		
G90　G0　Z50；			
M05；			
M30；			

3. 旋转功能

即将当前工件坐标系或局部坐标系等旋转一个角度，形成一个新的坐标系，所编程的值为新坐标系中的值，可以利用此功能简化坐标值计算。

在不同平面中，旋转角的正方向的定义如图 4-36 所示。

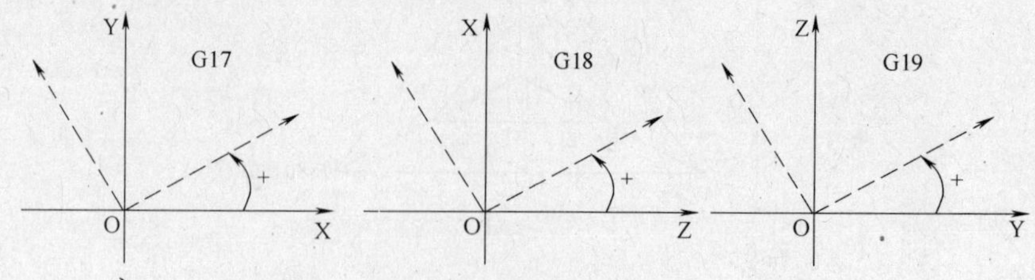

图 4-36　各平面中旋转角度的正方向

格式：

1）HNC-21/22M 系统。

```
G17  G68  X__ Y__ P__;
G18  G68  X__ Z__ P__;
G19  G68  Y__ Z__ P__;
M98  P__;
G69;
```

其中，G68 为建立旋转，G69 为取消旋转；X、Y、Z 为旋转中心的坐标值；G68 指令中的 P 为旋转角度，角度的单位为度。

在有刀具补偿的情况下，先旋转后刀补（包括半径补偿和长度补偿）；在有缩放功能的情况下，先缩放后旋转。

2）SIEMENS 802D 系统。

ROT　RPL = __；可编程旋转，取消前面所有的偏移，旋转，比例系数和镜像指令

AROT　RPL = __；可编程旋转，附加于当前的指令

ROT；　　　　　不带数值，取消所有的偏移，旋转，比例系数和镜像

其中，RPL 为旋转角度，角度的单位为度。ROT 与 AROT 的旋转中心为当前原点，如果想设某一点为旋转中心，需先将此点设置为原点（利用 TRANS 功能）。

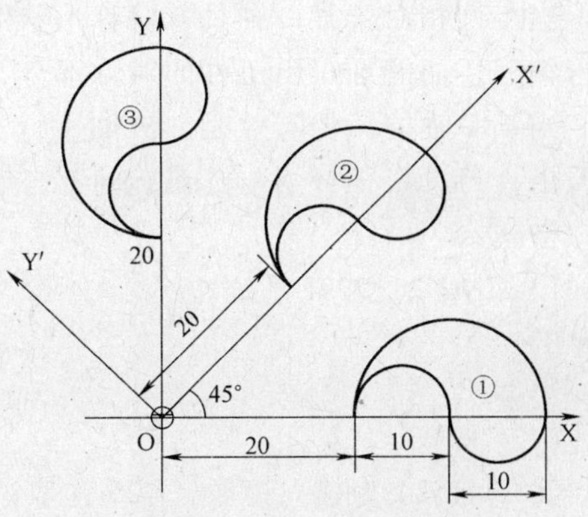

图 4-37　旋转功能示例

例 4-17　如图 4-37 所示，刀具起点距工件上表面为 50mm，背吃刀量为 5mm。

1）HNC-21/22M 系统加工程序。

主程序		子程序	
%0066；	主程序	%0001；	子程序
G54　G00　X0　Y0　Z50；	刀具到达起点	G41　G01　X20　Y-5　D02　F300；	刀具半径补偿
G90　G17　M03　S600；		Y0；	
G43　Z-5　H01；		G02　X40　I10；	
M98　P0001；	加工①	X30　I-5；	
G68　X0　Y0　P45；	绕(0,0)旋转 45°	G03　X20　I-5；	
M98　P0001；	加工②	G01　Y-6；	
G68　X0　Y0　P90；	绕(0,0)旋转 90°	G40　X0　Y0；	取消半径补偿
M98　P0001；	加工③	M99；	返回主程序
G49　Z50；			
G69；	取消旋转		
M05；			
M30；			

2）SIEMENS 802D 系统加工程序。

主程序		子程序	
%_N_XZ1_MPF ;$PATH=/_N_MPF_DIR;	主程序 XZ1	%_N_XZ11_SPF ;$PATH=/_N_SPF_DIR;	子程序 XZ11
G54　G0　X0　Y0　Z100　D01；	刀具到达起点，调用刀沿	G41　G1　X20　Y-5　F300；	刀具半径补偿

```
G90  G17  M3  S600;
Z-5;
XZ11;                     加工①
ROT  RPL=45;              绕原点旋转45°
XZ11;                     加工②
ROT  RPL=90;或            旋转90°或在原先45°的
AROT  RPL=45;             基础上再旋转45°
XZ11;                     加工③
M05;
M30;
```

```
Y0;
G2  X40  I10;
X30  I-5;
G3  X20  I-5;
G1  Y-6;
G40  X0  Y0;              取消半径补偿
RET                       返回主程序
```

4. 镜像功能

当工件相对于某一轴具有对称形状时，可以利用镜像功能和子程序，只对工件的一部分进行编程，而能加工出工件的对称部分，这就是镜像功能。

当某一轴的镜像有效时，该轴执行与编程方向相反的运动，如图4-38所示。从图中可以看出，刀具半径补偿与圆弧旋向都自动反向。

格式：

1）HNC-21/22M系统。

G24　X__ Y__ Z__;

M98　P__;

G25　X__ Y__ Z__;

其中，G24为建立镜像，G25为取消镜像；X、Y、Z为镜像位置。

2）SIEMENS 802D系统。

MIRROR　X__ Y__ Z__; 可编程的镜像功能，并取消前面所有的相关指令

AMIRROR　X__ Y__ Z__;附加工于当前指令的可编程的镜像功能

MIRROR;　不带数值，取消所有的相关指令（偏移、旋转、比例系数及镜像）

例4-18　如图4-39所示，刀具起点距工件上表面100mm，背吃刀量为5mm。

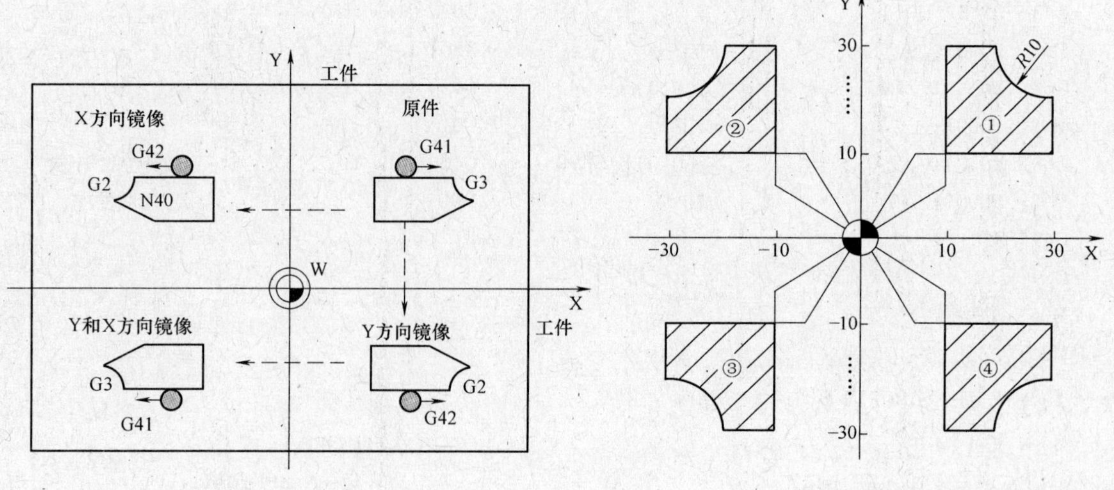

图4-38　镜像功能　　　　图4-39　镜像功能示例

1）HNC-21/22M 系统加工程序。

主程序		子程序	
%0099；	主程序	%100；	子程序
G90 G54 G00 X0 Y0 Z100；	刀具到达起点	G41 G00 X10 Y4 D01；	刀具半径补偿
G91 G17 M03 S600；		G43 Z-98 H01；	刀具长度补偿
M98 P100；	加工①	G01 Z-7 F300；	
G24 X0；	Y 轴镜像，镜像位置为 X=0	Y26；	
M98 P100；	加工②	X10；	
G25 X0；	取消镜像位置为 X=0 的 Y 轴镜像	G03 X10 Y-10 I10 J0；	
G24 X0 Y0；	X、Y 轴镜像，镜像位置为（0,0）	G01 Y-10；	
M98 P100；	加工③	X-25；	
G25 X0 Y0；	取消 X、Y 轴镜像	G00 G49 Z105；	取消长度补偿
G24 Y0；	X 轴镜像，镜像位置为 Y=0	G40 X-5 Y-10；	取消半径补偿
M98 P100；	加工④	M99；	返回主程序
G25 Y0；	取消 X 轴镜像		
M05；			
M30；			

2）SIEMENS 802D 系统加工程序。

主程序		子程序	
%_N_JX1_MPF ；$PATH=/_N_MPF_DIR；	主程序 JX1	%_N_JX11_SPF ；$PATH=/_N_SPF_DIR；	子程序 JX11
G90 G54 G0 X0 Y0 Z100；	刀具到达起点	G41 G0 X10 Y4 D01；	半径补偿，调用刀沿
G91 G17 M3 S600；		Z-98；	
JX11；	加工①	G1 Z-7 F300；	
MIRROR X0；	Y 轴镜像	Y26；	
JX11；	加工②	X10；	
AMIRROR Y0；	在 Y 轴镜像仍然有效的情况下 Y 轴镜像	G3 X10 Y-10 I10 J0；	
JX11；	加工③	G1 Y-10；	
MIRROR Y0；	取消原镜像，X 轴镜像	X-25；	
JX11；	加工④	G0 Z105；	Z 轴快速退刀
MIRROR；	取消所有镜像	G40 X-5 Y-10；	取消半径补偿
M05；		RET；	返回主程序
M30；			

5. SIEMENS 802D 系统中的程序跳转

（1）标记符　程序跳转的目标为标记符或程序段号，其用于标记程序中所跳转的目标程序段，用跳转功能可以实现程序运行分支。标记符可以自由选取，但必须由 2～8 个字母或数字组成，其中开始两个符号必须是字母或下划线。跳转目标程序段中标记符后面必须为“:”。标记符位于程序段段首。如果程序段有段号，则标记符紧跟着段号。在一个程序段中，标记符不能含有其他意义。

例 4-19　标记符示例。

```
N10  MARKE1:  G01  X20;          MARKE1 为标记符，跳转目标程序段有段号
…
TR789:  G0  X10  Z20;            TR789 为标记符，跳转目标程序段没有段号
N100…                            程序段号可以是跳转目标
```

（2）绝对跳转　数控程序在运行时，以写入顺序来执行程序段。程序在运行时，可以通过插入程序跳转指令改变执行顺序。跳转目标只能是有标记符的程序段，此程序段必须位于该程序之内。绝对跳转指令必须占用一个独立的程序段。

格式：

```
GOTOF  Label;          向前跳转
GOTOB  Label;          向后跳转
```

其中，GOTOF 为向程序结束的方向跳转，而 GOTOB 是向程序开始的方向跳转。Label 为字符串，用于标记符或程序段号。

例 4-20　程序跳转示例。

```
G0  X__  Z__;
…
GOTOF  MARKE0;               跳转到标记 MARKE0
…
MARKE0:  R1 = R2 + R3;
GOTOF  MARKE1;               跳转到标记 MARKE1
…
MARKE2:  X__  Z__;
M2;                          程序结束
MARKE1:X__  Z__;
…
GOTOB  MARKE2;               跳转到标记 MARKE2
```

6. 刀具半径补偿中的几个特殊情况

1）重复执行相同的补偿方式时，可以直接进行新的编程而无需在其中写入 G40 指令。新补偿调用之前的程序段在其轨迹终点处按补偿矢量的正常状态结束，然后开始新的补偿。

2）可以在补偿运动过程中变化补偿号 D。补偿号变换后，在新的补偿号程序段的起始处，新刀具半径补偿就已经生效，但整个变化须等到程序段结束才能发生。这些修改值由整个程序段连续执行，在圆弧插补时也一样。

3）补偿方向指令 G41 和 G42 可以相互变换，无需在其中写入 G40 指令（参照系统编程说明书）。原补偿方向的程序段在其轨迹终点处按补偿矢量的正常状态结束，然后在新的补偿方向开始进行补偿，如图 4-40 所示。

4）如果通过 M02（程序结束），而不是 G40 指令结束补偿运行，则最后的程序段以补偿矢量正常位置坐标结束。不进行撤消补偿移动，程序以此刀具位置结束。

三、参考程序

1. 加工 *R*50 圆弧凹槽

1）HNC-21/22M 系统程序。

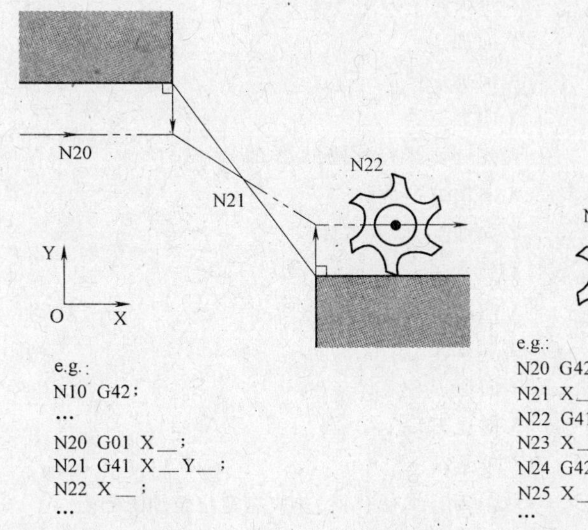

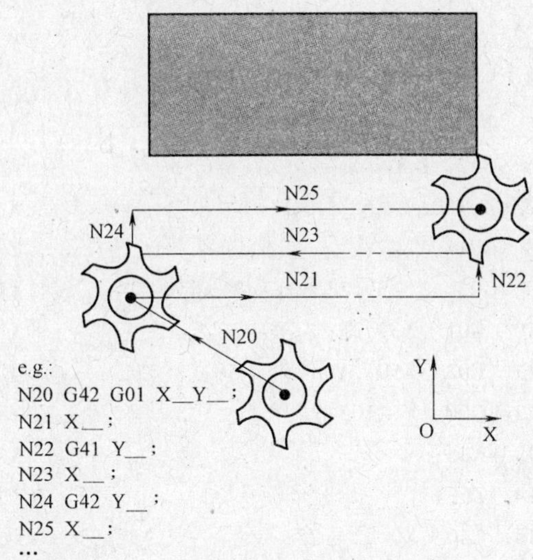

图 4-40　更换补偿方向

%0001;	程序名
N1　G54　G90　G17　G21　G94　G49　G40;	建立工件坐标系，绝对编程，XY 平面，米制编程，分进给，取消长度、半径补偿
N2　G28　Z100;	定位到换刀点
N3　M06　T3;	换 3 号刀：ϕ25mm 三刃立铣刀（粗铣）
N4　M03　S300　F75;	主轴正转，转速 300r/min，进给速度为 75mm/min
N5　G00　G43　Z150　H04　D04;	Z 轴快速定位，调用 4 号长度补偿值（刀具表的 4 号位置）并引入 4 号半径补偿值
N6　X0　Y-78　M07;	X、Y 向定位，打开切削液
N7　M98　P1003;	调用子程序%1003，下第一刀
N8　G00　G43　Z10　H05　D05;	调用 5 号长度补偿值（刀具表的 5 号位置）
N9　M98　P1003;	调用子程序%1001，下第二刀
N10　G49　G00　Z150　M09;	Z 轴快速退刀，取消长度补偿，切削液关
N11　M05;	主轴停转
N12　G28　Z100;	定位到换刀点
N13　M06　T9;	换 9 号刀：ϕ25mm 四刃立铣刀（精铣）
N14　M03　S600　F90;	主轴正转，转速 600r/min，进给速度为 90mm/min
N15　G00　G43　Z150　H12　D12;	Z 轴快速定位，调用 12 号长度补偿值（刀具表的 4 号位置）并引入 12 号半径补偿值
N16　X0　Y-78　M07;	X、Y 向定位，打开切削液
N17　M98　P1003;	调用子程序%1003，精加工
N18　G49　G00　Z150　M09;	Z 轴快速退刀，取消长度补偿，切削液关
N19　M05;	主轴停转
N20　M30;	程序结束
%1003;	子程序名%1003
N1　G00　X-32　Y-92;	X、Y 向快速定位

N2 Z-8;	Z 向快速下刀
N3 G01 Y-69.5;	Y 向加工
N4 X32;	X 向加工
N5 Y-92;	Y 向加工
N6 G42 G00 X-25 Y-105;	调用刀具半径补偿,X、Y 轴快速定位
N7 X-50;	X 向快速定位
N8 G01 Y-78;	Y 向加工,切入工件
N9 G02 X-39.23 Y-47 R50;	圆弧加工
N10 G01 X39.23;	X 向加工
N11 G02 X50 Y-78 R50;	圆弧加工
N12 G00 Y-105;	Y 向退刀
N13 X25;	X 向退刀
N14 Z6;	Z 向退刀
N15 G40 X0 Y-78;	取消刀具半径补偿,并快速定位至加工起点
N16 M99;	子程序结束,返回主程序

2）SIEMENS 802D 系统程序。

%_N_LJ0001_MPF	
;$ PATH=/_N_MPF_DIR;	程序名 LJ0001
N1 G54 G90 G17 G71 G94 G40;	建立工件坐标系,绝对编程,XY 平面,米制编程,分进给,取消刀具半径补偿
N2 T3;	选 3 号刀
N3 L6;	换刀(L6 为专用换刀子程序)
N4 M3 S300 F75;	主轴正转,定义主轴转速及进给速度(粗加工)
N5 G0 Z150 D1;	Z 轴快速定位,调用 3 号刀的 1 号刀沿(补偿值)
N6 X0 Y-78 M7;	X、Y 向定位,打开切削液
N7 L4;	调用子程序 L4
N8 G0 Z10 D2;	调用 3 号刀的 2 号刀沿
N9 L4;	调用子程序 L4
N10 G0 Z150 M9;	Z 轴快速退刀,切削液关
N11 T9;	选 9 号刀:ϕ25mm 四刃立铣刀(精铣)
N12 L6;	换刀
N13 M3 S600 F90;	主轴正转,转速 600r/min,进给速度为 90mm/min
N14 G0 Z150 D1;	Z 轴快速定位,调用 9 号刀的刀沿 1
N15 X0 Y-78 M8;	X、Y 向定位,打开切削液
N16 L4;	调用子程序%1003,精加工
N17 G0 Z150 M9;	Z 轴快速退刀,取消长度补偿,切削液关
N18 M5;	主轴停止
N19 M30;	程序结束

%_N_L4_SPF	
;$ PATH=/_N_SPF_DIR;	子程序名 L4
N1 G0 X-32 Y-92;	X、Y 向快速定位

N2 Z-8;	Z 向快速下刀
N3 G1 Y-69.5;	Y 向加工
N4 X32;	X 向加工
N5 Y-92;	Y 向加工
N6 G42 G0 X-25 Y-105;	调用刀具半径补偿,X、Y 轴快速定位
N7 X-50;	X 向快速定位
N8 G1 Y-78;	Y 向加工,切入工件
N9 G2 X-39.23 Y-47 R50;	圆弧加工
N10 G1 X39.23;	X 向加工
N11 G2 X50 Y-78 R50;	圆弧加工
N12 G0 Y-105;	Y 向退刀
N13 X25;	X 向退刀
N14 Z6;	Z 向退刀
N15 G40 X0 Y-78;	取消刀具半径补偿,并快速定位至加工起点
N16 RET;	子程序结束,返回主程序

2. 加工深 5mm 槽

1) HNC-21/22M 系统程序。

%0001;	程序名
N1 G54 G90 G17 G21 G94 G49 G40;	建立工件坐标系,绝对编程,XY 平面,米制编程,分进给,取消长度、半径补偿
N2 G28 Z100;	定位到换刀点
N3 M06 T3;	换 3 号刀:ϕ25mm 三刃立铣刀(粗铣)
N4 M03 S300 F75;	主轴正转,转速 300r/min,进给速度为 75mm/min
N5 G00 G43 Z150 H05 D05;	Z 轴快速定位,调用 4 号长度补偿值(刀具表的 4 号位置)并引入 4 号半径补偿值
N6 X0 Y-78;	X、Y 向快速定位
N7 Z-5 M07;	Z 向快速下刀,打开切削液
N8 M98 P1004;	调用子程序%1004,加工右边深 5mm 槽
N9 G24 X0;	建立镜像,Y 轴镜像,镜像位置 X=0
N10 M98 P1004;	调用子程序%1004,加工左边深 5mm 槽
N11 G25 X0;	取消镜像
N12 G49 G00 Z150 M09;	Z 轴快速退刀,取消长度补偿,切削液关
N13 M05;	主轴停转
N14 G28 Z100;	定位到换刀点
N15 M06 T9;	换 9 号刀:ϕ25mm 四刃立铣刀(精铣)
N16 M03 S600 F90;	主轴正转,转速 600r/min,进给速度为 90mm/min
N17 G00 G43 Z150 H12 D12;	Z 轴快速定位,调用 12 号长度补偿值(刀具表的 12 号位置)并引入 12 号半径补偿值
N18 X0 Y-78;	X、Y 向快速定位
N19 Z-5 M07;	Z 向快速下刀,打开切削液
N20 M98 P1004;	调用子程序%1004,加工右边深 5mm 槽
N21 G24 X0;	建立镜像,Y 轴镜像,镜像位置 X=0

N22 M98 P1004;	调用子程序%1004,加工左边深5mm槽
N23 G25 X0;	取消镜像
N24 G49 G00 Z150 M09;	Z轴快速退刀,取消长度补偿,切削液关
N25 M05;	主轴停转
N26 M30;	程序结束
%1004;	子程序名%1004
N1 G00 G42 X30 Y-53;	调用刀具半径补偿
N2 G01 X60;	X向加工
N3 X91.69 Y-34.71;	加工斜线
N4 X99.62 Y-48.44;	斜向走刀
N5 G40 G00 X99.62 Y-78;	取消刀补,X、Y向快速移动
N6 G01 X60;	X向加工
N7 G00 X0;	X向快速退刀
N8 M99;	子程序结束,返回主程序

2) SIEMENS 802D 系统程序。

%_N_LJ0001_MPF	
;$PATH=/_N_MPF_DIR;	程序名LJ0001
N1 G54 G90 G17 G71 G94 G40;	建立工件坐标系,绝对编程,XY平面,米制编程,分进给,取消刀具半径补偿
N2 T3;	选3号刀
N3 L6;	换刀(L6为专用换刀子程序)
N4 M3 S300 F75;	主轴正转,定义主轴转速及进给速度(粗加工)
N5 G0 Z150 D1;	Z轴快速定位,调用2号刀的1号刀沿(补偿值)
N6 X0 Y-78;	X、Y向快速定位
N7 Z-5 M8;	Z向快速下刀,打开切削液
N8 L5;	调用子程序L5,加工右边深5mm槽
N9 MIRROR X0;	建立Y轴镜像,X轴的值反向
N10 L5;	调用子程序L5,加工左边深5mm槽
N11 MIRROR;	取消镜像
N12 G0 Z150 M9;	Z轴快速退刀,切削液关
N13 T9;	选9号刀
N14 L6;	换刀(L6为专用换刀子程序)
N15 M3 S600 F90;	主轴正转,定义主轴转速及进给速度(粗加工)
N16 G0 Z150 D1;	Z轴快速定位,调用2号刀的1号刀沿(补偿值)
N17 X0 Y-78;	X、Y向快速定位
N18 Z-5 M8;	Z向快速下刀,打开切削液
N19 L5;	调用子程序L5,加工右边深5mm槽
N20 MIRROR X0;	建立Y轴镜像,X轴的值反向
N21 L5;	调用子程序L5,加工左边深5mm槽
N22 MIRROR;	取消镜像
N23 G0 Z150 M9;	Z轴快速退刀,切削液关

```
N24  M5;                              主轴停止
N25  M30;                             程序结束

%_N_L5_SPF
;$ PATH=/_N_SPF_DIR;                  子程序名 L5
N1  G0  G42  X30  Y-53;               调用刀具半径补偿
N2  G1  X60;                          X 向加工
N3  X91.69  Y-34.71;                  加工斜线
N4  X99.62  Y-48.44;                  斜向走刀
N5  G40  G0  X99.62  Y-78;            取消刀补,X、Y 向快速移动
N6  G1  X60;                          X 向加工
N7  G0  X0;                           X 向快速退刀
N8  RET;                              子程序结束,返回主程序
```

3. 加工 *R*85mm 圆弧凸台侧面、上表面与宽 16mm 槽

1) HNC-21/22M 系统程序。

```
%0001;                                程序名
N1  G54  G90  G17  G21  G94  G49  G40;  建立工件坐标系,绝对编程,XY 平面,米制编程,分进给,
                                      取消长度、半径补偿
N2  G28  Z100;                        定位到换刀点
N3  M6  T4;                           换 4 号刀:φ14mm 三刃立铣刀
N4  M03  S600  F80;                   主轴正转,转速 600r/min,进给速度为 80mm/min
N5  G00  G43  Z150  H06  D06;         Z 轴快速定位,调用 6 号长度补偿值(刀具表的 2 号位
                                      置)并引入 6 号半径补偿值
N6  X100  Y50;                        X、Y 向快速定位(到加工起点)
N7  M98  P1005;                       调用子程序%1005,粗加工凸台侧面与宽 16mm 槽
N8  M98  P1006;                       调用子程序%1006,粗加工凸台上表面
N9  G49  G00  Z150  M09;              Z 轴快速退刀,取消长度补偿,切削液关
N10  M05;                             主轴停转
N11  M30;                             程序结束

%1005;                                子程序名%1005
N1  G00  Z0  M07;                     Z 向快速下刀,打开切削液
N2  G41  X89  Y32;                    调用刀具半径补偿
N3  G01  X0;                          X 向加工
N4  Y59;                              Y 向加工
N5  G00  X-36;                        X 向快速移动
N6  Z-8;                              Z 向下刀
N7  Y51;                              Y 向快速移动
N8  G01  Y27;                         Y 向加工,加工宽 16mm 槽
N9  G03  X-20  Y27  R8;               圆弧加工
N10  G01  Y51;                        Y 向走刀
N11  G00  G40  X-7  Y59;              取消刀具半径补偿
```

N12　M99;	子程序结束,返回主程序
%1006;	子程序%1006
N1　G00　Z0;	Z 向抬刀
N2　Y51;	Y 向快速移动
N3　G01　Y37;	Y 向走刀,准备加工凸台上表面
N4　G18　G03　X33　Z10　R85;	圆弧加工
N5　G01　X47;	X 向走刀
N6　G18　G03　X87　Z0　R85;	圆弧加工
N7　G17　G00　X100;	X 向快速退刀
N8　M99;	返回主程序

2) SIEMENS　802D 系统程序。

%_N_LJ0001_MPF	
;$ PATH=/_N_MPF_DIR;	程序名 LJ0001
N1　G54　G90　G17　G71　G94　G40;	建立工件坐标系,绝对编程,XY 平面,米制编程,分进给,取消刀具半径补偿
N2　T4;	选 4 号刀
N3　L6;	换刀(L6 为专用换刀子程序)
N4　M3　S600　F80;	主轴正转,定义主轴转速及进给速度(粗加工)
N5　G0　Z150　D1;	Z 轴快速定位,调用 2 号刀的 1 号刀沿(补偿值)
N6　X100　Y50;	X、Y 向快速定位(到加工起点)
N7　L7;	调用子程序 L7
N8　L8;	调用子程序 L8,粗加工圆弧凸台上表面
N9　G0　Z150　M9;	Z 轴快速退刀,切削液关
N10　M5;	主轴停止
N11　M30;	程序结束
%_N_L7_SPF	
;$ PATH=/_N_SPF_DIR;	子程序名 L7
N1　G0　Z0　M7;	Z 向快速下刀,打开切削液
N2　G41　X89　Y32;	调用刀具半径补偿
N3　G1　X0;	X 向加工
N4　Y59;	Y 向加工
N5　G0　X-36;	X 向快速移动
N6　Z-8;	Z 向下刀
N7　Y51;	Y 向快速移动
N8　G1　Y27;	Y 向加工,加工宽 16mm 槽
N9　G3　X-20　Y27　CR=8;	圆弧加工
N10　G1　Y51;	Y 向走刀
N11　G0　G40　X-7　Y59;	取消刀具半径补偿
N12　RET;	返回主程序

```
%_N_L8_SPF
;$ PATH=/_N_SPF_DIR;                      子程序名 L8
N12  G0  Z0;                              Z 向抬刀
N13  Y51;                                 Y 向快速移动
N14  G1  Y37;                             Y 向走刀,准备加工凸台上表面
N15  G18  G3  X33  Z10  CR=85;            圆弧加工(XZ 平面内)
N16  G1  X47;                             X 向走刀
N17  G18  G3  X87  Z0  CR=85;             圆弧加工(XZ 平面内)
N18  G17  G0  X100;                       X 向快速退刀
N19  RET;                                 返回主程序
```

四、轮廓铣削循环

SIEMENS 802D 系统有专门用于各种轮廓铣削的固定循环。

1. 轮廓铣削 CYCLE72

格式：CYCLE72（KNAME，RTP，RFP，SDIS，DP，MID，FAL，FALD，FFP1，FFD，VARI，RL，AS1，LP1，FF3，AS2，LP2）；

功能：使用 CYCLE72 可以铣削定义在子程序中的任何轮廓。循环运行时可以有或没有刀具半径补偿。不要求轮廓一定是封闭的，通过刀具半径补偿的位置（轮廓中央、左或右）来定义内部或外部加工。轮廓的编程方向必须是它的加工方向而且必须包含至少两个轮廓程序块（起始点和终点），因此，轮廓子程序直接在循环内部调用。

图 4-41 所示为轮廓铣削，图 4-42 所示为轮廓铣削循环的部分参数示意图，图 4-43 所示为轮廓铣削循环的几种运动形式。各参数的含义见表 4-9。

表 4-9　CYCLE72 的参数及含义

参数	含　义
KNAME	轮廓子程序名
RTP	返回平面(绝对值)
RFP	基准平面(绝对值)
SDIS	安全距离(无符号输入)
DP	槽深(绝对值)
MID	最大背吃刀量(无符号输入)
FAL	边缘轮廓的精加工余量(无符号输入)
FALD	底部的精加工余量(无符号输入)
FFP1	表面的加工进给率
FFD	深度的加工进给率
VARI	加工类型(两位数)。个位:1(粗加工)或 2(精加工);十位:0(中间位移以 G00 进行)、1(中间位移以 G01 进行);百位:0(在轮廓结束处退回,直至 RTP)、1(在轮廓结束处退回,直至 RTP+SDIS)、2(在轮廓结束处退回 SDIS)、3(在轮廓结束处没有退回)
RL	沿轮廓中心、左侧或右侧绕行轮廓(使用 G40、G41 或 G42,无符号输入)。取值:40(G40,返回运行和离开运行仅以直线)、41(G41)、42(G42)

（续）

参数	含　义
AS1	接近方向/接近路径的定义（无符号输入）。个位：1（直线切线）、2（四分之一圆）、3（半圆）；十位：0（沿平面路径接近轮廓）、1（沿空间路径接近轮廓）
LP1	接近路径的长度（使用直线）或接近圆弧的半径（使用圆）（无符号输入）
FF3	返回进给率和平面中中间位置的进给率（在开口处）
AS2	返回方向/返回路径的定义（无符号输入）。个位：（直线切线）、2（四分之一圆）、3（半圆）；十位：0（沿平面路径接近轮廓）、1（沿空间路径接近轮廓）
LP2	返回路径的长度（使用直线）或返回圆弧的半径（使用圆）（无符号输入）

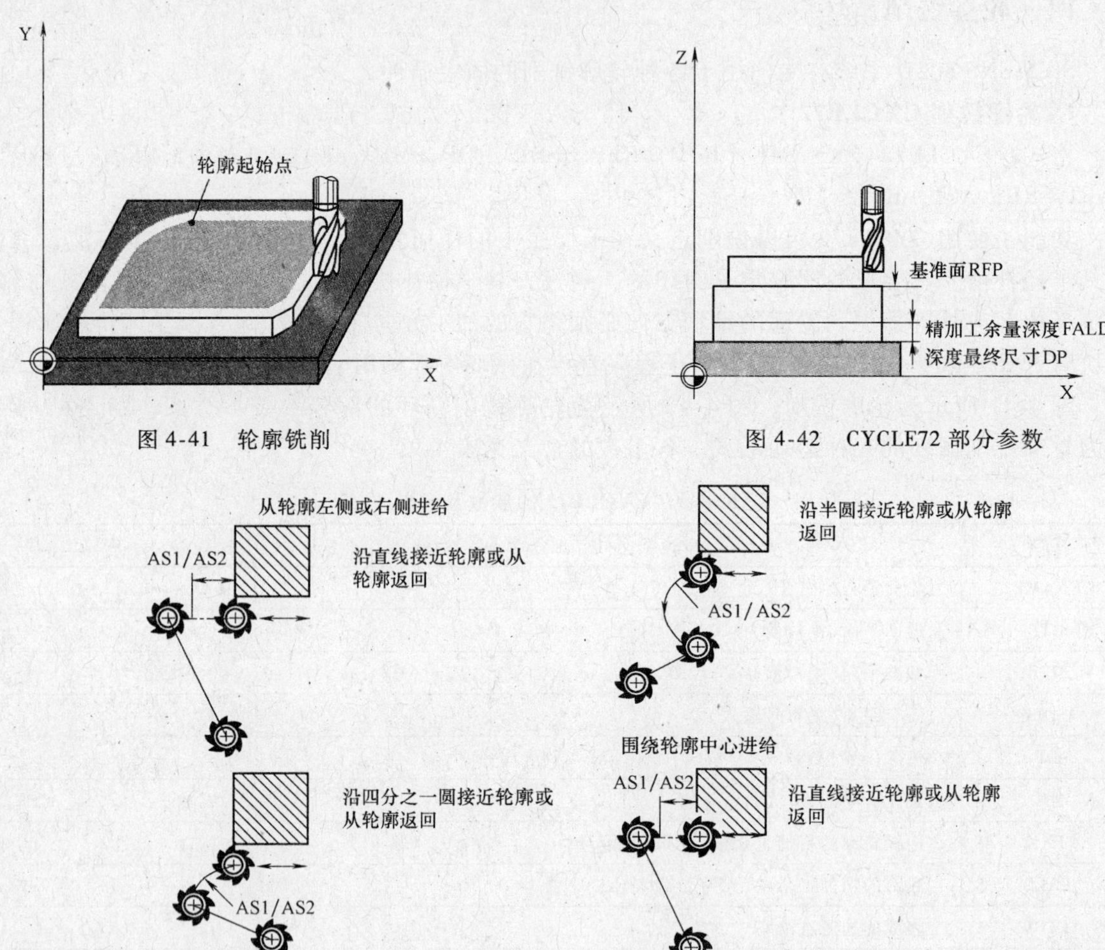

图 4-41　轮廓铣削

图 4-42　CYCLE72 部分参数

图 4-43　轮廓铣削循环的几种运动形式

☆　**轮廓子程序可以是一个完整的子程序，此时 KNAME = “子程序名”；也可以是调用程序的一部分，此时 KNAME = “起始标志的名称：末尾标志的名称”。**

例 4-21　铣削轮廓，铣削参数如下：

用于循环调用的参数：

返回平面 250mm

参考平面 200mm

安全间隙 3mm

深度 175mm

最大背吃刀量 10mm

深度的精加工余量 1.5mm

深度进给进给率 400mm/min

平面中的精加工余量 1mm

平面中的进给率 800mm/min

加工：粗加工至精加工余量；使用 G1 进行中间路径，Z 轴的中间路径返回量为 RFP + SDIS

用于接近的参数：

G41 轮廓的左侧，即外部加工

在平面中沿四分之一圆接近和返回，20mm 半径

返回进给率 1000mm/min

程序：

1）使用子程序。

```
%_N_RANDKONTUR1_MPF
;$ PATH = /_N_MPF_DIR;                       主程序,以 CYCLE72 进行一个轮廓的铣削
T20  D1;                                     T20:铣刀的半径 7
M6;                                          换入刀具 T20
S500  M3  F300;                              进给,编程转速
G17  G0  G90  X100  Y200  Z250  G94;         返回运行到出发位置
CYCLE72("MYKONTUR",250,200,3,                循环调用
175,10,1,1.5,800,400,111,41,2,20,1000,2,20);
X100  Y200;
M02;                                         程序结束

%_N_MYKONTUR_SPF                             子程序
;$ PATH = /_N_SPF_DIR;
G1  G90  X150  Y160;                         轮廓的起始点
X230  CHF = 10;                              CHF 为倒角指令
Y80  CHF = 10;
X125;
Y135;
G2  X150  Y160  CR = 25;
RET;                                         返回主程序
```

2）使用程序段标志。

```
$ TC_DP1[20,1] = 120                         定义 20 号刀具的 1 号刀沿
$ TC_DP6[20,1] = 7;
T20  D1;                                     T20:铣刀的半径为 7mm
```

```
M6;                                          换入刀具 T20
S500  M3  F300;                              进给,编程转速
G17  G0  G90  G94  X100  Y200  Z250;
CYCLE72("ANFANG:ENDE",250,200,               返回运行到出发位置,循环调用
3,175,10,1,1.5,800,400,11,
41,2,20,1000,2,20);
G0  X100  Y200;
GOTOF  ENDE;                                 程序跳转到标记 ENDE
ANFANG:;                                     标记符
G1  G90  X150  Y160;
X230  CHF=10;                                CHF 为倒角指令
Y80  CHF=10;
X125;
Y135;
G2  X150  Y160  CR=25;
ENDE:;                                       标记符
M2;
```

☆　轮廓编程时，要遵守以下规则：

1）在子程序中，在第一个编程的位置之前不允许选择可编程的框架（TRANS，ROT，SCALE，MIRROR）。

2）轮廓子程序中的第一段程序为包含 G90、G0 或 G90、G1 并定义轮廓的起始点。

3）铣刀半径补偿由循环指令进行选择和撤消选择，因此在轮廓子程序中不编程 G40、G41、G42。

2. 矩形凸台铣削 CYCLE76

格式：CYCLE76（RTP，RFP，SDIS，DP，DPR，LENG，WID，CRAD，PA，PO，STA，MID，FAL，FALD，FFP1，FFD，CDIR，VARI，AP1，AP2）；

功能：使用该循环加工加工平面上的矩形凸台。

其加工过程如图 4-44 所示，参数及含义见表 4-10。

表 4-10　CYCLE76 的参数及含义

参数	含　义
RTP	返回平面(绝对值)
RFP	基准平面(绝对值)
SDIS	安全距离(无符号输入)
DP	深度(绝对值)
DPR	相对于基准平面的深度(无符号输入)
LENG	凸台长度(无符号输入)
WID	凸台宽度(无符号输入)
CRAD	凸台边角半径(无符号输入)
PA	凸台参考点(一般为中心点)的横坐标(绝对值)

（续）

参数	含　义
PO	凸台参考点(一般为中心点)的纵坐标(绝对值)
STA	纵向轴与横轴间的夹角
MID	最大背吃刀量(无符号输入)
FAL	边缘的精加工余量(无符号输入)
FALD	底部的精加工余量(无符号输入)
FFP1	轮廓加工进给率
FFD	深度加工进给率
CDIR	铣削方向(无符号)。取值:0(顺铣)、1(逆铣)、2(用于 G02)、3(用于 G03)
VARI	加工类型。取值:1(粗加工)或(精加工)
AP1	毛坯尺寸。长度
AP2	毛坯尺寸。宽度

3. 圆形轴颈铣削 CYCLE77

格式：CYCLE77 (RTP, RFP, SDIS, DP, DPR, PRAD, PA, PO, MID, FAL, FALD, FFP1, FFD, CDIR, VARI, AP1);

功能：使用该循环加工加工平面上的圆形凸台。对于精加工，需要一个端铣刀。

其工作过程如图 4-45 所示，参数见表 4-11。

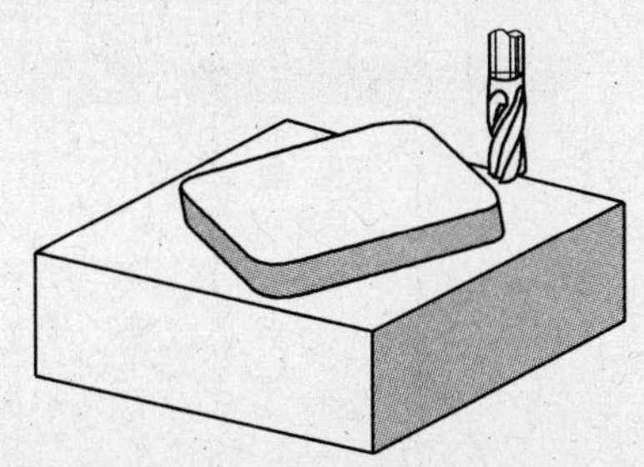

图 4-44　CYCLE76 循环

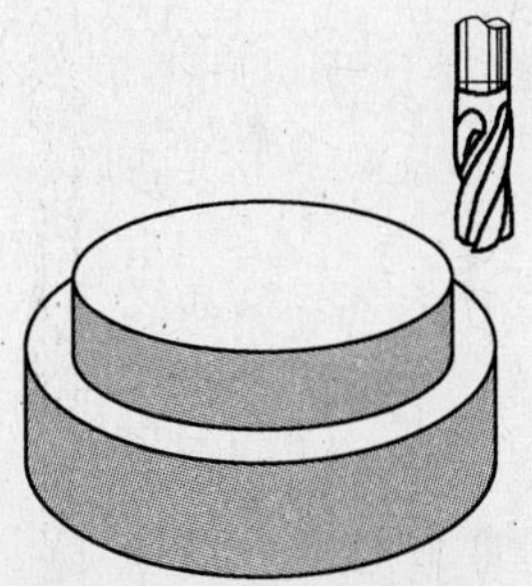

图 4-45　CYCLE77 循环

表 4-11　CYCLE77 的参数及含义

参数	含　义
RTP	返回平面(绝对值)
RFP	基准平面(绝对值)
SDIS	安全距离(无符号输入)
DP	深度(绝对值)
DPR	相对于基准平面的深度(无符号输入)
PRAD	凸台直径(无符号输入)
PA	凸台中心点的横坐标(绝对值)
PO	凸台中心点的纵坐标(绝对值)
MID	最大进给深度(无符号输入)

（续）

参数	含　义
FAL	边缘的精加工余量（无符号输入）
FALD	底部的精加工余量（无符号输入）
FFP1	轮廓加工进给率
FFD	深度加工进给率
CDIR	铣削方向（无符号）。取值:0（顺铣）、1（逆铣）、2（用于 G02）、3（用于 G03）
VARI	加工类型。取值:1（粗加工）或 2（精加工）
AP1	毛坯尺寸。直径

第六节　孔　加　工

加工图 4-1 所示零件中 ϕ12mm 孔和 ϕ38mm 孔，加工效果如图 4-46 所示。

孔的加工方法通常有钻孔、扩孔、铰孔、镗孔、锪孔、攻螺纹、螺纹铣削等。常用的刀具有中心钻、麻花钻、扩孔钻、铰刀、浮动铰刀、锪钻、镗刀、浮动镗刀、丝锥、螺纹铣刀等。另外还有深孔加工刀具。

图 4-46　孔加工

对于孔径较小，孔本身的精度要求较高或孔间的位置精度要求较高时，常先用中心钻定心加工。

在 HNC-21/22M 系统和 SIEMENS 802D 系统中有针对孔加工的一系列固定循环，可根据需要选择。孔加工也可用 G01/G1 指令直接进给切削加工。

一、加工思路

ϕ12mm 的孔采用 ϕ3mm 的中心钻定心，ϕ11.8mm 高速钢直柄麻花钻钻孔和 ϕ12mm 的机用铰刀铰孔完成加工；ϕ38mm 孔采用 ϕ11.8mm 高速钢直柄麻花钻钻孔、ϕ35mm 高速钢锥柄麻花钻扩孔、ϕ37.5mm 粗镗刀粗镗孔和 ϕ38mm 精镗刀精镗孔完成加工。

在两个系统中，程序编制时孔的加工均采用其固定循环指令。

二、编程指令

1. HNC-21/22M 系统固定循环动作及参数含义

在 HNC-21/22M 系统中，孔加工固定循环指令有 G73、G74、G76、G80～G89，通常由下述 6 个动作构成，如图 4-47 所示。

1）X、Y 轴定位。

2）定位到 R 点（相当于安全平面，定位方式取决于前面所用的指令是 G00 还是 G01）。

3）孔加工。

4）在孔底的动作（是否有暂停等）。

5）退回到 R 点。

6）快速返回到初始点。

固定循环的数据表达形式可以用绝对坐标（G90）和相对坐标（G91）表示，如图 4-48 所示，其中图 4-48a 表示 G90 方式，图 4-48b 表示 G91 方式。

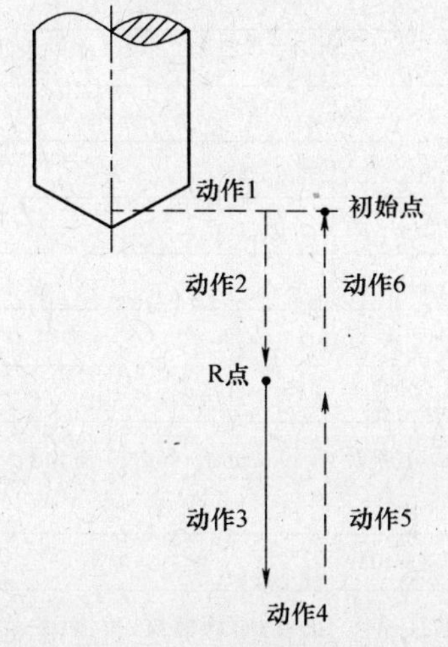

图 4-47　固定循环动作

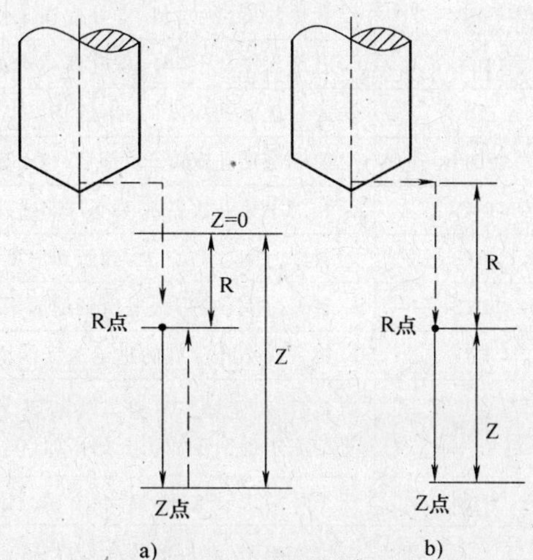

图 4-48　固定循环的数据形式

固定循环的程序格式包括数据形式、返回点平面、孔加工形式、孔位置数据、孔加工数据和循环次数。固定循环的程序格式：

G98/G99　G __ X __ Y __ Z __ R __ Q __ P __ I __ J __ K __ F __ L __;

其中，G98 为返回初始点平面，G99 为返回 R 点平面；G __为固定循环代码，为 G73、G74、G76、G81 ~ G89 之一；X、Y 为孔位数据，在 G91 时为孔位相对于加工起点的坐标增量，在 G90 时为孔位坐标；R 为安全平面数据，在 G91 时为 R 点相对于初始点（初始平面）的 Z 向坐标增量，在 G90 时为 R 点的 Z 向坐标；Z 为孔底数据，在 G91 时为孔底相对于 R 点的 Z 向坐标增量，在 G90 时为孔底的 Z 向坐标；Q 为每次的背吃刀量（G73/G83）；I、J 为刀具在 X、Y 轴的反向位移增量（G76/G87）；P 为刀具在孔底的暂停时间（即进给暂停）；F 为切削进给速度；L 为固定循环的次数。

除速度 F 及循环次数 L 不是模态指令外，其他各变量均为模态。G80、G01 ~ G03 可以取消固定循环。

☆　对于毛坯面，安全平面一般应高于加工表面 5mm 左右；对于已加工表面，安全平面一般应高于加工表面 2mm。孔底数据 Z 对于通孔，应在底平面的基础上再加工一个值，保证通孔加工可靠完成。

2. SIEMENS　802D 系统固定循环部分参数的含义

固定循环指令参数及其意义见表 4-12。

表 4-12　固定循环指令参数及其意义

参数	意　义
RTP	返回平面(绝对值,即返回平面在工件坐标系中的坐标值)
RFP	基准面(绝对值,即基准面在工件坐标系中的坐标值)
SDIS	安全距离(无符号,工件开始加工表面到基准面的距离)
DP	孔底深度(绝对值,即孔底在工作坐标系中的坐标值)
DPR	孔底深度(无符号,即孔底相对基准面的距离)
FDEP	第一次钻孔深度(绝对值)
FDPR	第一次钻孔深度(无符号,相对于基准面)
DAM	相对于第一次钻孔深度每次递减量(无符号)
DTB	暂停时间(每次进给到所到深度处的停留时间)
DTS	暂停时间(在每次退回到返回平面处的停留时间)
FRF	第一次钻孔深度的进给速度调整系数(无符号,取值范围:0.001~1)
VARI	整数,决定加工类型:0 为断屑,每次进给完毕仅回退 1mm,然后立即开始下次进给;1 为排屑,每次进给完毕退回至加工开始平面(基准面+安全距离)
SDAC	循环结束后主轴的旋转方向。值:3、4 或 5 分别对应 M03、M04 或 M05
MPIT	标准螺距,有正负,范围:3(M3)~48(M48)(值表示螺纹的公称直径)。正值:右旋螺纹;负值:左旋螺纹。即用公称直径表示螺距
PIT	螺距,用数值表示。取值范围:0.001~2000.000mm。有正负,表示螺纹的旋向
POSS	循环中主轴的准停角度
SST	攻螺纹进给速度
SST1	退回进给速度
SDR	退回时主轴旋转方向,取值:0(旋转方向自动颠倒)、3(M03)或 4(M04)
ENC	带/不带编码器攻螺纹。值:0 为带编码器,1 为不带编码器。主轴有编码器,也可赋值 1,表示使用不带编码器攻螺纹;无编码器,赋值为 0 亦无效
FFR	切削进给速度
RFF	回退进给速度
SDIR	主轴旋转方向。值:3(M03)或 4(M04)
RPA	有效平面内横坐标让刀量。增量,带符号输入
RPO	有效平面内纵坐标让刀量。增量,带符号输入
RPAP	在应用轴(加工轴)上的退回位移,增量,带符号输入

3. 钻孔、中心孔

格式：

1）HNC-21/22M 系统。

G98/G99　G81　X__Y__Z__R__F__L__;

其中，如果 Z 的移动量为零，此指令不执行。指令动作循环如图 4-49 所示。

2）SIEMENS 802D 系统。

CYCLE81（RTP，RFP，SDIS，DP，DPR）;

其功能为刀具按照编程的主轴速度和进给率钻孔，直至到达输入的钻孔深度。指令动作循环如图 4-50 所示。

例 4-22　加工图 4-51 所示的孔。

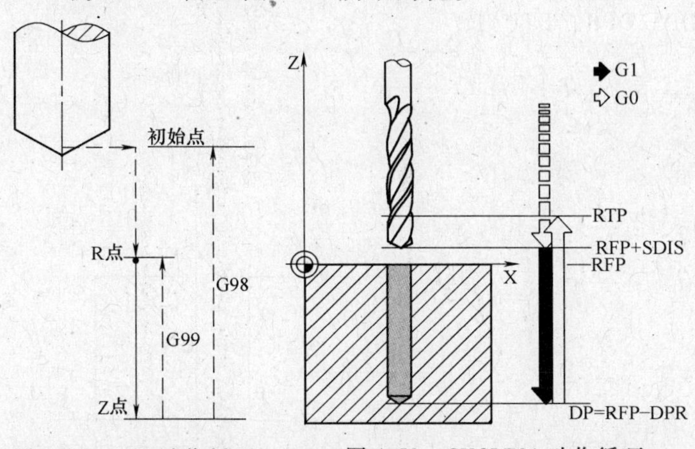

图 4-49　G81 动作循环　　图 4-50　CYCLE81 动作循环　　图 4-51　G81 与 CYCLE81 示例

1）HNC-21/22M 系统加工程序。

程序	说明
G00　G90　F200　S300　M3；	确定工艺数值
Z150；	到初始平面
G99　G81　X40　Y120　Z35　R110；	钻第一个孔，返回 R 平面为 110mm
Y30；	钻第二个孔
X90；	钻第三个孔
G80；	取消固定循环
G00　Z200；	Z 向快速退刀
M30；	程序结束

2）SIEMENS　802D 系统加工程序。

程序	说明
G0　G90　F200　S300　M3；	确定工艺数值
D1　T3　Z110；	移到返回平面
X40　Y120；	到达第一个钻削位置
CYCLE81(110,100,2,35)；	循环调用，带绝对钻削深度、安全距离和不完整的参数表
Y30；	到下一个钻削位置
CYCLE81(110,102,　,35)；	循环调用，没有安全距离
G00　G90　F180　S300　M03；	确定工艺数值
X90；	到下一个钻削位置
CYCLE81(110,100,2,　,65)；	循环调用，带相对钻削深度和安全距离
M30；	程序结束

4. 镗钻孔、锪平面（带孔底停顿的钻孔循环）

格式：

1）HNC-21/22M 系统。

G98/G99　G82　X__Y__Z__R__P__F__L__；

其中，G82 指令除了要在孔底暂停（进给暂停）外，其余动作与 G81 相同，暂停时间由 P 给出。

此功能主要用于加工不通孔，以提高孔深精度。若 Z 向移动量为零，此指令不执行。

2）SIEMENS 802D 系统。

CYCLE82（RTP，RFP，SDIS，DP，DPR，DTB）；

其指令动作循环如图 4-52 所示。

例 4-23 加工图 4-53 所示的孔。

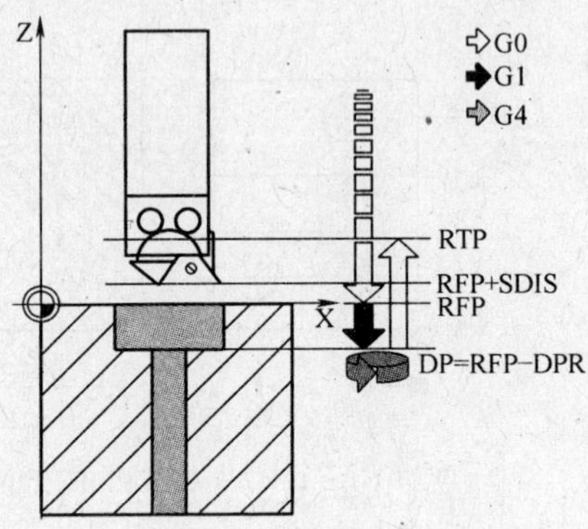

图 4-52 CYCLE82 动作循环

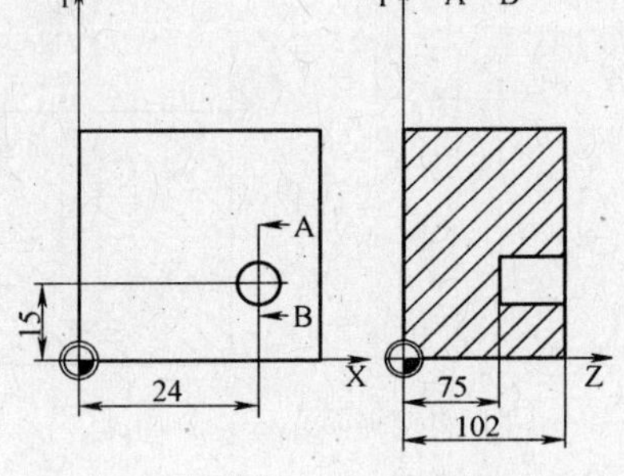

图 4-53 G82 与 CYCLE82 示例

1）HNC-21/22M 系统加工程序。

```
G00  G17  G90  F200  S300  M03;            确定工艺数值
Z150;                                      到初始平面
G98  G82  X24  Y15  Z75  R110  P2;         钻孔,返回初始平面,孔底停 2s
G80;                                       取消循环
M30;                                       程序结束
```

2）SIEMENS 802D 系统加工程序。

```
G0  G17  G90  F200  S300  M3;              确定工艺数值
D1  T10  Z110;                             移到返回平面
X24  Y15;                                  到孔加工位置
CYCLE82(110,102,4,75,  ,2);                循环调用,带绝对深度和安全间隙
M30;                                       程序结束
```

5. 深孔钻削循环

格式：

1）HNC-21/22M 系统。

G98/G99 G83 X__Y__Z__R__Q__P__K__F__L__;

其中，Q 为每次背吃刀量；K 为每次退刀后，再次进给时，由快速进给转换为切削进给时距上次加工面的距离。第一次背吃刀量是从 R 点计算的。其指令动作循环如图 4-54 所示。

Z、K、Q 的移动量为零时，指令不执行。

2）SIEMENS 802D 系统。

CYCLE83(RTP，RFP，SDIS，DP，DPR，FDEP，FDPR，DAM，DTB，DTS，FRF，VARI)；

其中，刀具以编程的主轴速度和进给率开始钻孔，直至定义的最后钻孔深度。深孔钻削是通过多次执行最大可定义的深度并逐步增加直至到达最后钻孔深度来实现的。钻头可以在每次进给完深度以后退回到基准面 + 安全距离处，用于排屑，或者每次退回 1mm 用于断屑。

其指令动作循环如图 4-55 和图 4-56 所示。

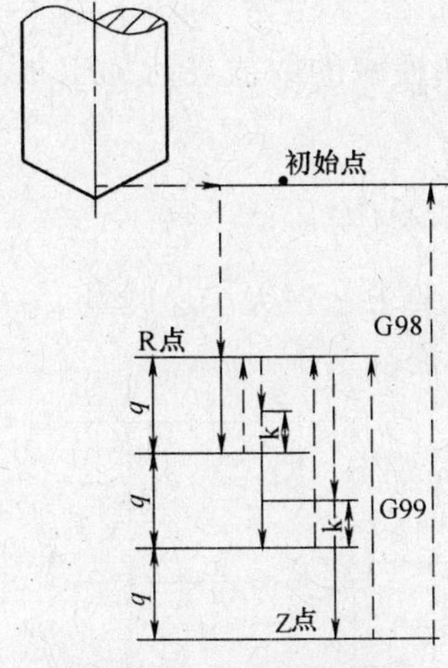

图 4-54 G83 动作循环

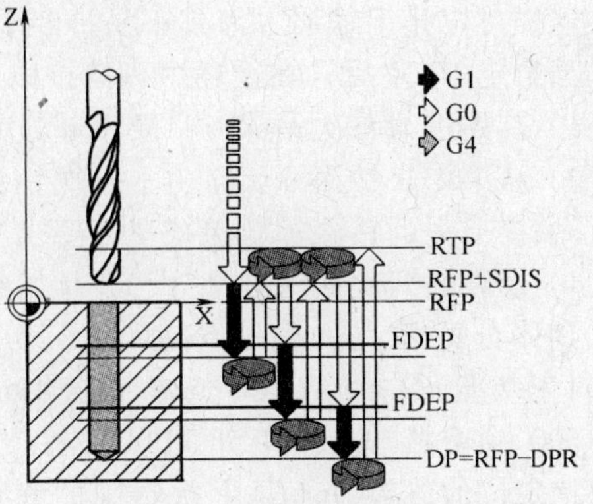

图 4-55 CYCLE83 排屑动作循环（VARI = 1）

例 4-24 加工图 4-57 所示的孔。

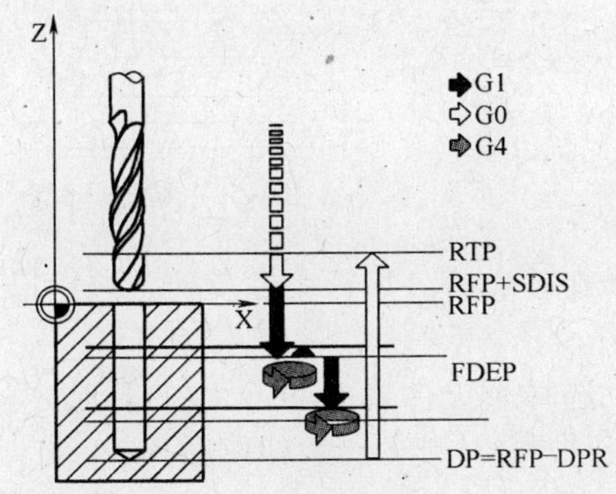

图 4-56 CYCLE83 断屑动作循环（VARI = 0）

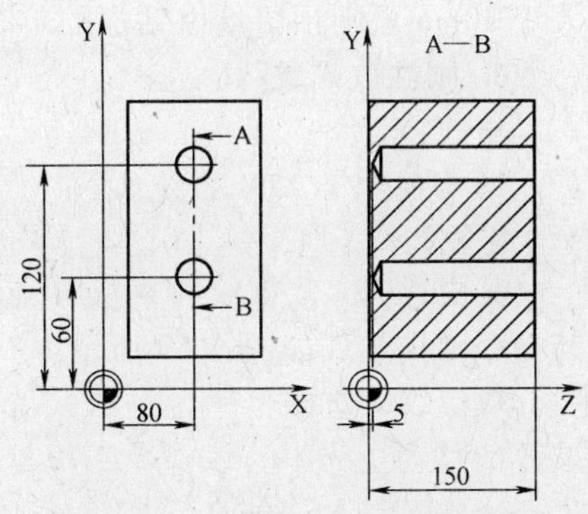

图 4-57 G83 与 CYCLE83 示例

1）HNC-21/22M 系统加工程序。

G00 G17 G90 F50 S500 M03;	确定工艺数值
Z200;	到达初始平面
G99 G83 X80 Y120 Z5 R152 Q-20 P1 K1;	钻第一个孔
X80 Y60;	钻第二个孔
G80;	取消固定循环
M30;	程序结束

2）SIEMENS 802D 系统加工程序。

G0 G17 G90 F50 S500 M3;	确定工艺数值
D1 T12;	
Z155;	到达返回平面
X80 Y120;	到第一个孔加工位置
CYCLE83(155,150,1,5, ,100, ,20,0,0,1,0);	调用循环，深度参数为绝对值
X80 Y60;	到第二个孔加工位置
CYCLE83(155,150,1, ,145, ,50,20,1,1,0.5,1);	调用含最后钻孔深度和首次钻孔深度的循环，安全间隙为 1mm，进给率系数为 0.5
M30;	程序结束

SIEMENS 802D 系统参数的几点说明：

（1）参数 DAM　在分步钻削的深孔加工中，使用各个步骤递减的数值进行加工很有必要。这样可以排出铁屑，刀具不易折断。

当给定 DAM 后，在循环中可以按以下方式计算每次背吃刀量：

1）首先进行首次钻深，只要不超过总的钻孔深度。

2）从第二次钻深开始，由上一次钻深减去递减量获得，但要求钻深大于递减量。

3）接下去的钻深等于递减量，要求当前剩余深度大于两倍递减量。

4）最终的两次钻深被平分，并且始终大于半个递减量。

具体分配情况如图 4-58 所示，第一次背吃刀量为 12mm（相对于基准面），DAM = 3mm，孔深 40mm。

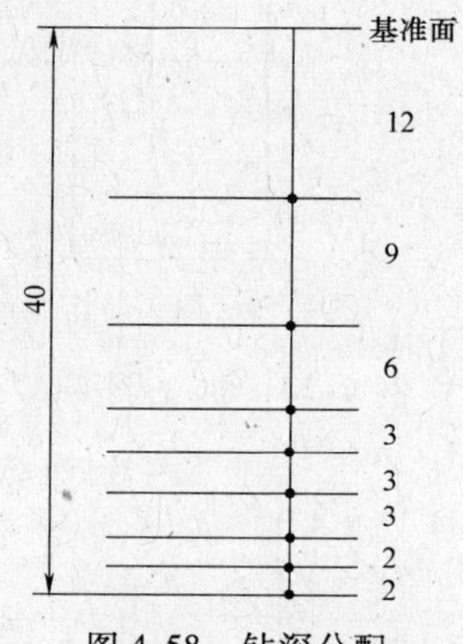

图 4-58　钻深分配

（2）预留量　从图 4-58 可以看出，从第二次钻削开始，刀具快速定位的终点并不是上次钻削的终点，而是间隔了一定的距离，这个距离即预留量。预留量由循环内部自动计算。预留量的规定：如果总钻深不大于 30mm，则预留量为 0.6mm；如果大于 30mm，则预留量由钻深的 1/50 获得。

6. 刚性攻螺纹

格式：

1）HNC-21/22M 系统。

G98/G99　G84　X__Y__Z__R__P__F__L__;

其中，G84 攻螺纹时，从 R 点到 Z 点主轴正转，在孔底暂停后，主轴反转，然后退回。其指令动作循环如图 4-59 所示。

攻螺纹时进给倍率、进给保持均不起作用；R 应选在距工件表面 7mm 以上的地方；如果 Z 的移动量为零，该指令不执行；主轴必须装有编码器，才能执行攻螺纹循环。

2）SIEMENS 802D 系统。

CYCLE84（RTP，RFP，SDIS，DP，DPR，SDAC，MPIT，PIT，POSS，SST，SST1）;

其中，循环执行时，攻螺纹与退回时主轴的旋转方向始终自动颠倒。其指令动作循环如图 4-60 所示。

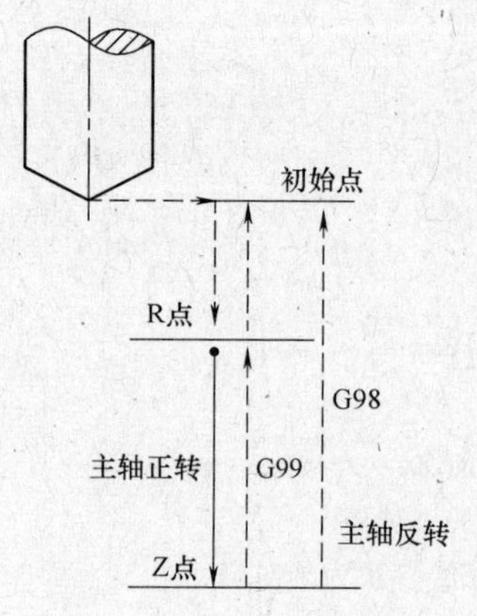

图 4-59　G84 动作循环

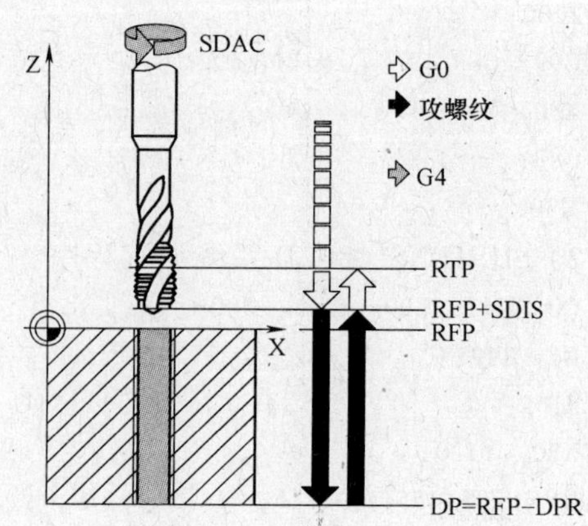

图 4-60　CYCLE84 动作循环

例 4-25　加工图 4-61 所示的螺纹。螺纹的公称直径 M5。

1）HNC-21/22M 系统加工程序。

G00 G17 G90 M03 S300;	
Z50;	到达初始平面
G98 G84 X30 Y35 Z2 R40 P2;	攻螺纹循环
G80;	取消固定循环
M30;	程序结束

2）SIEMENS 802D 系统加工程序。

G00 G90 T11 D1;	确定工艺数值
G17 X30 Y35 Z40;	接近钻孔位置
CYCLE84(40,36,2, ,30, ,3,5, ,90,200,500);	循环调用，已忽略 PIT 参数；未给绝对深度和停顿时间；主轴在 90°位置停止；攻丝速度 200，退回速度 500
M30;	

7. HNC-21/22M 系统中的镗孔循环 G85、G86、G87、G88、G89 与取消固定循环指令 G80

（1）镗孔循环 G85

格式：G98/G99 G85 X__Y__Z__R__P__F__L__;

其指令格式与 G84 相同，但在孔底时主轴不反转。

（2）镗孔循环 G86

格式：G98/G99 G86 X__Y__Z__R__F__L__;

其指令格式与 G81 相同，但在孔底时主轴停止，然后快速退回。

（3）反镗孔循环 G87

格式：G98 G87 X__Y__Z__R__P__I__J__F__L__;

其中，I 为 X 轴刀尖反向位移量；J 为 Y 轴刀尖反向位移量。其指令动作循环如图 4-62 所示。

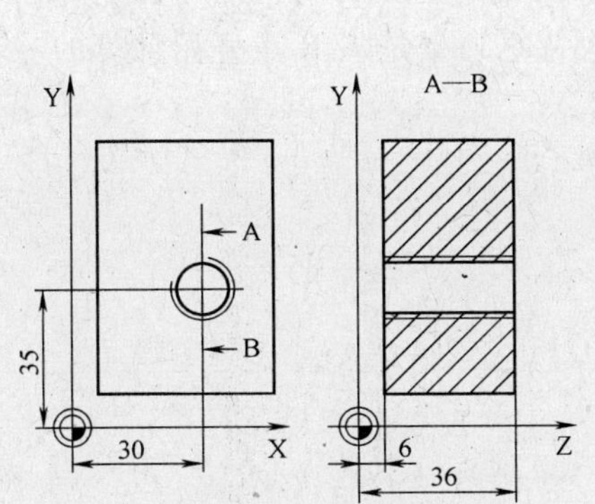

图 4-61 G84 与 CYCLE84 示例

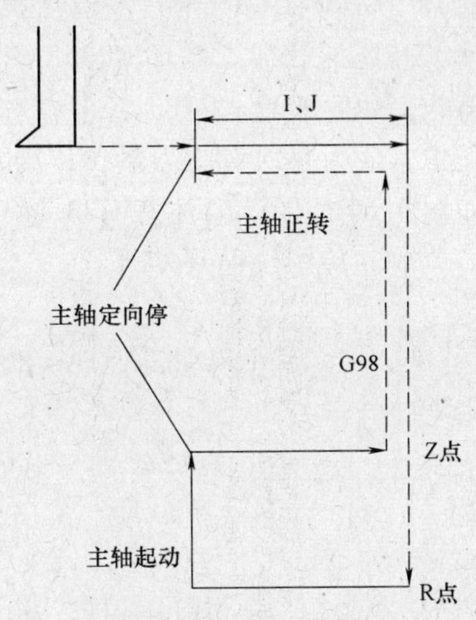

图 4-62 G87 动作循环

循环动作描述如下：

1）在 X、Y 轴定位。

2）主轴定向停止。

3）在 X、Y 方向分别向刀尖的反方向移动 I、J 值。

4）定位到 R 点（孔底）。

5）在 X、Y 方向分别向刀尖方向移动 I、J 值。

6）主轴正转。

7）在 Z 轴正方向加工至 Z 点。

8）主轴定向停止。

9）在 X、Y 方向分别向刀尖的反方向移动 I、J 值。

10）返回到初始点。

11）在 X、Y 方向分别向刀尖方向移动 I、J 值。

12）主轴正转。

（4）镗孔循环 G88

格式：G98/G99　G88　X＿Y＿Z＿R＿P＿F＿L＿；

其指令动作循环如图 4-63 所示。循环动作描述如下：

1）在 X、Y 轴定位。

2）定位到 R 点。

3）在 Z 轴方向上加工至 Z 点（孔底）。

4）暂停后主轴停止。

5）转换为手动状态，手动将刀具从孔中退出。

6）转换为自动状态，“循环启动”后自动返回。

7）主轴正转。

（5）镗孔循环 G89

格式：G98/G99　G89　X＿Y＿Z＿R＿F＿L＿；

其指令格式与 G86 相同，但在执行时孔底有暂停。

（6）高速深孔加工循环 G73

格式：G98/G99　G73　X＿Y＿Z＿R＿Q＿P＿K＿F＿L＿；

其中，Q 为每次背吃刀量，K 为每次退刀距离。退刀的目的是断屑与排屑。其指令动作循环如图 4-64 所示。要注意 G73 与 G83 的区别，第一次背吃刀量是从 R 点开始计算的。

（7）攻左旋螺纹循环 G74

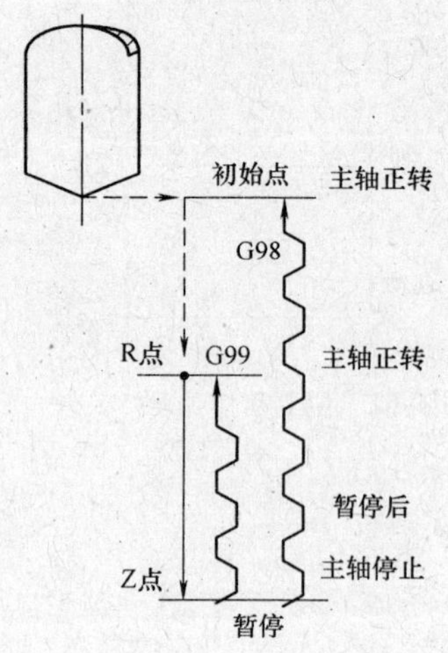

图 4-63　G88 动作循环

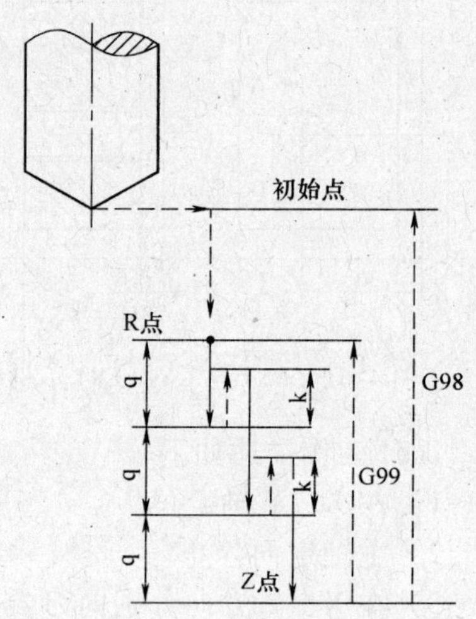

图 4-64　G73 动作循环

格式：G98/G99　G74　X＿Y＿Z＿R＿P＿F＿L＿；

其中，指令在攻左旋螺纹时主轴反转，到孔底时主轴正转，然后退回。其指令动作循环如图 4-65 所示。

例 4-26　设刀具起点距工件上表面 48mm，距孔底 60mm，在距工件上表面 8mm 处由快进转换为工进。

G92　X0　Y0　Z60；	建立工件坐标系
G91　G00　F200　M04　S500；	回到起点
G98　G74　X100　R－40　P4　G90　Z0；	攻左旋螺纹
G00　X0　Y0　Z60；	
M30；	程序结束

（8）精镗循环 G76

格式：G98/G99　G76　X＿Y＿Z＿R＿P＿I＿J＿F＿L＿；

其中，I 为 X 轴刀尖反向位移量，J 为 Y 轴刀尖反向位移量。

G76 精镗时，主轴在孔底定向停止后，向刀尖反方向移动，然后快速退刀。这种带有让刀的退刀不会划伤已加工表面，保证了镗孔精度。其指令动作循环如图 4-66 所示。

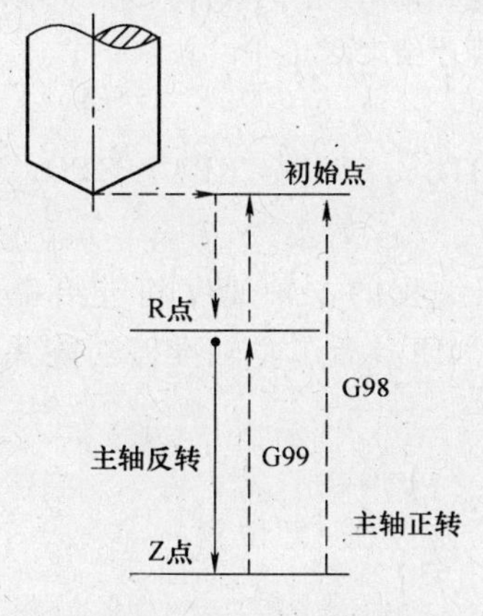

图 4-65　G74 动作循环

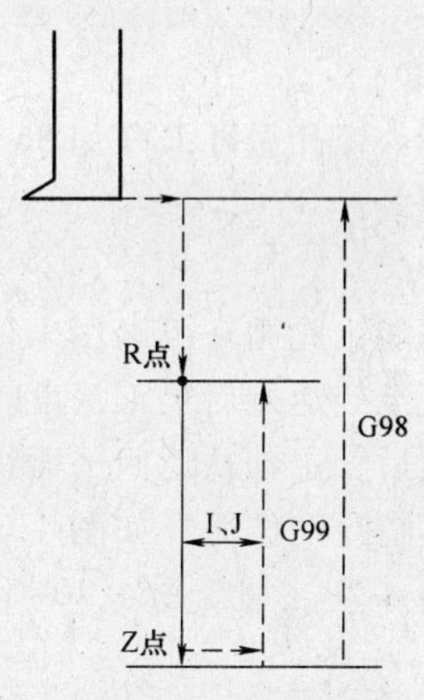

图 4-66　G76 动作循环

（9）取消固定循环 G80

格式：G80；

该功能可以取消固定循环，同时 R 点与 Z 点也被取消。

☆　只有 G80 指令才能取消初始平面模态值，其他固定循环模态字段只能被固定循环指令的相应字段改变。如果想在固定循环程序段中设置当前位置为初始平面，必须满足如下条件：本段程序的前面没有出现过固定循环或本段程序的上一行存在 G80 指令。

8. SIEMENS 802D 系统中的镗铰孔固定循环

（1）铰孔（镗孔）循环 CYCLE85

格式：CYCLE85（RTP，RFP，SDIS，DP，DPR，DTB，FFR，RFF）；

功能：刀具按编程的主轴速度和进给率铰孔（或镗孔），直至到达定义的最后深度。向内向外移动的进给率分别是参数 FFR 和 RFF 的值。

其指令动作循环如图 4-67 所示。

例 4-27 铰削图 4-68 所示的孔。

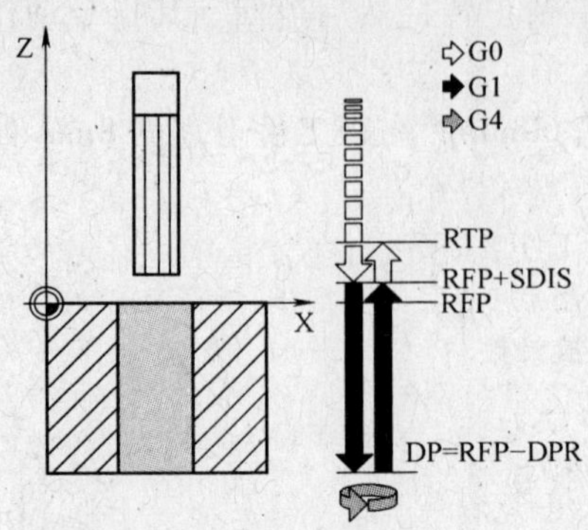

图 4-67 CYCLE85 动作循环

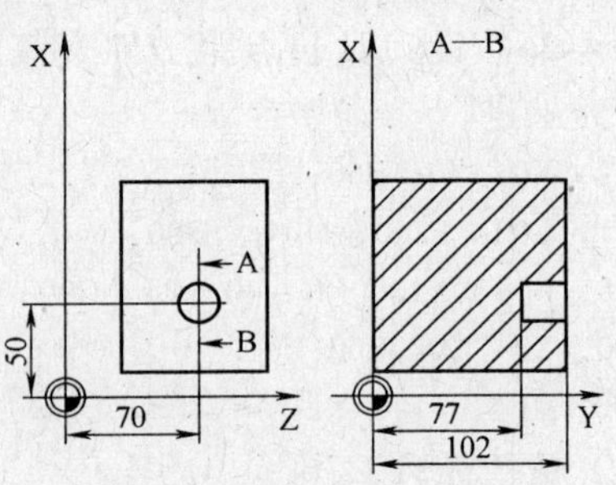

图 4-68 CYCLE85 示例

```
G00  G90  S500  M05;                          确定工艺参数
G18  T1  D1  X50  Y105  Z70;                   接近孔加工位置
CYCLE85(105,102,2,  ,25,  ,300,450);          循环调用,无停顿时间
M30;                                           程序结束
```

(2) 镗孔循环 CYCLE86

格式: CYCLE86 (RTP, RFP, SDIS, DP, DPR, DTB, SDIR, RPA, RPO, RPAP, POSS);

功能: 此循环可以用来使用镗杆进行镗孔。刀具按照编程的主轴速度和进给率进行加工，直至到达最后加工深度。镗孔时，一旦到达最终深度，便激活了主轴准停功能并反向让刀。然后，主轴从返回平面快速回到编程的返回位置。

其指令动作循环如图 4-69 所示。

例 4-28 加工图 4-70 所示的孔，主轴旋转方向 M03，并停在 45°位置。

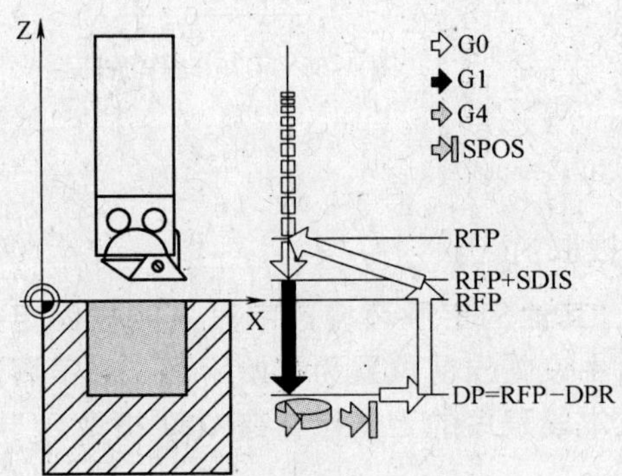

图 4-69 CYCLE86 动作循环

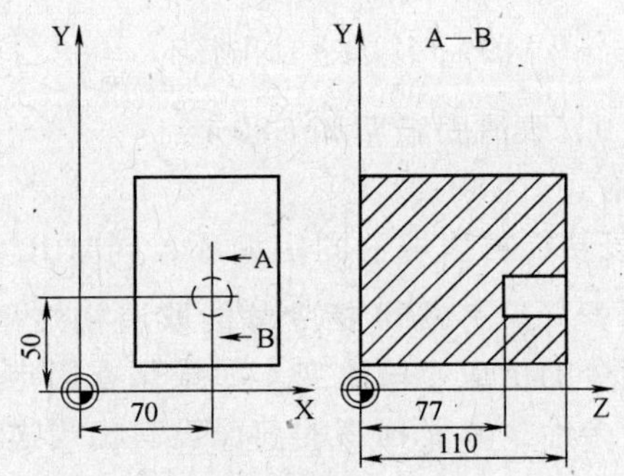

图 4-70 CYCLE86 示例

```
G00  G17  G90  F200  S300  M03;               确定工艺参数
T11  D1  Z112;                                 到达返回平面
X70  Y50;                                      到达加工位置
CYCLE86(112,110,  ,77,0,2,3,-1,-1,1,45);      使用绝对深度调用
M30;                                           程序结束
```

（3）带停止铰镗孔循环 CYCLE87

格式：CYCLE87（RTP，RFP，SDIS，DP，DPR，SDIR）；

功能：刀具按照编程的主轴速度和进给率进行孔加工，直至到达最后深度。停止镗孔时，一旦到达终点，便激活了主轴停止功能 M05（主轴不定位）和程序的停止。按机床面板上的“NC START”（启动）键继续快速返回直至到达返回平面。

其指令动作循环如图 4-71 所示。

（4）带停止镗孔循环 CYCLE88

格式：CYCLE88（RTP，RFP，SDIS，DP，DPR，DTB，SDIR）；

功能：刀具按照编程的主轴速度和进给率进行孔加工，直至到达最后深度。停止镗孔时，一旦到达终点，便激活了主轴停止功能 M05（主轴不定位）和程序的停止。按机床面板上的“NC START”（启动）键继续快速返回直至到达返回平面。

其指令动作循环如图 4-72 所示。

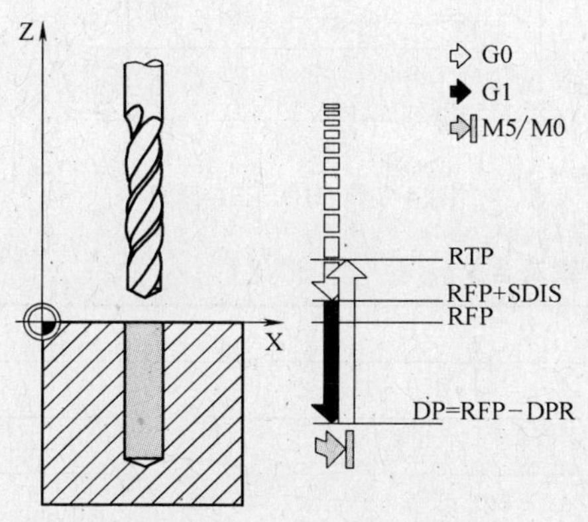

图 4-71　CYCLE87 动作循环

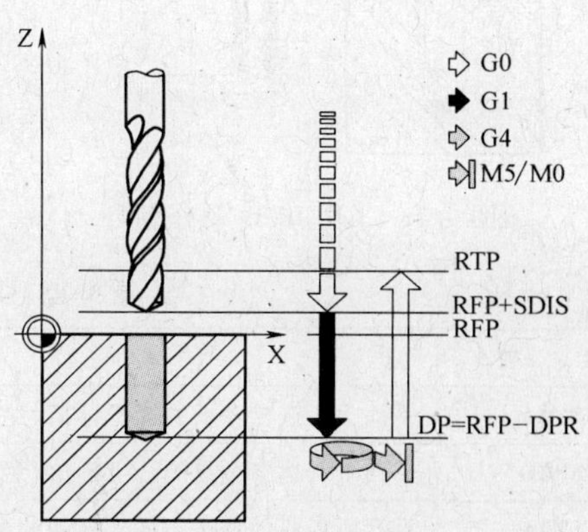

图 4-72　CYCLE88 动作循环

（5）铰镗孔循环 CYCLE89

格式：CYCLE89（RTP，RFP，SDIS，DP，DPR，DTB）；

功能：刀具按照编程的主轴速度和进给率进行孔加工，直至到达最后深度。到达最终深度后，可以编程停顿时间。

其指令动作循环如图 4-73 所示。

9. SIEMENS 802D 系统中孔系固定循环

（1）模态调用子程序　在有 MCALL 指令的程序段中调用子程序，如果其后的程序段中含有轨迹运行，则子程序会被自动调用，即为模态调用。该调用一直有效，直至调用下一个程序段。

用 MCALL 指令模态调用子程序的程序段以及模态调用结束指令均需要一个独立的程序段。如可以使用 MCALL 指令来方便地加工各种排列形状的孔。

例 4-29　排孔钻削。

MCALL　CYCLE82(…)；	钻削循环 82
HOLES1(…)；	行孔循环，在每次到达孔位置之后，使用传送参数执行 CYCLE82(…)循环

MCALL;　　结束 CYCLE82 的模态调用

(2) 排孔 HOLES1

格式：HOLES1 (SPCA, SPCO, STA1, FDIS, DBH, NUM);

功能：此循环可以用来钻削一排孔。即沿直线分布的一些孔或网格孔。孔的类型由已被调用的钻孔循环决定。

其指令工作过程如图 4-74 所示参数及含义见表 4-13。

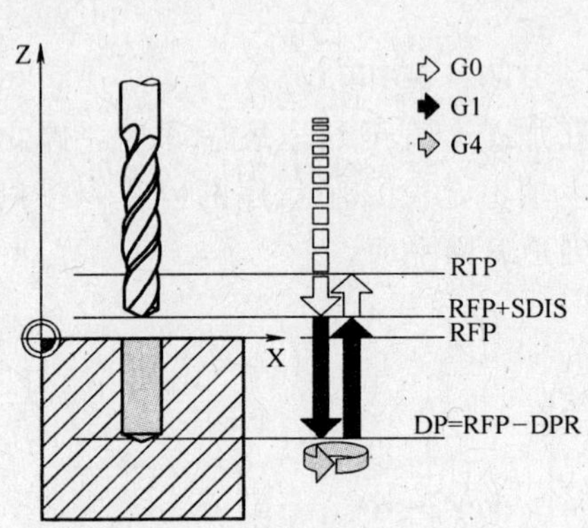

图 4-73　CYCLE89 动作循环

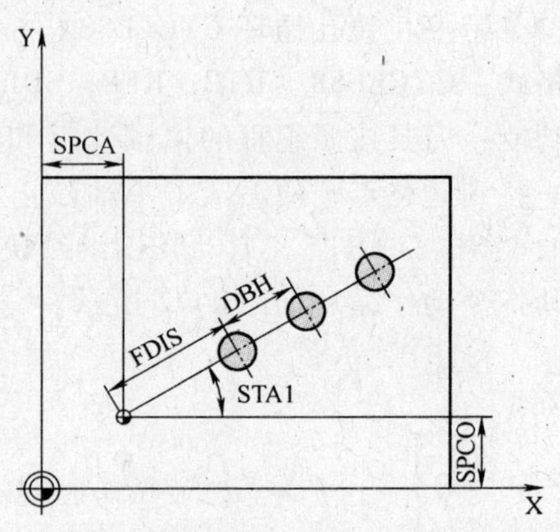

图 4-74　HOLES1 循环

表 4-13　HOLES1 的参数及含义

参　数	含　义
SPCA	平面上所选参考点的横坐标值(绝对值)
SPCO	平面上所选参考点的纵坐标值(绝对值)
STA1	排孔所形成的直线与横坐标间的角度：−180°≤STA1＜180°
FDIS	第一个孔到参考点的距离(无符号)
DBH	孔间距(无符号)
NUM	孔的数量

例 4-30　加工图 4-75 所示的排孔，用 CYCLE82 钻孔，用 CYCLE84 攻螺纹。

```
G90  F300  S500  M3  T1  D1;                 确定工艺参数
G18  G0  X30  Y105  Z20;                     移到起始位置
MCALL  CYCLE82(105,102,2,22,  ,1);           模态调用钻孔循环
HOLSE1(20,30,0,10,20,5);                     调用排孔循环;循环从第一个孔开始加工,ZX
                                             平面中,Z 轴应为横坐标轴
MCALL;                                       取消模态调用
…                                            换刀
G90  G0  X30  Y105  Z110;                    到第五孔位置
MCALL  CYCLE84(105,102,2,22,0,  ,3,  ,4.2,  ,300,400);
                                             模态形式调用攻螺纹循环
HOLSE1(110,30,180,0,20,5);                   从第五孔开始调用排孔循环
MCALL;                                       取消模态调用
M30;                                         程序结束
```

例 4-31　加工图 4-76 所示的网格孔，用 CYCLE82 钻孔。(本例采用了 R 参数及有条件跳转功能，即采用了 SIEMENS 802D 系统的宏程序功能)

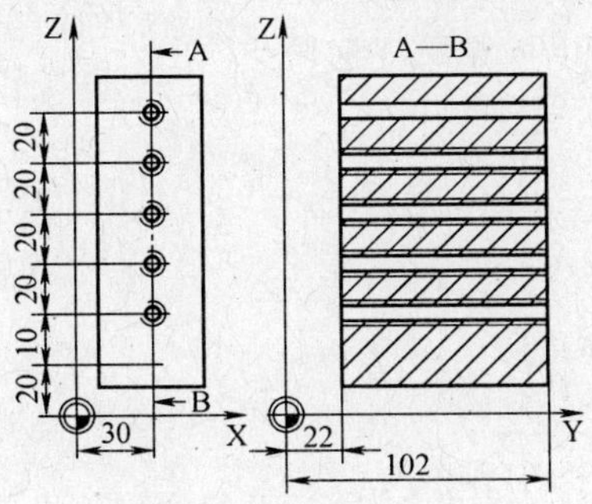

图 4-75　排孔示例

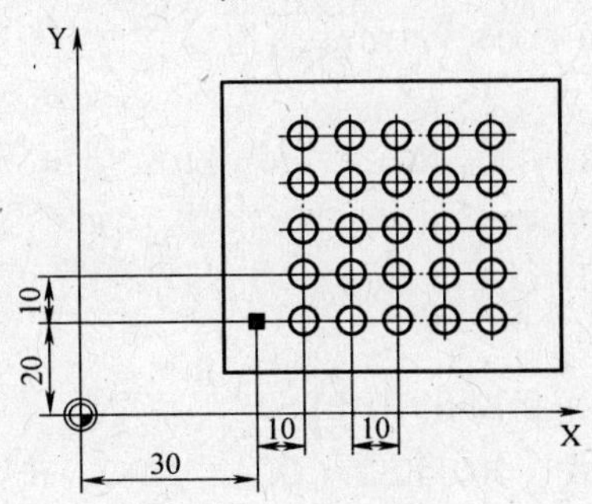

图 4-76　网格孔示例

```
R10 = 102;                                  基准平面
R11 = 105;                                  返回平面
R12 = 2;                                    安全间隙
R13 = 75;                                   钻孔深度
R14 = 30;                                   参考点横坐标
R15 = 20;                                   参考点纵坐标
R16 = 0;                                    起始角
R17 = 10;                                   第一孔到参考点的距离
R18 = 10;                                   孔间距
R19 = 5;                                    每行孔的数量
R20 = 5;                                    行数
R21 = 0;                                    行计数器
R22 = 10;                                   行间距
G90  F300  S500  M3  T10  D1;               确定工艺参数
G17  G00  X = R15  Z105;                    到起始位置
MCALL  CYCLE82(R11,R10,R12,R13,0,1);        模态调用钻削循环
LABEL1:;                                    标记
HOLSE1(R14,R15,R16,R17,R18,R19);            调用排孔循环
R15 = R15 + R22;                            计算下一行的 Y 值
R21 = R21 + 1;                              行计数器增加 1
IF  R21 < R20  GOTOB  LABEL1;               条件满足,返回,钻削每行孔
MCALL;                                      取消模态调用
G90  G0  X30  Y20  Z105;                    回到起始位置
M30;                                        程序结束
```

☆　**事实上在 HNC-21/22M 系统中可以利用相对编程（G91）和循环次数参数 L 完成排孔的加工，再结合子程序或者宏程序功能也可以完成网格孔的加工。加工图 4-75 所示排孔程序：**

```
G90  F300  S500  M03  T1;                   确定工艺参数
G18  G00  X30  Y150  Z10;                   到加工起始点
```

```
G99  G82  X30  G91  Z20  G90  Y20  R105  L5;   调用钻孔加工循环,Z方向用相对编程,第一个
                                               孔在Z方向距起始点为20mm,每个孔间的间距
                                               也为20mm,调用五次,完成5个孔的加工
G80  G00  Y150;                                取消固定循环,Y向退刀
…                                              换刀等动作指令
G18  G00  X30  Y150  Z10;
G99  G84  X30  G91  Z20  G90  R110  L5;
G80  G00  Z150;
M30;                                           程序结束
```

(3) 圆周孔 HOLES2

格式：HOLES2 (CPA, CPO, RAD, STA1, INDA, NUM);

功能：使用此循环可以加工圆周孔。加工平面必须在循环调用前定义。孔的类型由已经调用好的钻孔循环决定。

工作过程如图 4-77 所示，参数及含义见表 4-14。

表 4-14　HOLES2 的参数及含义

参　数	含　义
CPA	平面中圆周孔的中心点的横坐标值(绝对值)
CPO	平面中圆周孔的中心点的纵坐标值(绝对值)
RAD	圆周孔圆周的半径(无符号)
STA1	起始角。取值：-180°≤STA1≤180°
INDA	增量角。如为零,系统根据孔的数量自动计算
NUM	孔的数量

例 4-32　加工图 4-78 所示的圆周孔。

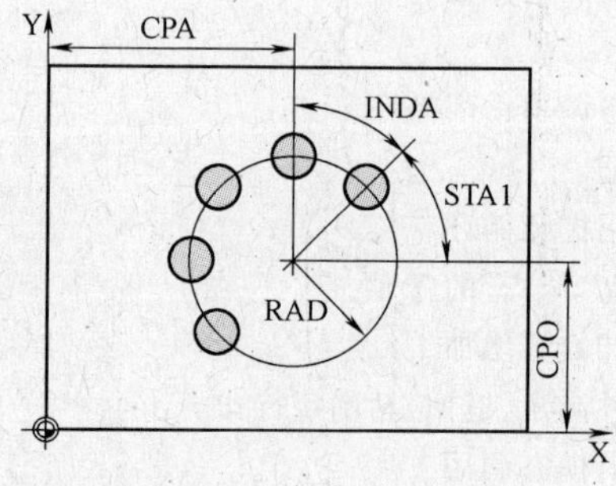

图 4-77　HOLES2 循环

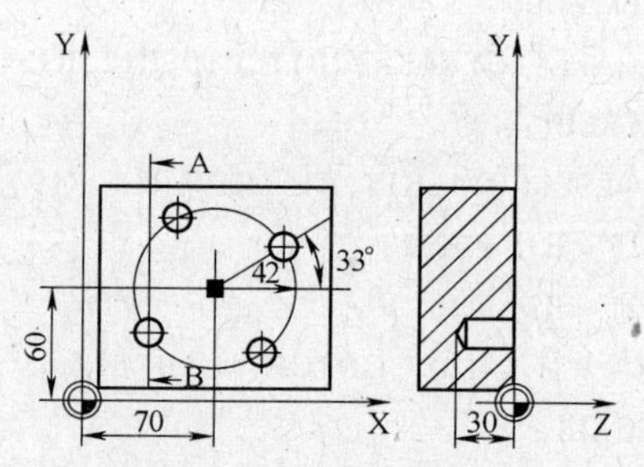

图 4-78　圆周孔应用示例

```
G90  F140  S170  M3  T10  D1;        确定工艺参数
G17  G00  X50  Y45  Z2;              到起始位置
MCALL  CYCLE82(2,0,2,  ,30,0);       模态调用钻削循环
HOLSE2(70,60,42,33,0,4);             调用圆周孔循环,增量角没定义
MCALL;                               取消模态调用
M30;                                 程序结束
```

☆ **事实上在 HNC-21/22M 系统中可以利用局部坐标系功能 G52 及旋转变换功能 G68/G69 完成圆周孔加工。**

加工图 4-78 所示的圆周孔程序：

```
G90  F140  S170  M03  T10;          确定工艺参数
G17  G00  X0  Y0  Z50;              到起始位置
G52  X70  Y60;                      将点(70,60)设为局部坐标系原点
G68  X0  Y0  P33;                   坐标系绕局部坐标原点旋转 33°
G82  X42  Y0  Z-30  R2;             调用钻孔循环钻孔
G68  X0  Y0  P123;                  坐标系绕局部坐标原点旋转 123°
G82  X42  Y0  Z-30  R2;             调用钻孔循环钻孔
G68  X0  Y0  P213;                  坐标系绕局部坐标原点旋转 213°
G82  X42  Y0  Z-30  R2;             调用钻孔循环钻孔
G68  X0  Y0  P303;                  坐标系绕局部坐标原点旋转 303°
G82  X42  Y0  Z-30  R2;             调用钻孔循环钻孔
G80  G00  Z50;
M30;                                程序结束
```

10. SIEMENS 802D 系统中螺纹铣削固定循环

格式：CYCLE90（RTP，RFP，SDIS，DP，DPR，DIATH，KDIAM，PIT，FFR，CDIR，TYPTH，CPA，CPO）；

功能：使用 CYCLE90，可以加工内螺纹或外螺纹。铣削螺纹的路径需要螺旋插补。加工时，需使用循环调用前定义的当前平面中的三个几何轴。

工作过程如图 4-79 所示，参数及含义见表 4-15。

表 4-15 CYCLE90 的参数及含义

参 数	含 义
RTP	返回平面(绝对值)
RFP	基准平面(参考面)(绝对值)
SDIS	安全距离(无符号输入)
DP	最终钻孔深度(绝对值)
DPR	相对于基准平面的最终钻孔深度(无符号输入)
DIATH	螺纹的公称直径(通常指大径)
KDIAM	中心直径(通常指小径)
PIT	螺纹螺距,取值:0.001~2000.000mm
FFR	螺纹铣削进给率(无符号输入)
CDIR	螺纹铣削时的旋转方向。值:2(使用 G02 铣削螺纹)或 3(使用 G03 铣削螺纹)
TYPTH	螺纹类型。值:0(内螺纹)或 1(外螺纹)
CPA	平面上圆心的横坐标(绝对值)
CPO	平面上圆心的纵坐标(绝对值)

例 4-33 铣削图 4-80 所示的内螺纹（用变量的赋值方式）。

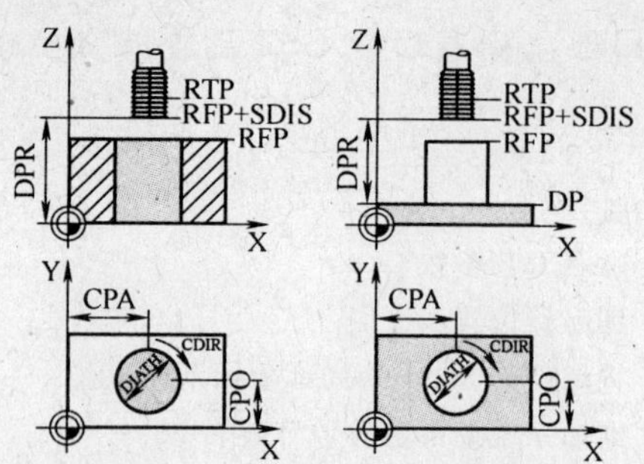

图 4-79 CYCLE90 铣削循环

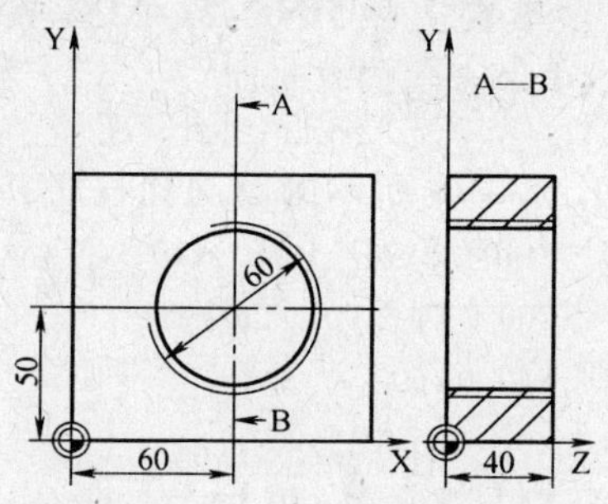

图 4-80 CYCLE90 应用示例

程序	说明
DEF REAL RTP = 48, RFP = 40, SDIS = 5, DPR = 40, DIATH = 60, KDIAM = 50;	变量定义，REAL 表示实数类型数据，INT 表示整数类型数据
DEF REAL PIT = 2, FFR = 500, CPA = 60, CPO = 50;	
DEF INT CDIR = 2, TYPTH = 0;	
G90 G00 G17 X0 Y0 Z80 S200 M3;	
T5 D1;	
CYCLE90(RTP, RFP, SDIS, DP, DPR, DIATH, KDIAM, PIT, FFR, CDIR, TYPTH, CPA, CPO);	循环调用
G00 G90 Z100;	循环结束后到达的位置
M02;	程序结束

三、参考程序

1. HNC-21/22M 系统参考程序

程序	说明
%0001;	程序名
N1 G54 G90 G17 G21 G94 G49 G40;	建立工件坐标系，绝对编程，XY 平面，米制编程，分进给，取消长度、半径补偿
N2 G28 Z100;	到换刀点
N3 M06 T5;	换 5 号刀，ϕ3mm 中心钻
N4 M03 S1200 F120;	主轴正转，定义主轴转速及进给速度
N5 G43 G00 Z150 H08;	Z 轴快速定位，调用刀具表 8 号位置长度补偿值
N6 X0 Y0;	X、Y 轴快速定位
N7 G81 G99 X - 55 Y0 Z - 2 R2;	固定循环指令点孔加工
N8 G80 G49 G00 Z150;	取消固定循环，取消长度补偿，Z 轴快速定位
N9 M05;	主轴停转
N10 G28 Z100;	回换刀点
N11 M06 T6;	换 6 号刀，ϕ11.8mm 直柄麻花钻
N12 M03 S550 F80;	主轴正转，定义主轴转速及进给速度
N13 G43 G00 Z150 H09;	Z 轴快速定位，调用刀具表 9 号位置长度补偿值
N14 X0 Y0 M07;	X、Y 轴快速定位，切削液开

N15 G83 G99 X-55 Y0 Z-35 Q-5 K1 R2;	固定循环指令钻孔加工,ϕ12mm 孔
N16 X0;	固定循环指令钻孔加工,ϕ38mm 孔
N17 G80 G49 G00 Z150 M09;	取消固定循环,取消长度补偿,切削液关,Z 轴快速定位
N18 M05;	主轴停转
N19 G28 Z100;	回换刀点
N20 M6 T7;	换 7 号刀,ϕ35mm 麻花钻
N21 M03 S150 F20;	主轴正转,定义主轴转速及进给速度
N22 G43 G00 Z150 H10;	Z 轴快速定位,调用刀具表 10 号位置长度补偿值
N23 X0 Y0 M07;	X、Y 轴快速定位,切削液开
N24 G83 G99 X0 Y0 Z-40 Q-5 K1 R2;	固定循环指令扩孔加工中心位置孔
N25 G80 G49 G00 Z150 M09;	取消固定循环,Z 轴快速定位,切削液关
N26 M05;	主轴停转
N27 G28 Z100;	回换刀点
N28 M6 T10;	换 10 号刀,ϕ37.5mm 粗镗刀
N29 M03 S850 F80;	主轴正转,定义主轴转速及进给速度
N30 G43 G00 Z150 H13;	Z 轴快速定位,调用刀具表 13 号位置长度补偿值
N31 X0 Y0 M07;	X、Y 轴快速定位,切削液开
N32 G85 G99 X0 Y0 Z-30 R2;	固定循环指令粗镗中心位置孔
N33 G80 G49 G00 Z150 M09;	取消固定循环,取消长度补偿,切削液关,Z 轴快速定位
N34 M05;	主轴停转
N35 G28 Z100;	回换刀点
N36 M6 T11;	换 11 号刀,ϕ38mm 精镗刀
N37 M03 S1000 F40;	主轴正转,定义主轴转速及进给速度
N38 G43 G00 Z150 H14;	Z 轴快速定位,调用刀具表 14 号位置长度补偿值
N39 X0 Y0 M07;	X、Y 轴快速定位,切削液开
N40 G85 G99 X0 Y0 Z-30 R2;	固定循环指令精镗中心位置孔
N41 G80 G49 G00 Z150 M09;	取消固定循环,取消长度补偿,切削液关,Z 轴快速定位
N42 M05;	主轴停转
N43 G28 Z100;	回换刀点
N44 M6 T12;	换 12 号刀具,ϕ12mm 机用铰刀
N45 M03 S300 F50;	主轴正转,定义主轴转速及进给速度
N46 G43 G00 Z150 H15;	Z 轴快速定位,调用刀具表 11 号位置长度补偿值
N47 X0 Y0 M07;	X、Y 轴快速定位,切削液开
N48 G85 G99 X-55 Y0 Z-35 R2;	固定循环指令铰孔加工

N49　G80　G49　G00　Z150　M09;	取消固定循环,取消长度补偿,切削液关,Z轴快速定位
N50　M05;	主轴停转
N51　M30;	程序结束

2. SIEMENS 802D 系统参考程序

% _N_LJ0001_MPF	程序名 LJ0001
; $ PATH = /_N_MPF_DIR;	
N1　G54　G90　G17　G71　G94　G40;	建立工件坐标系,绝对编程,XY 平面,米制编程,分进给,取消刀具半径补偿
N2　T5;	选 5 号刀,ϕ3mm 中心钻
N3　L6;	换刀
N4　M3　S1200　F120;	主轴正转,定义主轴转速及进给速度
N5　G0　Z150　D1;	Z 轴快速定位,调用刀具补偿值
N6　X0　Y0;	X、Y 轴快速定位
N7　CYCLE81(10,0,2,-2,2);	固定循环指令点孔加工
N8　G0　Z150;	取消固定循环,Z 轴快速定位
N9　M5;	主轴停转
N10　T6;	选 6 号刀,ϕ11.8mm 麻花钻
N11　L6;	换刀
N12　M3　S550　F80;	主轴正转,定义主轴转速及进给速度
N13　G0　Z150　D1;	Z 轴快速定位,调用刀具补偿值
N14　X-55　Y0　M7;	X、Y 轴快速定位,切削液开
N15　CYCLE83(10,0,2,-35,35,-5,5,0,0,1,1,1);	固定循环指令钻削孔,ϕ12mm 孔
N16　G0　X0　Y0;	X、Y 定位
N17　CYCLE83(10,0,2,-35,35,-5,5,0,0,1,1,1);	固定循环指令钻削孔,ϕ38mm 孔
N18　G0　Z150　M9;	取消固定循环,Z 轴快速定位,切削液关
N19　M5;	主轴停转
N20　T7;	选 7 号刀,ϕ35mm 麻花钻
N21　L6;	换刀
N22　M3　S150　F20;	主轴正转,定义主轴转速及进给速度
N23　G0　Z150　D1;	Z 轴快速定位,调用刀具补偿值
N24　X0　Y0　M7;	X、Y 轴快速定位,切削液开
N25　CYCLE83(10,0,2,-40,40,-5,5,0,0,1,1,1);	固定循环指令扩孔加工中心位置孔
N26　G0　Z150　M9;	取消固定循环,Z 轴快速定位,切削液关
N27　M5;	主轴停转
N28　T10;	选 10 号刀,ϕ37.5mm 粗镗刀
N29　L6;	换刀
N30　M3　S850　F80;	主轴正转,定义主轴转速及进给速度
N31　G0　Z150　D1;	Z 轴快速定位,调用刀具补偿值

```
N32  X0  Y0  M7;                              X、Y 轴快速定位,切削液开
N33  CYCLE85(10,0,2,-30,30,0,80,100);
                                              固定循环指令粗镗中心位置孔
N34  G0  Z150  M9;                            取消固定循环,切削液关,Z 轴快速定位
N35  M5;                                      主轴停转
N36  T11;                                     选 8 号刀,φ38mm 精镗刀
N37  L6;                                      换刀
N38  M3  S1000  F40;                          主轴正转,定义主轴转速及进给速度
N39  G0  Z150  D01;                           Z 轴快速定位,调用刀具补偿值
N40  X0  Y0  M7;                              X、Y 轴快速定位,切削液开
N41  CYCLE85(10,0,2,-30,30,0,40,60);
                                              固定循环指令精镗中心位置孔
N42  G00  Z150  M9;                           取消固定循环,切削液关;Z 轴快速定位
N43  M5;                                      主轴停转
N44  T12;                                     选 12 号刀具,φ12mm 机用铰刀
N45  L6;                                      换刀
N46  M3  S300  F50;                           主轴正转,定义主轴转速及进给速度
N47  G0  Z150  D01;                           Z 轴快速定位,调用刀具补偿值
N48  X-55  Y0  M7;                            X、Y 轴快速定位,切削液开
N49  CYCLE85(10,0,2,-30,30,0,50,50);
                                              固定循环指令铰孔加工
N50  G0  Z150  M9;                            取消固定循环,切削液关,Z 轴快速定位
N51  M5;                                      主轴停转
N52  M30;                                     程序结束
```

第七节　曲面加工与综合程序

加工图 4-1 所示零件中 *R*85mm 圆弧凸台上表面和 ϕ38mm 孔口 *R*30mm 圆角，加工效果如图 4-81 所示。

简单的曲面通常采用二轴半加工完成，而复杂的曲面需要借助自动编程软件才能完成编程任务。

图 4-81　曲面加工

一、加工思路

*R*85mm 的圆弧凸台上表面粗加工采用 ϕ14mm 的三刃立铣刀，精加工采用 ϕ14mm 的四刃立铣刀；孔口 *R*30mm 圆角采用 ϕ14mm 的三刃立铣刀加工。

*R*85mm 的圆弧凸台的 Y 向进刀采用宏程序或子程序增量完成，而圆弧的加工采用偏移法完成加工，如图 4-82 所示。

孔口 *R*30mm 圆角利用宏程序完成加工。

HNC-21/22M 和 SIEMENS 802D 系统都有宏指令功能，本书不作讲解，只对程序进行说明。

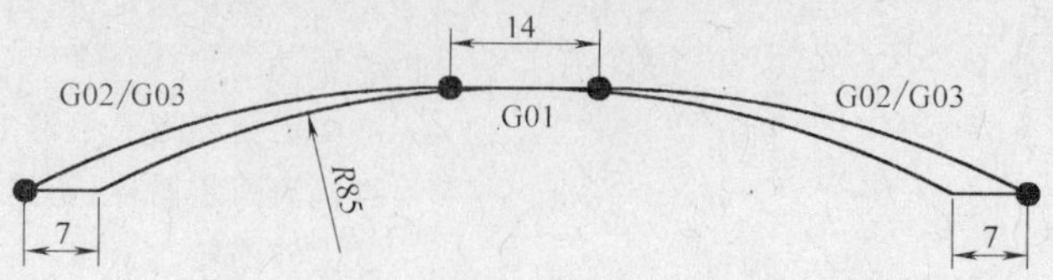

图 4-82 圆弧的偏移加工

二、加工程序

1. HNC-21/22M 系统参考程序

程序	说明
%0001;	程序名
N1 G54 G90 G17 G21 G94 G49 G40;	建立工件坐标系,绝对编程,XY 平面,米制编程,分进给,取消长度、半径补偿
N2 G28 Z100;	回换刀点
N3 M6 T8;	换 6 号刀,ϕ14mm 四刃细齿立铣刀
N4 M03 S800 F100;	主轴正转,定义主轴转速及进给速度
N5 G43 G00 Z150 H11;	Z 轴快速定位,调用刀具表 11 号位置长度补偿值
N6 X-7 Y50;	X、Y 快速定位
N7 Z0 M07;	Z 轴快速定位,打开切削液
N8 G01 X-7 Y42;	X、Y 向进给
N9 #1=42;	定义 Y 轴起始值
N10 #1=32;	定义 Y 轴终止值
N11 WHILE #1 GE #2;	判断 Y 轴是否到达终点
N12 #3=#3-0.025;	
N13 G01 X-6 Y[#1] F1000;	直线进给
N14 G18 G03 X33 Z10 R85;	XZ 平面内圆弧铣削
N15 G01 X47;	X 轴移动
N16 G03 X87 Z0 R85;	XZ 平面内圆弧铣削
N17 G01 Y[#3];	Y 轴移动
N18 G02 X47 Z10 R85;	XZ 平面内圆弧铣削
N19 G01 X33;	X 轴移动
N20 G02 X-7 Z0 R85;	XZ 平面内圆弧铣削
N21 #1=#1-0.05;	圆柱面宽度方向上每次增加量
N22 ENDW;	返回判断条件,若条件成立,继续执行
N23 G17 G49 G00 Z150 M09;	XY 平面内编程,Z 轴快速定位,切削液关
N24 M05;	主轴停转
N25 G28 Z100;	回换刀点
N26 M6 T4;	换 4 号刀,ϕ14mm 粗齿三刃立铣刀
N27 M03 S800 F1000;	主轴正转,定义主轴转速
N28 G43 G00 Z150 H07;	Z 轴快速定位,调用刀具表 7 号位置长度补偿值
N29 X0 Y0 M07;	X、Y 轴快速定位,切削液开

```
N30  Z0;                                  Z 轴快速定位
N31  #1 =0;                               定义 Z 轴起始深度
N32  #2 = -7;                             定义 Z 轴最终深度
N33  WHILE  #1  GE  #2;                   判断 Z 轴是否到达终点
N34  #1 =#1 -0.02;                        定义 Z 轴每次下刀深度
N35  G00  Z[#1];                          Z 轴快速定位
N36  #3 =16.216 -#1;                      定义中间变量
N37  #4 =SQRT[30 * 30 -#3 * #3];          计算 X 坐标值
N38  #5 =#4 -7;                           用中间变量定义刀具中心位置坐标
N39  G01  X[#5]  F1200;                   X 向进给
N40  G02  I[ -#5]  J0;                    圆弧加工
N41  G00  X0;                             快速退回到中心点
N42  ENDW;                                返回判断条件是否成立,如成立继续执行
N43  G49  G00  Z150  M09;                 取消长度补偿,切削液关,Z 轴快速定位
N44  M05;                                 主轴停转
N45  M30;                                 程序结束
```

2. SIEMENS 802D 系统参考程序

```
%_N_LJ0001_MPF                            程序名 LJ0001
;$ PATH =/_N_MPF_DIR;
N1  G54  G90  G17  G71  G94  G40;         建立工件坐标系,绝对编程,XY 平面,米制
                                          编程,分进给,取消刀具半径补偿
N2  T8;                                   选 6 号刀,φ14mm 四刃细齿立铣刀
N3  L6;                                   换刀
N4  M3  S800  F100;                       主轴正转,定义主轴转速及进给速度
N5  G0  Z150  D01;                        Z 轴快速定位,调用刀具补偿值
N6  X -7  Y50;                            X、Y 向快速定位
N7  Z0  M7;                               Z 轴快速定位,打开切削液
N8  G1  X -7  Y42;                        X、Y 向进给
N9  R1 =42;                               定义 Y 轴起始值
N10  R2 =32;                              定义 Y 轴终止值
N11  MARKE1:;                             标示符
N12  G1  X -7  Y =R1  F1000;              直线进给
N13  G18  G3  X33  Z10  CR =85;           XZ 平面内圆弧铣削
N14  G1  X47;                             X 轴移动
N15  G3  X87  Z0  CR =85;                 XZ 平面内圆弧铣削
N16  G1  Y =R1 -0.025;                    Y 轴向移动
N17  G2  X47  Z10  CR =85;                XZ 平面内圆弧铣削
N18  G1  X33;                             X 轴移动
N19  G2  X -7  Z0  CR =85;                XZ 平面内圆弧铣削
N20  R1 =R1 -0.05;                        圆柱面宽度方向上每次增加量
N21  IF  R1 > =R2  GOTOB  MARKE1;         条件成立时,跳转到 MARKE1 处运行程序
N22  G17  G0  Z150  M9;                   XY 平面内编程,Z 轴快速定位,切削液关
N23  M5;                                  主轴停转
```

```
N24  T4;                                   选号刀,φ14mm 粗齿三刃立铣刀
N25  L6;                                   换刀
N26  M3  S800  F1000;                      主轴正转,定义主轴转速
N27  G0  Z150  D2;                         Z 轴快速定位,调用刀具补偿值
N28  X0  Y0  M7;                           X、Y 轴快速定位,切削液开
N29  Z0;                                   Z 轴快速定位
N30  G1  X18.239  F100;                    X 向进给
N31  R1 = 0;                               定义 Z 轴起始深度
N32  R2 = -7;                              定义 Z 轴终止深度
N33  MARKE2:;                              标示符
N34  R3 = 16.216 - R1;                     Z 方向数值计算
N35  R4 = SQRT(30 * 30 - R3 * R3);         X 方向数值计算
N36  R5 = R4 - 7;                          X 方向数值计算
N37  G1  X = R5  Y0  Z = R1  F1200;        进给至圆弧面的 X、Y、Z 轴起点位置
N38  G2  I = -R5  J0;                      整圆铣削加工
N39  R1 = R1 - 0.02;                       圆弧深度的每次增加量
N40  IF  R1 > = R2  GOTOB  MARKE2;         如果条件成立,跳转到 MARKE2 继续执行
N41  G0  Z-50  D0  M09;                    取消刀具长度补偿,Z 轴快速定位,切削液关
N42  M5;                                   主轴停转
N43  M30;                                  程序结束
```

三、本章任务的综合程序

前面的分块加工是把每一部分的粗精加工放在一个程序中完成的，在把这些程序合成起来形成零件的完整加工程序时，必须严格按照加工工序的安排将分块程序有效地整合。

1. HNC-21/22M 系统参考程序

```
%0001
N1  G54  G90  G17  G21  G94  G49  G40;
N2  G28  Z100;
N3  M6  T1;                  ┐
N4  M03  S450  F200;         │
N5  G00  G43  Z150  H01;     │
N6  X-125  Y-45;             ├ φ80mm 面铣刀粗加工上表面
N7  Z11.4;                   │
N8  M98  P1000  L4;          ┘
N9  G00 Z50;                 ┐
N10  S800 F160;              │
N11  Z2.8 M07;               ├ φ80mm 面铣刀精加工上表面
N12  M98 P1000;              │
N13  G49 G00 Z150 M09;       │
N14  M05;                    ┘
```

```
N15 G28 Z100;
N16 M6 T2;
N17 M03 S600 F60;
N18 G00 G43 Z150 H02 D02;
N19 M98 P1001 M07;
N20 G00 G43 Z2 H03;
N21 M98 P1002;
N22 G40 G01 X20 Y-47;
N23 G49 G00 Z150 M09;
N24 M05;
```

}ϕ14mm 键槽铣刀粗加工宽 26mm 凹槽

```
N25 G28 Z100;
N26 M06 T3;
N27 M03 S300 F75;
N28 G00 G43 Z150 H04 D04;
N29 X0 Y-78 M07;
N30 M98 P1003;
N31 G00 G43 Z10 H05 D05;
N32 M98 P1003;
```

}ϕ25mm 三刃立铣刀粗加工 *R*50mm 凹圆弧槽

```
N33 G00 Z-5;
N34 M98 P1004;
N35 G24 X0;
N36 M98 P1004;
N37 G25 X0;
N38 G49 G00 Z150 M09;
N39 M05;
```

}ϕ25mm 三刃立铣刀粗加工深 5mm 凹槽

```
N40 G28 Z100;
N41 M6 T4;
N42 M03 S600 F80;
N43 G00 G43 Z150 H06 D06;
N44 X100 Y50;
N45 M98 P1005;
N46 M98 P1006;
N47 G49 G00 Z150 M09;
N48 M05;
```

}ϕ14mm 三刃立铣刀粗加工 *R*85mm 圆弧凸台侧面、上表面与宽 16mm 槽

```
N49 G28 Z100;
N50 M06 T5;
N51 M03 S1200 F120;
N52 G43 G00 Z150 H08;
N53 X0 Y0;
N54 G81 G99 X-55 Y0 Z-2 R2;
N55 G80 G49 G00 Z150;
N56 M05;
```

}ϕ3mm 中心钻钻中心孔（点孔加工）

```
N57  G28 Z100;
N58  M06 T6;
N59  M03 S550 F80;
N60  G43 G00 Z150 H09;
N61  X0 Y0 M07;                          } φ11.8mm 直柄麻花钻钻 φ12mm 和 φ38mm 处孔
N62  G83 G99 X-55 Y0 Z-35 Q-5 K1 R2;
N63  X0;
N64  G80 G49 G00 Z150 M09;
N65  M05;
N66  G28 Z100;
N67  M6 T7;
N68  M03 S150 F20;
N69  G43 G00 Z150 H10;
N70  X0 Y0 M07;                          } φ35mm 锥柄麻花钻扩 φ38mm 处孔
N71  G83 G99 X0 Y0 Z-40 Q-5 K1 R2;
N72  G80 G49 G00 Z150 M09;
N73  M05;
N74  G28 Z100;
N75  G28 Z100;
N76  M6 T8;
N77  M03 S800 F100;
N78  G00 G43 Z150 H11 D11;               } φ14mm 四刃立铣刀精铣宽 26mm 凹槽
N79  M98 P1001. M07;
N80  G40 G01 X20 Y-47;
N81  G00 Z15;
N82  X100 Y50;                           } φ14mm 四刃立铣刀精铣 R85mm 圆弧凸台侧面与宽 16mm 槽
N83  M98 P1005;
N84  G00 X-7 Y50;
N85  Z0 M07;
N86  G01 X-7 Y42;
N87  #1=42;
N88  #1=32;
N89  WHILE #1 GE #2;
N90  #3=#3-0.025;
N91  G01 X-6 Y[#1] F1000;
N92  G18 G03 X33 Z10 R85;
N93  G01 X47;
N94  G03 X87 Z0 R85;                     } φ14mm 四刃立铣刀精铣 R85mm 圆弧凸台上表面
N95  G01 Y[#3];
N96  G02 X47 Z10 R85;
N97  G01 X33;
N98  G02 X-7 Z0 R85;
N99  #1=#1-0.05;
N100 ENDW;
N101 G17 G49 G00 Z150 M09;
N102 M05;
N103 G28 Z100;
```

```
N104  M06 T9;
N105  M03 S600 F90;
N106  G00 G43 Z150 H12 D12;    } φ25mm 四刃立铣刀精铣 R50mm 凹圆弧槽
N107  X0 Y -78 M07;
N108  M98 P1003;
N109  Z -5;
N110  M98 P1004;
N111  G24 X0;
N112  M98 P1004;               } φ25mm 四刃立铣刀精铣深 5mm 凹槽
N113  G25 X0;
N114  G49 G00 Z150 M09;
N115  M05;
N116  G28 Z100;
N117  M6 T10;
N118  M03 S850 F80;
N119  G43 G00 Z150 H13;
N120  X0 Y0 M07;               } φ37.5mm 粗镗刀镗孔(φ38mm 孔)
N121  G85 G99 X0 Y0 Z -30 R2;
N122  G80 G49 G00 Z150 M09;
N123  M05;
N124  G28 Z100;
N125  M6 T11;
N126  M03 S1000 F40;
N127  G43 G00 Z150 H14;
N128  X0 Y0 M07;
N129  G85 G99 X0 Y0 Z -30 R2;  } φ38mm 精镗刀镗孔(φ38mm 孔)
N130  G80 G49 G00 Z150 M09;
N131  M05;
N132  G28 Z100;
N133  M6 T12;
N134  M03 S300 F50;
N135  G43 G00 Z150 H15;
N136  X0 Y0 M07;
N137  G85 G99 X -55 Y0 Z -35 R2;  } φ12mm 机用铰刀铰孔(φ12mm 孔)
N138  G80 G49 G00 Z150 M09;
N139  M05;
N140  G28 Z100;
```

```
N141  M6 T4;
N142  M03 S800 F1000;
N143  G43 G00 Z150 H07;
N144  X0 Y0 M07;
N145  Z0;
N146  #1 = 0;
N147  #2 = -7;
N148  WHILE #1 GE #2;
N149  #1 = #1 - 0.02;
N150  G00 Z[#1];
N151  #3 = 16.216 - #1;
N152  #4 = SQRT[30 * 30 - #3 * #3];
N153  #5 = #4 - 7;
N154  G01 X[#5] F1200;
N155  G02 I[-#5] J0;
N156  G00 X0;
N157  ENDW;
N158  G49 G00 Z150 M09;
N159  M05;
N160  M30;
```

φ14mm 三刃立铣刀加工孔口 R30mm 圆角

```
%1000;
N1  G91 G01 Z-2.8;
N2  G90 X85;
N3  G00 Y-10;
N4  G01 X-42;
N5  Y47;
N6  X-125;
N7  G00 Y-45;
N8  M99;
```

子程序%1000

```
%1001;
N1  G00 G41 X0 Y0;
N2  Y-53;
N3  Z2;
N4  G01 Z-10;
N5  G03 X8 Y-61 R8;
N6  M98 P1002;
N7  M99;
```

子程序%1001

```
%1002;
N1  G01 X52;
N2  G03 X60 Y-53 R8;
N3  G01 Y-43;
N4  G03 X52 Y-35 R8;
N5  X-52;
N6  G03 X-60 Y-43 R8;
N7  G01 Y-53;
N8  G03 X-52 Y-61 R8;
N9  G01 X8;
N10  M99;
```

子程序%1002

```
%1003;                               ┐
N1  G00 X-32 Y-92;                   │
N2  Z-8;                             │
N3  G01 Y-69.5;                      │
N4  X32;                             │
N5  Y-92;                            │
N6  G42 G00 X-25 Y-105;              │
N7  X-50;                            │
N8  G01 Y-78;                        ├子程序%1003
N9  G02 X-39.23 Y-47 R50;            │
N10  G01 X39.23;                     │
N11  G02 X50 Y-78 R50;               │
N12  G00 Y-105;                      │
N13  X25;                            │
N14  Z6;                             │
N15  G40 X0 Y-78;                    │
N16  M99;                            ┘

%1004;                               ┐
N1  G00 G42 X30 Y-53;                │
N2  G01 X60;                         │
N3  X91.69 Y-34.71;                  │
N4  X99.62 Y-48.44;                  ├子程序%1004
N5  G40 G00 X99.62 Y-78;             │
N6  G01 X60;                         │
N7  G00 X0;                          │
N8  M99;                             ┘

%1005;                               ┐
N1  G00 Z0 M07;                      │
N2  G41 X89 Y32;                     │
N3  G01 X0;                          │
N4  Y59;                             │
N5  G00 X-36;                        │
N6  Z-8;                             ├子程序%1005
N7  Y51;                             │
N8  G01 Y27;                         │
N9  G03 X-20 Y27 R8;                 │
N10  G01 Y51;                        │
N11  G00 G40 X-7 Y59;                │
N12  M99;                            ┘
```

```
%1006;
N1  G00 Z0;
N2  Y51;
N3  G01 Y37;
N4  G18 G03 X33 Z10 R85;
N5  G01 X47;
N6  G18 G03 X87 Z0 R85;
N7  G17 G00 X100;
N8  M99;
```
（以上）子程序%1006

2. SIEMENS 802D 系统参考程序

```
%_N_LJ0001_MPF
;$PATH=/_N_MPF_DIR;
N1  G54 G90 G17 G71 G94 G40;
N2  T1;
N3  L6;
N4  M3 S450 F200;
N5  G0 Z150 D1;
N6  X-125 Y-45;
N7  Z11.4;
N8  L1 P4;
N9  G0 Z50;
```
（N2～N9）φ80mm 面铣刀粗加工上表面

```
N10  S800 F160;
N11  G0 X-125 Y-45 M8;
N12  Z2.8;
N13  L1;
N14  G0 Z150 M9;
N15  M5;
```
（N10～N15）φ80mm 面铣刀精加工上表面

```
N16  T2;
N17  L6;
N18  M3 S600 F60;
N19  G0 Z150 D1;
N20  L2;
N21  G0 Z2 D2;
N22  L3;
N23  G40 G1 X20 Y-47;
N24  G0 Z150 M9;
N25  M5;
```
（N16～N25）φ14mm 键槽铣刀粗加工宽 26mm 凹槽

```
N26  T3;
N27  L6;
N28  M3 S300 F75;
N29  G0 Z150 D1;
N30  X0 Y-78 M8;
N31  L4;
N32  G0 Z10 D2;
N33  L4;
```
（N26～N33）φ25mm 三刃立铣刀粗加工 *R*50mm 凹圆弧槽

```
N34 Z-5;
N35 L5;
N36 MIRROR X0;
N37 L5;
N38 MIRROR;
N39 G0 Z150 M9;
```

ϕ25mm 三刃立铣刀粗加工深 5mm 槽

```
N40 T4;
N41 L6;
N42 M3 S600 F80;
N43 G0 Z150 D1;
N44 X100 Y50;
N45 L7;
N46 L8;
N47 G0 Z150 M9;
N48 M5;
```

ϕ14mm 三刃立铣刀粗加工 R85mm 圆弧凸台侧面、上表面与宽 16mm 槽

```
N49 T5;
N50 L6;
N51 M3 S1200 F120;
N52 G0 Z150 D1;
N53 X0 Y0;
N54 CYCLE81(10,0,2,-2,2);
N55 G0 Z150;
N56 M5;
```

ϕ3mm 中心钻钻中心孔(点孔加工)

```
N57 T6;
N58 L6;
N59 M3 S550 F80;
N60 G0 Z150 D1;
N61 X-55 Y0 M8;
N62 CYCLE83(2,0,1,-35,,-5,,,0,1,1,1);
N63 G0 X0 Y0;
N64 CYCLE83(2,0,1,-35,,-5,,,0,1,1,1);
N65 G0 Z150 M9;
N66 M5;
```

ϕ11.8mm 直柄麻花钻钻 ϕ12mm 和 ϕ38mm 处孔

```
N67 T7;
N68 L6;
N69 M3 S150 F20;
N70 G0 Z150 D1;
N71 X0 Y0 M8;
N72 CYCLE83(2,0,1,-40,,-5,,,0,1,1,1);
N73 G0 Z150 M9;
N74 M5;
```

ϕ35mm 锥柄麻花钻扩 ϕ38mm 处孔

```
N75  T8;
N76  L6;
N77  M3 S800 F100;
N78  G0 Z150 D1;
N79  L2;
N80  G40 G1 X20 Y-47;
N81  G0 Z150 M9;
N82  M5;
```

}ϕ14mm 四刃立铣刀精铣宽 26mm 凹槽

```
N83  X100 Y50;
N84  L7;
```

}ϕ14mm 四刃立铣刀精铣 *R*85mm 圆弧凸台侧面与宽 16mm 槽

```
N85  G0 X-7 Y50;
N86  Z0 M8;
N87  G1 X-7 Y42;
N88  R1=42;
N89  R2=32;
N90  MARKE1:;
N91  G1 X-7 Y=R1 F1000;
N92  G18 G3 X33 Z10 CR=85;
N93  G1 X47;
N94  G3 X87 Z0 CR=85;
N95  G1 Y=R1-0.025;
N96  G2 X47 Z10 CR=85;
N97  G1 X33;
N98  G2 X-7 Z0 CR=85;
N99  R1=R1-0.05;
N100  IF R1>=R2 GOTOB MARKE1;
N101  G17 G0 Z150 M9;
N102  M5;
```

}ϕ14mm 四刃立铣刀精铣 *R*85mm 圆弧凸台上表面

```
N103  T9;
N104  L6;
N105  M3 S600 F90;
N106  G0 Z150 D1;
N107  X0 Y-78 M8;
N108  L4;
```

}ϕ25mm 四刃立铣刀精铣 *R*50mm 凹圆弧槽

```
N109  Z-5;
N110  L5;
N111  MIRROR X0;
N112  L5;
N113  MIRROR;
N114  G0 Z150 M9;
N115  M5;
```

}ϕ25mm 四刃立铣刀精铣深 5mm 凹槽

```
N116  T10;                                          }
N117  L6;                                           }
N118  M3 S850 F80;                                  }
N119  G0 Z150 D1;                                   } φ37.5mm 粗镗刀镗孔（φ38mm 孔）
N120  X0 Y0 M8;                                     }
N121  CYCLE85(2,0,1,-30, ,0,80,100);                }
N122  G0 Z150 M9;                                   }
N123  M5;                                           }
N124  T11;                                          }
N125  L6;                                           }
N126  M3 S1000 F40;                                 }
N127  G0 Z150 D1;                                   } φ38mm 精镗刀镗孔（φ38mm 孔）
N128  X0 Y0 M8;                                     }
N129  CYCLE85(2,0,1,-30, ,0,40,100);                }
N130  G0 Z150 M9;                                   }
N131  M5;                                           }
N132  T12;                                          }
N133  L6;                                           }
N134  M3 S300 F50;                                  }
N135  G0 Z150 D1;                                   } φ12mm 机用铰刀铰孔（φ12mm 孔）
N136  X-55 Y0 M8;                                   }
N137  CYCLE85(2,0,1,-30, ,0,50,50);                 }
N138  G0 Z150 M9;                                   }
N139  M5;                                           }
N140  T4;                                           }
N141  L6;                                           }
N142  M3 S800 F1000;                                }
N143  G0 Z150 D2;                                   }
N144  X0 Y0 M8;                                     }
N145  Z0;                                           }
N146  G1 X18.239 F100;                              }
N147  R1=0;                                         }
N148  R2=-7;                                        }
N149  MARKE2:;                                      } φ14mm 三刃立铣刀加工孔口 R30mm 圆角
N150  R3=16.216-R1;                                 }
N151  R4=SQRT(30*30-R3*R3);                         }
N152  R5=R4-7;                                      }
N153  G1 X=R5 Y0 Z=R1 F1200;                        }
N154  G2 I=-R5 J0;                                  }
N155  R1=R1-0.02;                                   }
N156  IF R1>=R2 GOTOB MARKE2;                       }
N157  G0 Z-50 D0 M09;                               }
N158  M5;                                           }
N159  M30;                                          }
```

```
%_N_L1_SPF
;$PATH=/_N_SPF_DIR;
N1  G91 G1 Z-2.8;
N2  G90 X85;
N3  G0 Y-10;
N4  G1 X-42;              子程序 L1
N5  Y47;
N6  G0 X-125;
N7  Y-45;
N8  RET;

%_N_L2_SPF
;$PATH=/_N_SPF_DIR;
N1  G0 G41 X0 Y0 M8;
N2  Y-53;
N3  Z2;                   子程序 L2
N4  G1 Z-10;
N5  G3 X8 Y-61 CR=8;
N6  L3;
N7  RET;

%_N_L3_SPF
;$PATH=/_N_SPF_DIR;
N1  G1 X52;
N2  G3 X60 Y-53 CR=8;
N3  G1 Y-43;
N4  G3 X52 Y-35 CR=8;     子程序 L3
N5  G1 X-52;
N6  G3 X-60 Y-43 CR=8;
N7  G1 Y-53;
N8  G3 X-52 Y-61 CR=8;
N9  G1 X8;
N10  RET;

%_N_L4_SPF
;$PATH=/_N_SPF_DIR;
N1  G0 X-32 Y-92;
N2  Z-8;
N3  G1 Y-69.5;
N4  X32;
N5  Y-92;
N6  G42 G0 X-25 Y-105;
N7  X-50;
N8  G1 Y-78;              子程序 L4
N9  G2 X-39.23 Y-47 CR=50;
N10  G1 X39.23;
N11  G2 X50 Y-78 CR=50;
N12  G0 Y-105;
N13  X25;
N14  Z6;
N15  G40 X0 Y-78;
N16  RET;
```

```
% _N_L5_SPF;                         ⎫
; $ PATH =/_N_SPF_DIR;               ⎪
N1  G0 G42 X30 Y -53;                ⎪
N2  G1 X60;                          ⎪
N3  X91.69 Y -34.71;                 ⎪
N4  X99.62 Y -48.44;                 ⎬子程序 L5
N5  G40 G0 X99.62 Y -78;             ⎪
N6  G1 X60;                          ⎪
N7  G0 X0;                           ⎪
N8  RET;                             ⎭
```

```
% _N_L7_SPF                          ⎫
; $ PATH =/_N_SPF_DIR;               ⎪
N1  G0 Z0 M8;                        ⎪
N2  G41 X89 Y32;                     ⎪
N3  G1 X0;                           ⎪
N4  Y59;                             ⎪
N5  G0 X -36;                        ⎬子程序 L7
N6  Z -8;                            ⎪
N7  Y51;                             ⎪
N8  G1 Y27;                          ⎪
N9  G3 X -20 Y27 CR =8;              ⎪
N10  G1 Y51;                         ⎪
N11  G0 G40 X -7 Y59;                ⎪
N12  RET;                            ⎭
```

```
% _N_L8_SPF                          ⎫
; $ PATH =/_N_SPF_DIR;               ⎪
N12  G0 Z0;                          ⎪
N13  Y51;                            ⎪
N14  G1 Y37;                         ⎪
N15  G18 G3 X33 Z10 CR =85;          ⎬子程序 L8
N16  G1 X47;                         ⎪
N17  G18 G3 X87 Z0 CR =85;           ⎪
N18  G17 G0 X100;                    ⎪
N19  RET;                            ⎭
```

第八节 其他功能指令

1. 暂停指令

格式：

1) HNC-21/22M 系统。

G04　P __;

P 为暂停时间，单位为秒。G04 在前一程序段的进给速度降到零之后才开始暂停动作。

在执行含 G04 指令的程序段时，先执行暂停功能。

G04 指令使刀具进给作短暂停留，以获得圆整而光滑的表面。如对不通孔进行深度控制时，在刀具进给到规定深度后，用暂停指令使刀具作非进给光整切削，然后退刀，保证孔深和孔底平整。加工沟槽时也可以利用 G04 指令保证槽的加工精度，如活塞的内沟槽。

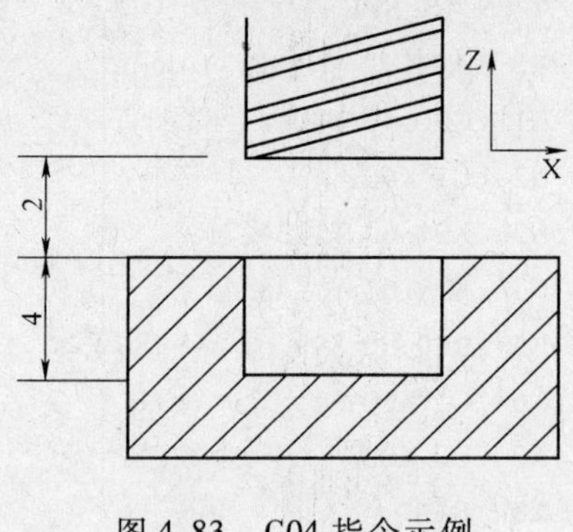

图 4-83　G04 指令示例

例 4-34　加工图 4-83 所示的孔。

N10　G92　X0　Y0　Z0;	建立坐标系
N20　G91　F200　M03　S500;	设定工作环境(工艺参数)
N30　G43　G01　Z-6　H01;	利用 G01 指令加工孔
N40　G04　P5;	暂停 5s
N50　G49　G00　Z6　M05　M30;	退刀,程序结束

2) SIEMENS 802D 系统。

G4　F __;	暂停时间,单位为 s
G4　S __;	暂停主轴转数

在执行 G4 指令时，在此之前编程的进给量 F 和主轴转速 S 保持存储状态。

例 4-35　G4 指令的应用。

N10　G1　F200　Z-50　S300　M3;	
N20　G4　F2.5;	暂停 2.5s
N30　Z70;	
N40　G4　S30;	主轴暂停转 30r
N50　X…;	进给速度与主轴转速仍然有效

☆　**G4　S __只有在主轴能够被控制时才有效。**

2. 准确定位/连续路径加工

格式:

1) HNC-21/22M 系统。

G09;	准停检验,非模态指令,单程序段有效
G61;	准停检验,模态指令,一直有效,直到被 G64 注销
G64;	连续切削方式,模态指令

其中，一个包含 G09 的程序段在继续执行下个程序段前，准确停止在本程序段的终点，一般用于加工尖锐的棱角；在 G61 后的各程序段编程轴都要准确地停止在程序段的终点，然后再继续执行下一个程序段；在 G64 之后的各程序段编程轴刚开始减速时（未到达编程终点）就开始执行下一个程序段，但在定位指令（G00、G60）或有 G09 的程序段中，以及在不含运动指令的程序段中，进给速度仍减速到 0 才执行定位校验。

G61 方式的编程轮廓与实际轮廓相符。

G61 与 G09 的区别在于 G61 为模态指令；G09 一般用在某些单独需要准停检验的部位。

G64 方式的编程轮廓与实际轮廓不符。其不同程序取决于 F 值的大小及两路径间的夹角，F 越大，其区别越大。G61 与 G64 可相互注销，G64 为默认值。

例 4-36　编制图 4-84a 所示轮廓的加工程序，分别要求编程轮廓与实际轮廓相符和程序段间不停顿。

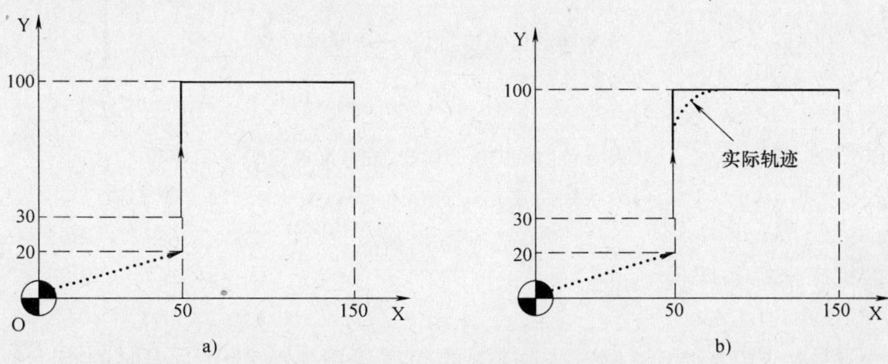

图 4-84　G09、G61、G64 应用示例

N10　G92　X0　Y0　Z0；

N20　G91　G00　G43　Z－10　H01；

N30　G41　X50　Y20　D01；

N40　G01　G61　Y80　F300；(如果仅只图示一个拐角需要准确控制，则程序段也可写成 N40　G01　G09　Y80　F300；如果将本程序段中的 G61 改为 G64 或不写 G64，则拐角加工后的状态如图 4-84b 所示)

N50　X100；

…

2）SIEMENS 802D 系统。

G9；　准确定位，单程序段有效

G60；　准确定位，模态有效

G64；　连续路径加工

G601；　精准确定位窗口，指准确定位的定位精度高

G602；　粗准确定位窗口，指准确定位的定位精度低

其中，定位窗口对 G60 与 G9 都有效，G601 与 G602 含义如图 4-85 所示。其余含义与

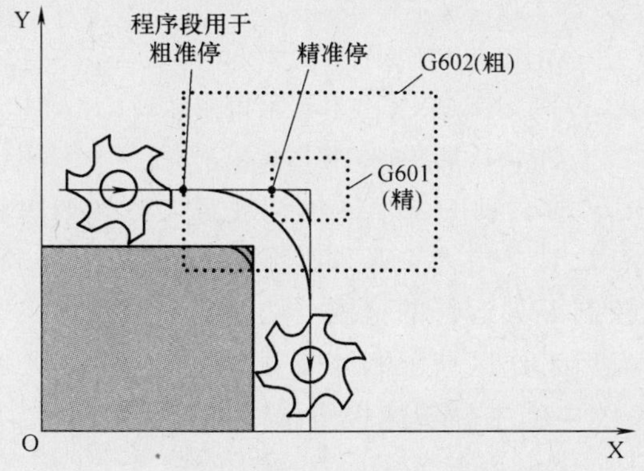

图 4-85　G60/G9 生效时的粗、精定位窗口

HNC-21/22M 系统相同。

例 4-37　准确定位应用。

```
N10  G602;              粗准确定位窗口
N20  G0  G60  Z__;      准确定位,模态方式,按粗准确定位窗口定位
N30  X__Y__;            G60 继续有效
…
N60  G1  G601;          按精准确定位窗口定位,G60 继续有效
N70  G64  Z__;          转换到连续路径方式
…
N80  G0  G9  Z__;       准确定位,单程序段有效,按精准确定位窗口定位
N90  …;                 仍为连续路径方式
…
```

3. 直接机床坐标系编程

格式：G53

其中，G53 为非模态指令，在含有 G53 的程序段中，绝对值编程时的指令值是在机床坐标系中的坐标值，并取消程序中所有的零点偏置（工件坐标系）。

HNC-21/22M 系统与 SIEMENS 802D 系统中的 G53 指令含义与应用相同

4. HNC-21/22M 系统中的单方向定位指令 G60

格式：G60　X__Y__Z__;

其中，X、Y、Z 为单向定位终点，在 G90 时为终点在工件坐标系中的坐标值，在 G91 时为终点相对于起点的位移量。

G60 指令单方向定位过程：各轴先以 G00 的速度快速定位到一中间点，然后以一固定速度移动到定位终点。

各轴的定位方向（从中间点到定位终点的方向）以及中间点与定位终点的距离由机床参数“单向定位偏移值”设定。当该参数值 <0 时，定位方向为负；当该参数值 >0 时，定位方向为正。

G60 仅在被规定的程序段中有效。

5. SIEMENS 802D 系统中工作区域限制指令 G25、G26、WOLIMON、WOLIMOF

格式：

```
G25  X__Y__Z__;         工作区域下限
G26  X__Y__Z__;         工作区域上限
WOLIMON;                使用所定义的工作区域限制
WOLIMOF;                取消所定义的工作区域限制
```

其中，用 G25、G26 定义所有轴的工作区域，规定哪些区域可以运行，哪些区域不可以运行。当刀具长度补偿值有效时，指刀尖必须在此区域内。

运用此功能可以有效控制刀具运行的范围，防止意外发生。

坐标轴只有在回参考点后工作区域限制才有效。

6. SIEMENS 802D 系统中的主轴转速极限指令 G25、G26

格式：

```
G25  S__;               主轴转速下限
```

G26 S __; 主轴转速上限

其中，S 为转速。G25、G26 指令均被要求一个独立的程序段，原先编程的转速 S 保持存储状态。

例 4-38 G25、G26 应用示例。

N10 G25 S12; 主轴转速下限:12r/min

N20 G26 S700; 主轴转速上限:700r/min

7. SIEMENS 802D 系统中倒角、倒圆指令 CHF、RND

格式:

CHF = __; 插入倒角，数值:倒角长度

RND = __; 插入倒圆，数值:倒圆半径

其中，在程序段中若轮廓长度不够，则会自动削减倒角和倒圆的编程值。倒角与倒圆功能只在当前平面中执行。

例 4-39 插入倒角示例，如图 4-86 所示。

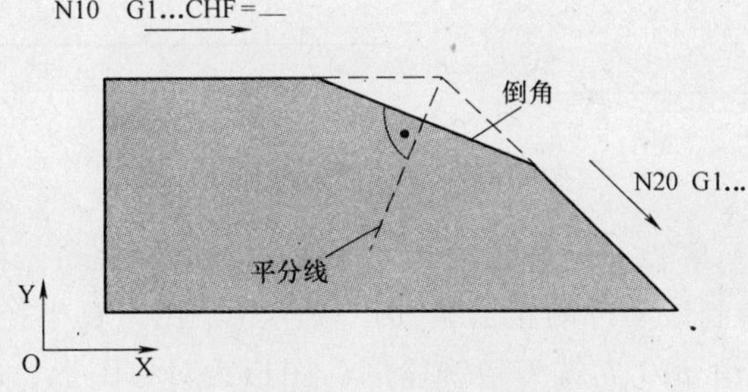

图 4-86 插入倒角示例

N10 G1 X __ CHF = 5; 倒角 5mm

N20 X __ Y __

例 4-40 插入倒圆示例，如图 4-87 所示。

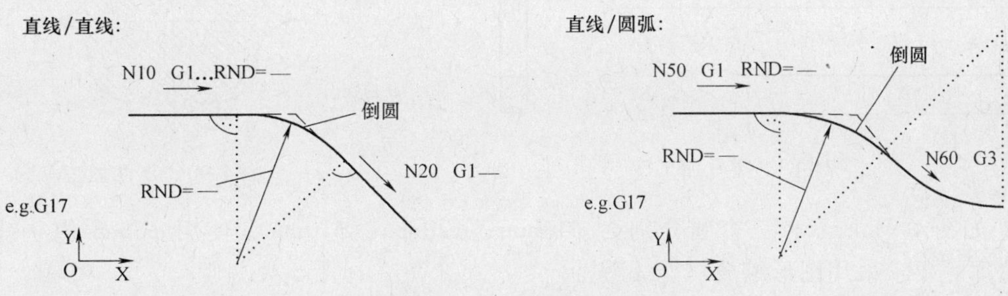

图 4-87 插入倒圆示例

N10 G1 X_ RND = 8; 倒圆 8mm

N20 X __ Y __;

…

N50 G1 X __ RND = 7. 3; 倒圆 7. 3mm

N60 G3 X __ Y __;

【思考与练习】

1. 编制图 4-88 中各零件的数控加工程序（设工件厚度均为 5mm）。

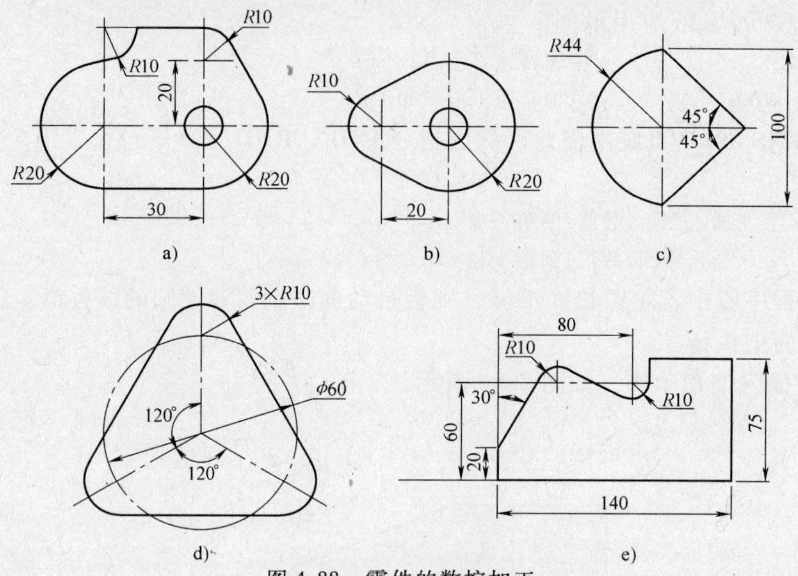

图 4-88　零件的数控加工

2. 加工如图 4-89 所示零件，毛坯尺寸为 72mm × 42mm × 5mm，材料为 45 钢，分内、外轮廓的粗、精加工。试编制该零件的粗、精加工程序（采用刀具半径补偿）。

3. 如图 4-90 所示，用 ϕ10 立铣刀精铣轮廓，图形为对称图形，凸块厚度为 4mm。要求采用镜像功能编程。

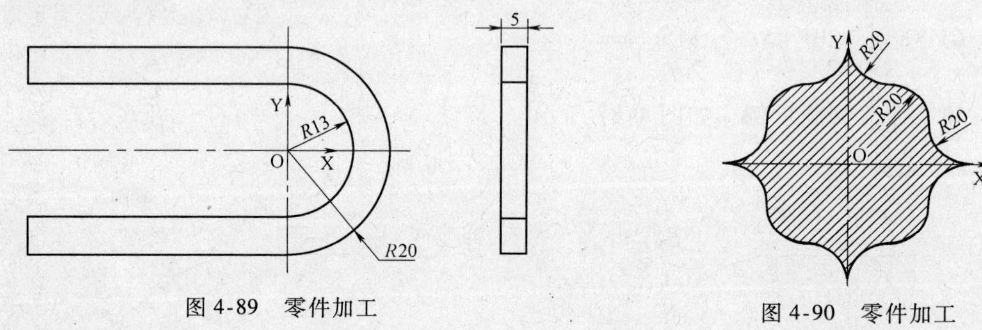

图 4-89　零件加工　　图 4-90　零件加工

4. 如图 4-91 所示，三个圆分别为 ϕ40mm、ϕ20mm、ϕ10mm，使用 ϕ6mm 的立铣刀精铣三轮廓。要求采用图形缩放功能编程。

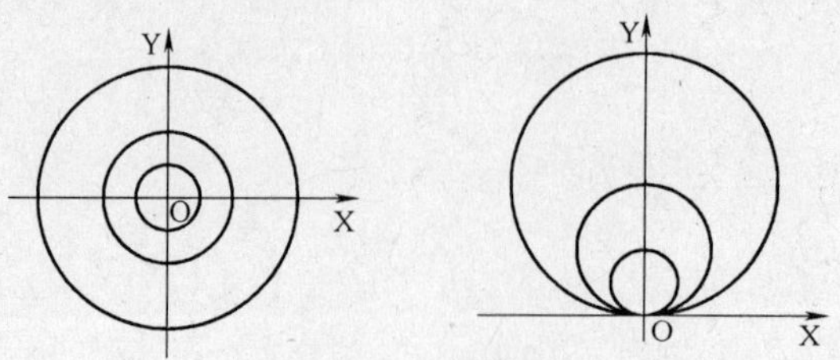

图 4-91　零件加工

5. 综合应用坐标镜像、缩放、旋转变换功能编制图 4-92 所示轮廓的精加工程序。

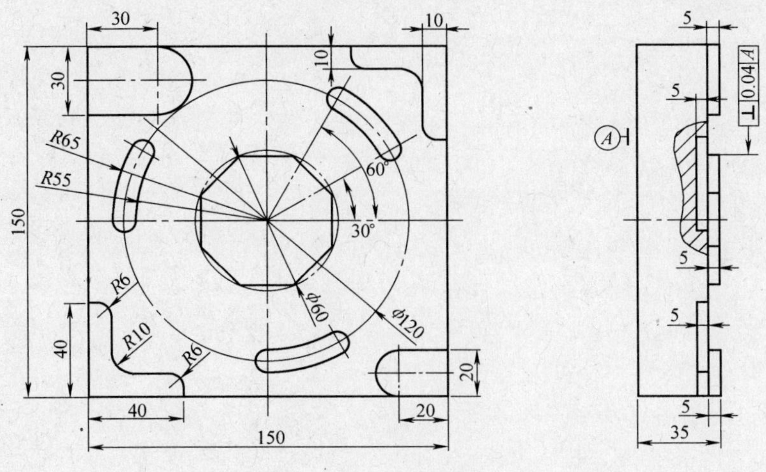

图 4-92　零件的加工

6. 加工如图 4-93 所示零件上的各孔，工件厚度为 25mm。利用固定循环与子程序，编写加工程序。

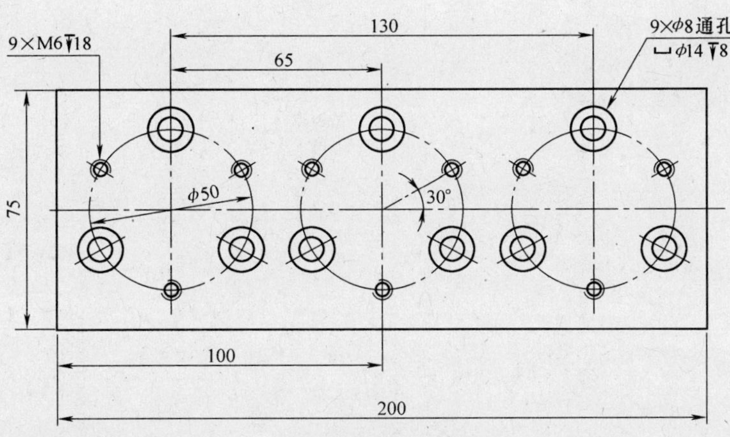

图 4-93　零件的加工

第五章 典型零件的工艺分析、编程与加工

第一节　典型零件的工艺分析
第二节　数控铣床（加工中心）对刀
第三节　SIEMENS 802D 数控铣床（加工中心）操作
第四节　HNC-21/22M 数控铣床（加工中心）操作

本章用典型零件实例的工艺分析、编程思路的分析及程序编制，并针对两个系统对零件加工完成来进行讲解。通过本章的学习，要进一步强化工艺分析与编程过程，并能熟练操作两个系统进行实际加工。

第一节　典型零件的工艺分析

一、零件一

平面槽形凸轮，如图 5-1 所示。其外部轮廓尺寸已经由前道工序加工完，本工序的任务是加工槽与孔。零件材料为 HT200。

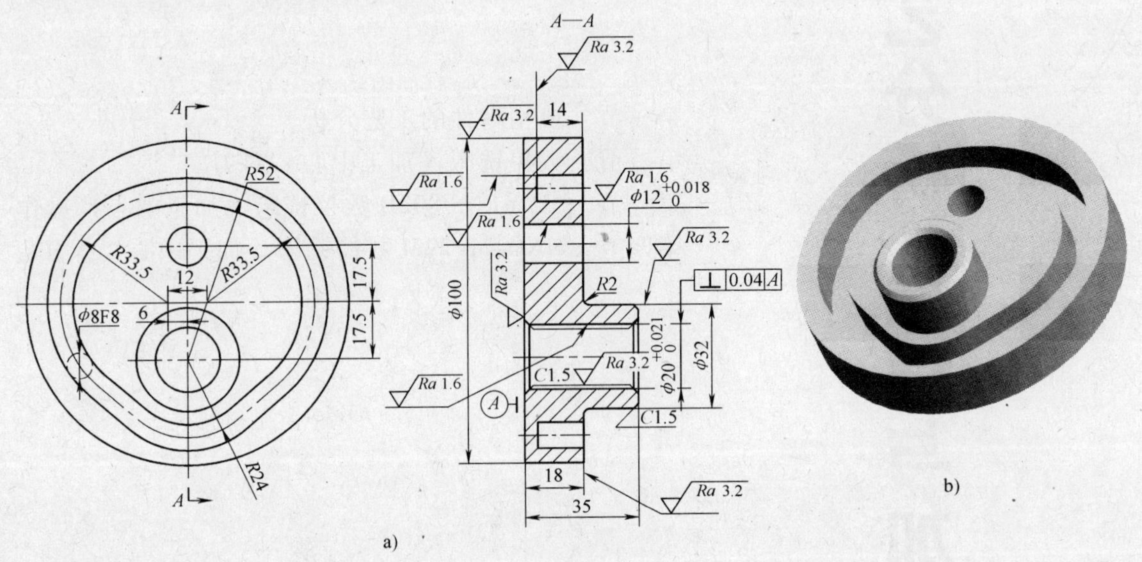

图 5-1　平面槽形凸轮
a）零件图　b）立体图

1. 零件图工艺分析

凸轮槽形内、外轮廓由直线和圆弧组成，几何元素之间关系描述清楚完整，凸轮槽侧面与 ϕ20mm、ϕ12mm 两个内孔表面粗糙度值要求较小，为 $Ra1.6\mu m$。凸轮槽内外轮廓面和 ϕ20mm 孔与底面有垂直度要求。零件材料为 HT200，切削加工性能较好。

根据上述分析，凸轮槽形内、外轮廓及 ϕ20mm、ϕ12mm 两个孔的加工应分粗、精加工两个阶段进行，以保证表面粗糙度值要求。同时以底面 *A* 定位，提高装夹刚度以满足垂直度要求。

2. 确定装夹方案

根据零件的结构特点，加工 ϕ20mm、ϕ12mm 两个孔时，以底面 *A* 定位（必要时可设工艺孔），采用螺旋压板机构夹紧。加工凸轮槽形内、外轮廓时，采用“一面两孔”方式定位，即以底面 A 和 ϕ20mm、ϕ12mm 两个孔为定位基准，装夹示意图如图 5-2 所示。

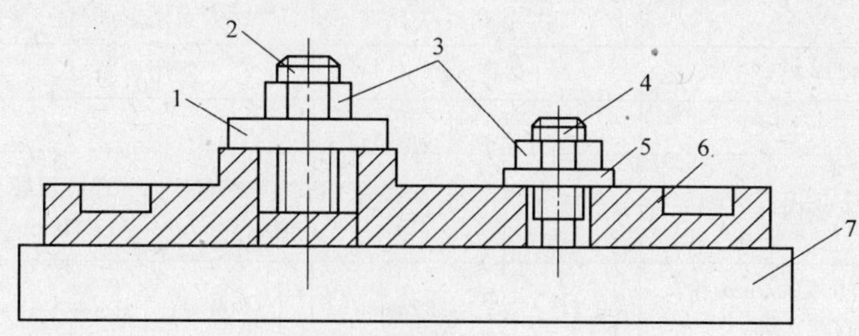

图 5-2　凸轮槽加工装夹示意图

1—开口垫圈　2—带螺纹圆柱销　3—压紧螺母　4—带螺纹削边销　5—垫圈　6—工件　7—垫块

3. 确定加工顺序及进给路线

加工顺序的拟订按照基面先行、先粗后精的原则确定。因此，应先加工用作定位基准的两个孔，然后加工凸轮槽内外轮廓面。为保证加工精度，粗、精加工应分开，其中两个孔的加工采用钻—粗铰—精铰方案。进给路线包括平面进给和深度进给两部分。平面进给时，外凸轮廓从切线方向切入，内凹轮廓从过渡圆弧切入。为使凸轮槽表面具有较好的表面质量，采用顺铣方式铣削。深度进给有两种方法：一种是在 XOZ 平面（或 YOZ 平面）来回铣削逐渐进刀到既定深度；另一种是先打一个工艺孔，然后从工艺孔进刀到既定深度。

4. 刀具的选择

根据零件的结构特点，铣削凸轮槽内、外轮廓时，铣刀直径受到槽宽的限制，取为 ϕ6mm。粗加工选用 ϕ6mm 高速钢立铣刀，精加工选用 ϕ6mm 硬质合金立铣刀。所选刀具及加工表面见表 5-1。

5. 切削用量的选择

凸轮槽内、外轮廓粗加工时留 0.1mm 铣削余量，粗铰两个孔时留 0.1mm 铰削余量。选择主轴转速与进给速度时，先查切削用量手册，确定切削速度与每齿进给量，然后计算主轴转速与进给速度。

6. 填写数控加工工序卡

将各个工步的加工内容、所用刀具和切削用量填入工序卡片，见表 5-2。

表 5-1　平面槽形凸轮数控加工刀具卡片

<table>
<tr><td colspan="2">产品名称或代号</td><td>××××</td><td>零件名称</td><td>平面槽形凸轮</td><td>零件图号</td><td>0030</td></tr>
<tr><td rowspan="2">序号</td><td rowspan="2">刀具号</td><td colspan="3">刀具</td><td rowspan="2">加工表面</td><td rowspan="2">备注</td></tr>
<tr><td>规格名称</td><td>数量</td><td>刀长/mm</td></tr>
<tr><td>1</td><td>T1</td><td>ϕ5mm 中心钻</td><td>1</td><td></td><td>钻 ϕ5mm 中心孔</td><td></td></tr>
<tr><td>2</td><td>T2</td><td>ϕ19.6mm 钻头</td><td>1</td><td></td><td>钻削 ϕ20mm 孔</td><td></td></tr>
<tr><td>3</td><td>T3</td><td>ϕ11.6mm 钻头</td><td>1</td><td></td><td>钻削 ϕ12mm 孔</td><td></td></tr>
<tr><td>4</td><td>T4</td><td>ϕ20mm 精铰刀</td><td>1</td><td></td><td>精铰 ϕ20mm 孔</td><td></td></tr>
<tr><td>5</td><td>T5</td><td>ϕ12mm 精铰刀</td><td>1</td><td></td><td>精铰 ϕ12mm 孔</td><td></td></tr>
<tr><td>6</td><td>T6</td><td>90°倒角铣刀</td><td>1</td><td></td><td>ϕ20mm 孔口倒角</td><td></td></tr>
<tr><td>7</td><td>T7</td><td>ϕ6mm 高速钢立铣刀</td><td>1</td><td></td><td>粗加工凸轮槽内外轮廓</td><td></td></tr>
<tr><td>8</td><td>T8</td><td>ϕ6mm 硬质合金立铣刀</td><td>1</td><td></td><td>精加工凸轮槽内外轮廓</td><td></td></tr>
</table>

表 5-2 平面槽形凸轮数控加工工序卡片

单位名称	××××	产品名称或代号		零件名称		零件图号	
		××××		平面槽形凸轮		0030	
工序号	程序编号	夹具名称		使用设备		车间	
×××	××××						
工步号	工步内容	刀具号	刀具规格	主轴转速/(r/min)	进给速度/(mm/min)	背吃刀量	备注
1	A 面定位钻 ϕ5mm 中心孔 2 处	T1	ϕ5mm	800			手动
2	钻 ϕ19.6mm 孔	T2	ϕ19.6	400	40		自动
3	钻 ϕ11.6mm 孔	T3	ϕ11.6	400	40		自动
4	精铰 ϕ20mm 孔	T4	ϕ20	150	20		自动
5	精铰 ϕ12mm 孔	T5	ϕ12	150	20		自动
6	ϕ20mm 孔倒角 C1.5	T6	90°	400	20		手动
7	一面两孔定位，粗铣凸轮槽内轮廓	T7	ϕ6mm	1000	40		自动
8	粗铣凸轮槽外轮廓	T7	ϕ6mm	1000	40		自动
9	精铣凸轮槽内轮廓	T8	ϕ6mm	1200	20		自动
10	精铣凸轮槽外轮廓	T8	ϕ6mm	1200	20		自动
11	翻面装夹，铣 ϕ20mm 孔另一侧倒角 C1.5	T6	90°	400	20		手动

二、零件二

零件图如图 5-3 所示。

毛坯尺寸为 160mm×120mm×40mm，除上表面以外的其他表面均已加工，并符合尺寸与表面粗糙度值要求，材料为 45 钢。

1. 刀具选择及工艺路线

(1) 工艺分析　此零件不仅精度要求较高，可以看到轮廓周边曲线圆弧的表面粗糙度值较小，零件采用机用平口台虎钳装夹。机床选用立式加工中心。工件坐标系原点如图 5-3 所示。

加工工序：

1）粗、精铣上表面及凸台表面，选用 ϕ80mm 可转位面铣刀。

2）粗铣心形轮廓及凸台轮廓并去除残料，选用 ϕ12mm 三刃立铣刀。

3）精铣心形轮廓及凸台轮廓并去除残料，选用 ϕ12mm 四刃立铣刀。

4）粗铣凹槽，选用 ϕ12mm 键槽铣刀粗铣。

5）精铣凹槽，选用 ϕ12mm 四刃立铣刀精铣。

6）钻中间位置孔及两螺纹底孔，选用 ϕ8.5mm 直柄麻花钻。

7）扩孔 ϕ35mm，选用 ϕ35mm 锥柄麻花钻。

8）粗镗中间位置孔，选用 ϕ37.6mm 粗镗刀。

9）精镗中间位置孔，选用 ϕ38mm 精镗刀。

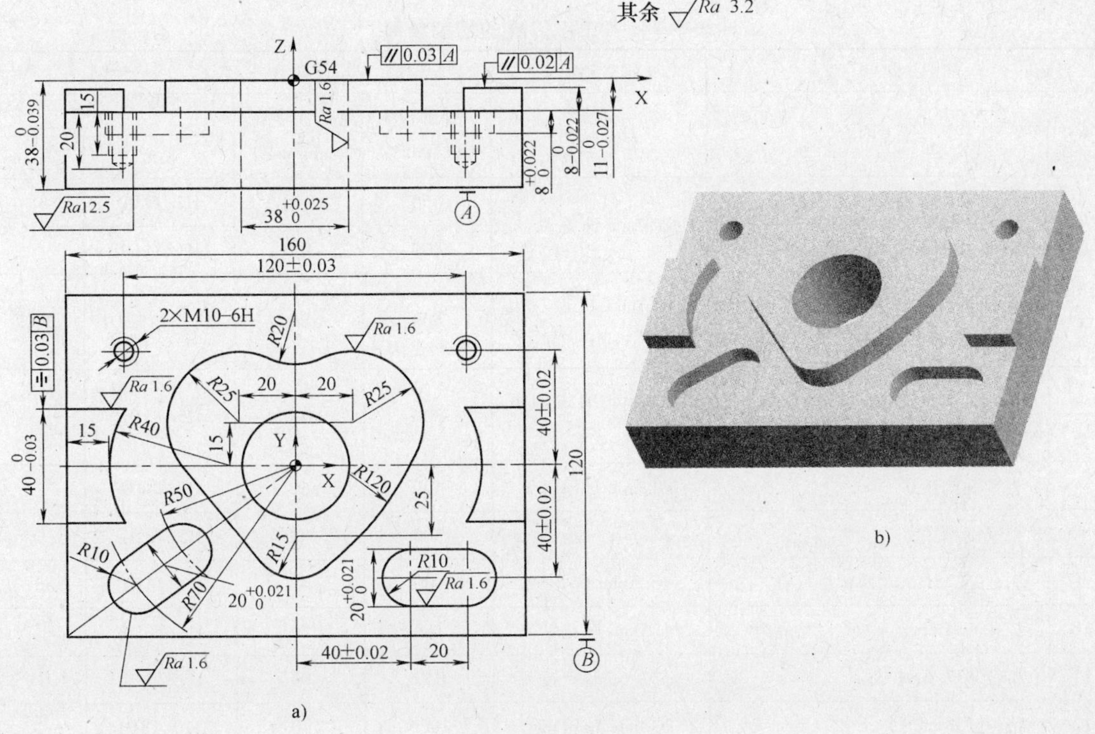

图 5-3　典型零件

a）零件图　b）立体图

10）攻两螺纹，选用 M10 机用丝锥。

零件的加工过程如图 5-4 所示。

（2）刀具的选择　加工工序中采用的刀具为 $\phi80$mm 可转位面铣刀、$\phi14$mm 粗齿三刃立铣刀、$\phi12$mm 细齿四刃立铣刀、$\phi12$mm 键槽铣刀、$\phi8.5$mm 钻头、$\phi32$mm 钻头、$\phi37.6$mm 粗镗刀、$\phi38$mm 精镗刀、M10 机用丝锥共 9 把刀具。

图 5-4　零件加工过程图

（3）切削参数的选择　各工序刀具的切削参数见表 5-3。

表 5-3　各工序刀具的切削参数

加工步骤		刀具与切削参数				
序号	加工内容	刀具规格	主轴转速 n/(r/min)	进给速度 v_f/(mm/min)	刀具补偿	
					长度	半径/mm
1	粗加工上表面及凸台表面	φ80mm 面铣刀	450	200	H2/T1D2	
2	精加工上表面及凸台表面		800	160	H1/T1D1	
3	粗加工心形轮廓及凸台轮廓并去除残料，均留 0.2mm 余量	φ12mm 粗齿三刃立铣刀	600	80	H3、H4/T2D1	7.2
4						
5	精加工心形轮廓及凸台轮廓并去除残料	φ12mm 细齿四刃立铣刀	800	100	H5/T3D1	
6						
7	粗铣键槽	φ12mm 键槽铣刀	600	60	H6/T4D1	
8	精铣键槽	φ12mm 细齿刀	800	100	H5/T3D1	
9	钻孔 φ8.5mm 及两螺纹底孔	φ8.5mm 麻花钻	600	35	H7/T5D1	
10	扩孔 φ35mm	φ35mm 麻花钻	150	20	H8/T6D1	
11	粗镗 φ37.6mm 孔	φ37.6mm 粗镗刀	850	80	H9/T7D1	
12	精镗 φ38mm 孔	φ38mm 精镗刀	1000	40	H10/T8D1	
13	攻螺纹 M10	M10 机用丝锥	100		H11/T9D1	

2. 编程思路

1）利用长度补偿值的不同粗精加工上表面及凸台表面。

2）通过改变半径值和长度值控制余量。

3）在轮廓加工时，加入半径补偿，在残料加工时，取消刀具半径补偿。

4）左边的键槽可以用局部坐标系和坐标旋转功能加工。

3. 参考程序

（1）HNC-21/22M 系统参考程序

程序	说明	
%0001；	程序名	
N1　G54　G90　G17　G21　G94　G49　G40；	建立工件坐标系，绝对编程，XY 平面，米制编程，分进给，取消长度、半径补偿	
N2　G28　Z100；	定位到换刀点	
N3　M06　T01；	换 1 号刀：φ80mm 面铣刀	φ80mm 面铣刀粗加工上表面及凸台表面
N4　M03　S450　F200；	主轴正转，转速 450r/min，进给速度为 200mm/min	
N5　G00　G43　Z150　H02；	Z 轴快速定位，调用 2 号长度补偿值（刀具表的 2 号位置）	
N6　X－125　Y－30；	X、Y 轴快速定位	
N7　M98　P1001；	调用子程序%1001，粗加工，留余量 0.2mm	

程序	说明	
N8　G43　G00　Z150　H01;	Z 轴快速定位，调用 1 号长度补偿值（刀具表的 1 号位置）	ϕ80mm 面铣刀精加工上表面及凸台表面
N9　S800　F160;	主轴正转，转速 800r/min，进给速度为 160mm/min	
N10　Y－30　X－125　M07;	X、Y 快速定位，切削液开	
N11　M98　P1001;	调用子程序％1001，精加工	
N12　G49　G00　Z150　M09;	Z 轴快速退刀，取消长度补偿，切削液关	
N13　M05;	主轴停转	
N14　G28　Z100;	到换刀点	ϕ12mm 三刃立铣刀粗加工各轮廓并去除残料（利用长度补偿，分两次下刀）
N15　M06　T02;	换 2 号刀，ϕ12mm 粗齿三刃立铣刀	
N16　M03　S600　F80;	主轴正转	
N17　G43　G00　Z150　H04;	Z 轴快速定位，调用 4 号长度补偿值（刀具表的 4 号位置）	
N18　X－20　Y－90　D04;	X、Y 向快速定位，引入 4 号半径补偿值	
N19　M98　P1002;	调用子程序％1002，第一刀粗加工轮廓及去除残料	
N20　G43　G00　Z5　H03;	Z 轴快速定位，调用 3 号长度补偿值	
N21　M98 P1002;	调用子程序％1002，第二刀粗加工轮廓及去除残料	
N22　G49　G00　Z150;	Z 轴快速退刀，取消长度补偿	
N22　M05;	主轴停转	
N23　G28　Z100;	到换刀点	ϕ12mm 四刃立铣刀精加工各轮廓并去除残料
N24　M06　T03;	换 3 号刀，ϕ12mm 细齿四刃立铣刀	
N25　M03　S800　F100;	主轴正转	
N26　G43　G00　Z150　H05;	Z 轴快速定位，调用 5 号长度补偿值	
N27　X－20　Y－90　D05　M07;	X、Y 向快速定位，调用 5 号半径补偿值，切削液开	
N28　M98　P1002;	调用子程序％1002，精加工轮廓及表面	
N29　G49　G00　Z150　M09;	Z 轴快速定位，取消长度补偿，切削液关	
N30　M05;	主轴停转	

程序	说明	
N31　G28　Z100；	到换刀点	ϕ12mm 键槽铣刀粗加工两凹槽（局部坐标系及坐标旋转）
N32　M06　T04；	换 4 号刀，ϕ12mm 键槽铣刀	
N33　M03　S600　F60；	主轴正转	
N34　G43　G00　Z150　H06；	Z 轴快速定位，调用 6 号长度补偿值	
N35　G52　X40　Y－40；	将坐标点（40，－40）设置为局部坐标系原点	
N36　G00　X0　Y0　D06　M07；	X、Y 轴快速定位到局部坐标原点，并引入 5 号半径补偿值	
N37　M98　P1003；	调用子程序%1003，进行右下角槽的粗加工	
N38　G52　X－55.977　Y－42；	将坐标点（－55.977，－42）设置为局部坐标系原点	
N39　G68　X0　Y0　P37；	将坐标轴绕局部坐标原点旋转 37°	
N40　G00　X0　Y0　D06；	X、Y 轴快速定位到局部坐标原点，并引入 5 号半径补偿值	
N41　M98　P1003；	调用子程序%1003，进行左下角槽的粗加工	
N42　G69；	取消坐标系旋转	
N43　G49　G00　Z150　M09；	Z 轴快速定位，取消长度补偿，切削液关	
N44　M05；	主轴停转	
N45　G28　Z100；	到换刀点	ϕ12mm 四刃立铣刀精加工两凹槽（局部坐标系及坐标旋转）
N46　M06　T03；	换 3 号刀，ϕ12mm 细齿四刃立铣刀	
N47　M03　S800　F100；	主轴正转	
N48　G43　G00　Z150　H05；	Z 轴快速定位，调用 5 号长度补偿值	
N49　G52　X40　Y－40；	将坐标点（40，－40）设置为局部坐标系原点	
N50　G00　X0　Y0　D05　M07；	X、Y 轴快速定位到局部坐标原点，并引入 5 号半径补偿值	
N51　M98　P1003；	调用子程序%1003，进行右下角槽的粗加工	
N52　G52　X－55.977　Y－42；	将坐标点（－55.977，－42）设置为局部坐标系原点	
N53　G68　X0　Y0　P37；	将坐标轴绕局部坐标原点旋转 37°	
N54　G00　X0　Y0　D05；	X、Y 轴快速定位到局部坐标原点，并引入 5 号半径补偿值	
N55　M98　P1003；	调用子程序%1003，进行左下角槽的粗加工	
N56　G69；	取消坐标系旋转	
N57　G49　G00　Z150　M09；	Z 轴快速定位，取消长度补偿，切削液关	
N58　M05；	主轴停转	

程序	说明	
N59　G28　Z100；	到换刀点	
N60　M06　T05；	换 5 号刀，ϕ8.5mm 麻花钻	
N61　M03　S600　F35；	主轴正转	
N62　G43　G00　Z150　H07；	Z 轴快速定位，调用 5 号长度补偿值	
N63　X0　Y0　M07；	X、Y 轴快速定位，切削液开	
N64　Z4；	钻孔初始平面	ϕ8.5mm 麻花钻钻中间孔及两螺纹底孔
N65　G83　G98　X0　Y0　Z－45　Q－5　K1　R2；	固定循环指令钻削中心位置孔	
N66　G83　G98　X－60　Y40　Z－45　Q－5K1　R－9；	固定循环指令钻削左边螺纹孔	
N67　G83　G98　X60　Y40　Z－45　Q－5K1　R－9；	固定循环指令钻削右边螺纹孔	
N68　G80　G49　G00　Z150　M09；	取消固定循环，Z 轴快速定位，切削液关	
N69　M05；	主轴停转	
N70　G28　Z100；	到换刀点	
N71　M6　T6；	换 6 号刀，ϕ35mm 麻花钻	
N72　M03　S150　F20；	主轴正转，定义主轴转速及进给速度	
N73　G43　G00　Z150　H08；	Z 轴快速定位，调用刀具表 8 号位置长度补偿值	
N74　X0　Y0　M07；	X、Y 轴快速定位，切削液开	ϕ35mm 锥柄麻花钻扩中间位置孔
N75　G83　G99　X0　Y0　Z－50　Q－5　K1　R2；	固定循环指令扩孔加工中心位置孔	
N76　G80　G49　G00　Z150　M09；	取消固定循环，Z 轴快速定位，切削液关	
N77　M05；	主轴停转	
N78　G28　Z100；	到换刀点	
N79　M6　T7；	换 7 号刀，ϕ37.6mm 粗镗刀	
N80　M03　S850　F80；	主轴正转，定义主轴转速及进给速度	
N81　G43　G00　Z150　H09；	Z 轴快速定位，调用刀具表 9 号位置长度补偿值	ϕ37.6mm 粗镗刀粗镗中间位置孔
N82　X0　Y0　M07；	X、Y 轴快速定位，切削液开	
N83　G85　G99　X0　Y0　Z－40　R2；	固定循环指令粗镗中心位置孔	
N84　G80　G49　G00　Z150　M09；	取消固定循环，Z 轴快速定位，切削液关	
N85　M05；	主轴停转	

程序	说明	
N86　G28　Z100；	到换刀点	φ38mm 精镗刀精镗中间位置孔
N87　M6　T8；	换 8 号刀，ϕ38mm 精镗刀	
N88　M03　S1000　F40；	主轴正转，定义主轴转速及进给速度	
N89　G43　G00　Z150　H10；	Z 轴快速定位，调用刀具表 10 号位置长度补偿值	
N90　X0　Y0　M07；	X、Y 轴快速定位，切削液开	
N91　G85　G99　X0　Y0　Z-40　R2；	固定循环指令粗镗中心位置孔	
N92　G80　G49　G00　Z150　M09；	取消固定循环，Z 轴快速定位，切削液关	
N93　M05；	主轴停转	
N94　G28　Z100；	到换刀点	
N95　M6　T9；	换 9 号刀，M10 机用丝锥	M10 机用丝锥攻螺纹
N96　M03　S100；	主轴正转，定义主轴转速	
N97　G43　G00　Z150　H11；	Z 轴快速定位，调用刀具表 11 号位置长度补偿值	
N98　Z5　M07；	Z 轴快速定位，切削液开	
N99　G84　G98　X-60　Y40　Z-26　R-3　P4；	固定循环指令攻螺纹（左边）	
N100　G84　G98　X60　Y40　Z-26　R-3　P4；	固定循环指令攻螺纹（右边）	
N101　G80　G49　G00　Z150　M09；	取消固定循环，Z 轴快速定位，切削液关	
N102　Y150；	Y 轴快速定位，准备拆卸工件	
N103　M05；	主轴停转	
N104　M30；	程序结束	
%1001；	子程序%1001	子程序%1001
N1　G00　Z0；	Z 轴快速定位	
N2　G01　X85；	X 向进给	
N3　Y30；	Y 向进给	
N4　X-125；	X 向进给	
N5　G00　Y105；	Y 向快速定位	
N6　X-90；	X 向快速定位	
N7　Z-3；	Z 向下刀	
N8　G01　Y-105；	Y 向进给	
N9　G00　X90；	X 向快速定位	
N10　G01　Y105；	Y 向进给	
N8　M99；	子程序结束，返回主程序	

```
%1002;                                 子程序%1002
N1  Z-11;                              Z轴快速定位
N2  G41  X0  Y-80;                     X、Y轴快速定位，并引入刀具半径补偿
N3  G01  Y-48.589;                     Y向进给，到延长线
N4  X-39.294  Y-0.897;                 X、Y向进给
N5  G02  X-8.889  Y37.395  R25;        加工圆弧
N6  G03  X8.889  Y37.395  R20;         加工圆弧
N7  G02  X42.361  Y3.82  R25;          加工圆弧
N8  G02  X9.282  Y-36.784  R120;       加工圆弧
N9  G02  X-11.577  Y-34.538  R15;      加工圆弧
N10  G01  X-59.641  Y-20;              X、Y向直线进给
N11  X-80;                             X向进给
N12  G00  Y20;                         Y向快速定位
N13  G01  X-59.641;                    X向进给
N14  G03  X-59.641  Y-20 R40;          圆弧加工
N15  G01  X0  Y-80;                    X、Y向直线进给
N16  G00  X100;                        X向快速定位
N17  Y-20;                             Y向快速定位
N18  G01  X59.641;                     X向进给
N19  G03  X59.641  Y20  R40;           圆弧加工
N20  G01  X100;                        X向进给
N21  G40  G00  X110  Y40;              X、Y向快速定位，取消刀具半径补偿
N22  Y-37;                             Y向快速定位
N23  X90;                              X向快速定位，开始去除残料加工
N24  G01  X30;
N25  X20  Y-47;
N26  X10;
N27  X82;
N28  Y-57;
N29  X-82;
N30  Y-47;
N31  X-20;
N32  X-30  Y-37;
N33  X-82;
N34  X-30;
N35  X-50  Y0;
N36  X-20  Y-50;
N37  X35;
N38  Y-27;
N39  X50;
N40  X40;
N41  X50  Y0;
N42  G00  Z5;
```

子程序%1002

程序	说明	
N43　X90　Y55;		子程序%1002
N44　Z-11;		
N45　G01　X-82;		
N46　Y48;		
N47　X82;		
N48　Y37;		
N49　X50;		
N50　G00　Y48;		
N51　X-50;		
N52　G01　Y37;		
N53　X-90;	残料加工完毕	
N54　G00　Z5;	Z向快速定位	
N55　X-20　Y-90;	X、Y向快速定位	
N56　M99;	子程序结束，返回主程序	

程序	说明	
%1003;	子程序%1003	子程序%1003
N1　G00　X0Y-20;	X、Y向快速定位	
N2　Z-8;	Z向快速定位	
N3　G42　X-1　Y-1;	X、Y向定位，并引入刀具半径补偿	
N4　G01　Z-19;	Z向下刀	
N5　X0　Y10;	X、Y向进给	
N6　X20;	X向进给	
N7　G02　Y-10　R10;	加工圆弧	
N8　G40　G01　X10　Y0;	X、Y向进给，取消刀具半径补偿	
N9　G00　Z5;	Z向快速退刀	
N10　G52　X0　Y0;	将局部坐标系原点设回工件坐标系原点	
N11　M99;	子程序结束，返回上级程序	

（2）SIEMENS　802D系统参考程序

程序	说明	
%_N_LJ0001_MPF		
; $PATH=/_N_MPF_DIR;	程序名LJ0001	
N1　G54　G90　G17　G71　G94　G40;	建立工件坐标系，绝对编程，XY平面，米制编程，分进给，取消刀具半径补偿	
N2　T1;	选1号刀，ϕ80mm面铣刀	ϕ80mm面铣刀粗加工上表面及凸台表面
N3　L6;	换刀	
N4　M3　S450　F200;	主轴正转，转速450r/min，进给速度为200mm/min	
N5　G0　Z150　D2;	Z轴快速定位，调用1号刀的2号刀沿（2号刀具补偿值）	
N6　X-125　Y-30;	X、Y轴快速定位	
N7　L1;	调用子程序L1，粗加工，留余量0.2mm	

程序	说明	加工内容
N8　G0　Z150　D1；	Z 轴快速定位，调用 1 号刀的 1 号刀沿（1 号刀具补偿值）	ϕ80mm 面铣刀精加工上表面及凸台表面
N9　S800　F160；	主轴正转，转速 800r/min，进给速度为 160mm/min	
N10　Y-30　X-125　M8；	X、Y 快速定位，切削液开	
N11　L1；	调用子程序 L1，精加工	
N12　G0　Z150　M9；	Z 轴快速退刀，取消长度补偿，切削液关	
N13　M5；	主轴停转	
N14　T2；	选 2 号刀，ϕ12mm 粗齿三刃立铣刀	ϕ12mm 三刃立铣刀粗加工各轮廓并去除残料（利用长度补偿，分两次下刀）
N15　L6；	换刀	
N16　M3　S600　F80；	主轴正转	
N17　G0　Z150　D2；	Z 轴快速定位，调用 2 号刀的 2 号刀沿	
N18　X-20　Y-90；	X、Y 向快速定位	
N19　L2；	调用子程序 L2，第一刀粗加工轮廓及去除残料	
N20　G0　Z5　D1；	Z 轴快速定位，调用 2 号刀的 1 号刀沿	
N21　L2；	调用子程序 L2，第二刀粗加工轮廓及去除残料	
N22　G0　Z150；	Z 轴快速退刀	
N22　M5；	主轴停转	
N23　L3；	选 3 号刀，ϕ12mm 细齿四刃立铣刀	ϕ12mm 四刃立铣刀精加工各轮廓并去除残料
N24　L6；	换刀	
N25　M3　S800　F100；	主轴正转	
N26　G0　Z150　D1；	Z 轴快速定位，调用 5 号长度补偿值	
N27　X-20　Y-90　M8；	X、Y 向快速定位，调用 5 号半径补偿值，切削液开	
N28　L2；	调用子程序 L2，精加工轮廓及表面	
N29　G0　Z150　M9；	Z 轴快速定位，切削液关	
N30　M5；	主轴停转	

程序	说明	
N31 T4；	选 4 号刀，ϕ12mm 键槽铣刀	ϕ12mm 键槽铣刀粗加工两凹槽（局部坐标系及坐标旋转）
N32 L6；	换刀	
N33 M3 S600 F60；	主轴正转	
N34 G0 Z150 D1；	Z 轴快速定位，调用 6 号长度补偿值	
N35 TRANS X40 Y-40；	将坐标点（40，-40）设置为局部坐标系原点	
N36 G0 X0 Y0 M8；	X、Y 轴快速定位到局部坐标原点	
N37 L3；	调用子程序 L3，进行右下角槽的粗加工	
N38 TRANS X-55.977 Y-42；	将坐标点（-55.977，-42）设置为局部坐标系原点	
N39 AROT RPL=37；	将坐标轴绕局部坐标原点旋转 37°	
N40 G0 X0 Y0；	X、Y 轴快速定位到局部坐标原点，并引入 5 号半径补偿值	
N41 L3；	调用子程序% L3，进行左下角槽的粗加工	
N42 TRANS；	取消坐标系旋转及原点偏移	
N43 G0 Z150 M9；	Z 轴快速定位，切削液关	
N44 M5；	主轴停转	
N45 T3；	选 3 号刀，ϕ12mm 细齿四刃立铣刀	ϕ12mm 四刃立铣刀精加工两凹槽（局部坐标系及坐标旋转）
N46 L6；	换刀	
N47 M3 S800 F100；	主轴正转	
N48 G0 Z150 D1；	Z 轴快速定位，调用 3 号刀的 1 号刀沿	
N49 TRANS X40 Y-40；	将坐标点（40，-40）设置为局部坐标系原点	
N50 G0 X0 Y0 M8；	X、Y 轴快速定位到局部坐标原点，切削液开	
N51 L3；	调用子程序 L3，进行右下角槽的精加工	
N52 TRANS X-55.977 Y-42；	将坐标点（-55.977，-42）设置为局部坐标系原点	
N53 AROT RPL=37；	将坐标轴绕局部坐标原点旋转 37°	
N54 G0 X0 Y0；	X、Y 轴快速定位到局部坐标原点	
N55 L3；	调用子程序 L3，进行左下角槽的精加工	
N56 TRANS；	取消坐标系旋转及坐标偏移	
N57 G0 Z150 M9；	Z 轴快速定位，切削液关	
N58 M5；	主轴停转	

程序	说明	
N59　T5;	选5号刀，ϕ8.5mm麻花钻	ϕ8.5mm麻花钻钻中间孔及两螺纹底孔
N60　L6;	换刀	
N61　M3　S600　F35;	主轴正转	
N62　G0　Z150　D1;	Z轴快速定位，调用5号刀的1号刀沿	
N63　X0　Y0　M8;	X、Y轴快速定位，切削液开	
N64　CYCLE83（2,0,1,-43,,-5,,,0,1,1,1）;	固定循环指令钻削中心位置孔	
N65　G0　X-60　Y40;	X、Y快速定位到螺纹孔位置处	
N66　CYCLE83(2,0,1,-20,,-5,,,0,1,1,1);	固定循环指令钻削左边螺纹孔	
N67　G0　X60　Y40;	X、Y快速定位到螺纹孔位置处	
N68　CYCLE83(2,0,1,-20,,-5,,,0,1,1,1);	固定循环指令钻削右边螺纹孔	
N69　G0　Z150　M9;	Z轴快速回退，切削液关	
N70　M5;	主轴停转	
N71　T6;	选6号刀，ϕ35mm麻花钻	ϕ35mm锥柄麻花钻扩中间位置孔
N72　L6;	换刀	
N73　M3　S150　F20;	主轴正转，定义主轴转速及进给速度	
N74　G0　Z150　D1;	Z轴快速定位，调用6号刀的刀沿1	
N75　X0　Y0　M8;	X、Y轴快速定位，切削液开	
N76　CYCLE83(2,0,1,-48,,-5,,,0,1,1,1);	固定循环指令扩孔加工中心位置孔	
N77　G0　Z150　M9;	Z轴快速定位，切削液关	
N78　M5;	主轴停转	
N79　T7;	选7号刀，ϕ37.6mm粗镗刀	ϕ37.6mm粗镗刀粗镗中间位置孔
N80　L6;	换刀	
N81　M3　S850　F80;	主轴正转，定义主轴转速及进给速度	
N82　G0　Z150　D1;	Z轴快速定位，调用刀具表9号位置长度补偿值	
N83　X0　Y0　M8;	X、Y轴快速定位，切削液开	
N84　CYCLE85(2,0,1,-40,,0,80,100);	固定循环指令粗镗中心位置孔	
N85　G0　Z150　M9;	Z轴快速定位，切削液关	
N86　M5;	主轴停转	
N87　T8;	选8号刀，ϕ38mm精镗刀	ϕ38mm精镗刀精镗中间位置孔
N88　L6;	换刀	
N89　M3　S1000　F40;	主轴正转，定义主轴转速及进给速度	
N90　G0　Z150　D1;	Z轴快速定位，调用8号刀的刀沿1	
N91　X0 Y0 M8;	X、Y轴快速定位，切削液开	
N92　CYCLE85(2,0,1,-40,,0,40,100);	固定循环指令粗镗中心位置孔	
N93　G0　Z150　M9;	Z轴快速定位，切削液关	
N94　M5;	主轴停转	

```
N95  T9;                                   选9号刀，M10机用丝锥
N96  L6;                                   换刀
N97  M3  S100;                             主轴正转，定义主轴转速
N98  G0  Z150  D1;                         Z轴快速定位，调用9号刀的刀沿1
N99  X-60  Y40  M8;                        X、Y向快速定位，打开切削液
N100  CYCLE84(10,0,7,-43,,0,3,10,,
90,100,200);                               固定循环指令攻螺纹（左边）
N101  G0  X60  Y40;                        X、Y向快速定位，打开切削液
N102  CYCLE84(10,0,7,-43,,0,3,10,,
90,100,200);                               固定循环指令攻螺纹（右边）
N103  G0  Z150  M9;                        Z轴快速定位，切削液关
N104  Y150;                                Y轴快速定位，准备拆卸工件
N105  M5;                                  主轴停转
N106  M30;                                 程序结束
```

M10机用丝锥攻螺纹

```
%_N_L1_SPF
; $PATH=/_N_SPF_DIR;                       子程序L1
N1  G0  Z0;                                Z轴快速定位
N2  G1  X85;                               X向进给
N3  Y30;                                   Y向进给
N4  X-125;                                 X向进给
N5  G0  Y105;                              Y向快速定位
N6  X-90;                                  X向快速定位
N7  Z-3;                                   Z向下刀
N8  G1  Y-105;                             Y向进给
N9  G0  X90;                               X向快速定位
N10  G1  Y105;                             Y向进给
N8  RET;                                   子程序结束，返回主程序
```

子程序L1

```
%_N_L2_SPF
; $PATH=/_N_SPF_DIR;                       子程序L2
N1  Z-11;                                  Z轴快速定位
N2  G41  X0  Y-80;                         X、Y轴快速定位，并引入刀具半径补偿
N3  G1  Y-48.589;                          Y向进给，到延长线
N4  X-39.294Y-0.897;                       X、Y向进给
N5  G2  X-8.889  Y37.395  CR=25;           加工圆弧
N6  G3  X8.889  Y37.395  CR=20;            加工圆弧
N7  G2  X42.361  Y3.82  CR=25;             加工圆弧
N8  G2  X9.282 Y-36.784  CR=120;           加工圆弧
N9  G2  X-11.577  Y-34.538  CR=15;         加工圆弧
N10  G1  X-59.641  Y-20;                   X、Y向直线进给
N11  X-80;                                 X向进给
N12  G0  Y20;                              Y向快速定位
N13  G1  X-59.641;                         X向进给
N14  G3  X-59.641  Y-20  CR=40;            圆弧加工
N15  G1  X0  Y-80;                         X、Y向直线进给
```

子程序L2

```
N16  G0  X100;                    X 向快速定位
N17  Y-20;                        Y 向快速定位
N18  G1  X59.641;                 X 向进给
N19  G3  X59.641  Y20  CR=40;     圆弧加工
N20  G1  X100;                    X 向进给
N21  G40  G00  X110  Y40;         X、Y 向快速定位，取消刀具半径补偿
N22  Y-37;                        Y 向快速定位
N23  X90;                         X 向快速定位，开始残料加工
N24  G1  X30;
N25  X20  Y-47;
N26  X10;
N27  X82;
N28  Y-57;
N29  X-82;
N30  Y-47;
N31  X-20;
N32  X-30  Y-37;
N33  X-82;
N34  X-30;
N35  X-50  Y0;
N36  X-20  Y-50;
N37  X35;
N38  Y-27;
N39  X50;
N40  X40;
N41  X50  Y0;
N42  G0  Z5;
N43  X90  Y55;
N44  Z-11;
N45  G1  X-82;
N46  Y48;
N47  X82;
N48  Y37;
N49  X50;
N50  G0  Y48;
N51  X-50;
N52  G1  Y37;
N53  X-90;                        去除残料加工完毕
N54  G0  Z5;                      Z 向快速定位
N55  X-20  Y-90;                  X、Y 向快速定位
N56  RET;                         子程序结束，返回主程序
```

（N16～N56）子程序 L2

```
%_N_L3_SPF
; $ PATH = /_N_SPF_DIR;          子程序 L3
N1  G0  X0  Y-20;               X、Y 向快速定位
N2  Z-8;                        Z 向快速定位
N3  G42  X-1  Y-1;              X、Y 向定位，并引入刀具半径补偿
N4  G1  Z-19;                   Z 向下刀
N5  X0  Y10;                    X、Y 向进给
N6  X20;                        X 向进给
N7  G2  Y-10  CR=10;            加工圆弧
N8  G40  G1  X10  Y0;           X、Y 向进给，取消刀具半径补偿
N9  G0  Z5;                     Z 向快速退刀
N10  RET;                       子程序结束，返回上级程序
```

（以上为子程序 L3）

第二节　数控铣床（加工中心）对刀

在根据拟订的零件加工工艺进行程序编制时，首先要根据零件图样及安装要求选择合适的程序原点，然后以程序原点为参照进行程序编制。在加工时，刀具移动的参照是机床原点（或参考点）。通过对刀，可以确定在机床坐标系中每把刀具到达工件上的加工（程序）原点在各个坐标轴（X、Y、Z 等）的坐标值（即当前刀具所对应的工件坐标系原点偏置值），在加工的过程中，系统自动将这些坐标值与程序中的坐标值进行迭加得到新的坐标值，即将参照程序原点的坐标值转换到机床坐标系中，从而控制刀具移动达到加工的目的。

实际操作过程中，可以将每把刀具的偏置值分别存储在相应位置（如 G54 ~ G59 等），在程序中分别调用；也可以只调用其中一把刀具（可视为标准刀具）的偏置值，其余的刀具通过补偿值的方式进行加工（如长度补偿）。

在数控铣床及加工中心中，刀具的参数通常只有：半径和长度。

对刀的工具很多，以下的对刀方法在 X、Y 向采用电子寻边器，Z 向采用 Z 轴电子对刀器。

一、X、Y 向对刀

以典型零件二为例（下同）。工件原点在上表面的中心位置。

将电子寻边器安装在机床主轴上，通过手动、增量或手轮等方式使寻边器的触头靠近零件的侧面，直至寻边器灯亮，如图 5-5 所示。*A* 或 *B* 边用来获得 X 向的坐标值，*C* 或 *D* 边用来获得 Y 向的坐标值。图示在 *A* 和 *C* 边。

在 *A* 边时，通过系统屏幕读出当前 X 向坐标值，如 -312.368，数控铣床及加工中心刀具的刀位点通常为其回转中心，刀具的刀位点、寻边器的回转中心、主轴的回转中心在同一位置，“-312.368”为当前主轴回转中心的坐标值，此回转中心要继续往 X 的正向移动 83mm 才能到达所要设置的工件原点，即可计算出工件原点在机床坐标系中的 X 坐标值为 -312.368mm + 3mm + 80mm = -229.368mm，将此值记下来或直接输入到系统的零点偏置（坐标系）中，完成 X 向对刀。如果此时在 *B* 边，应该用在 *B* 边的坐标值减去“83”得到工件原点的 X 偏置值。

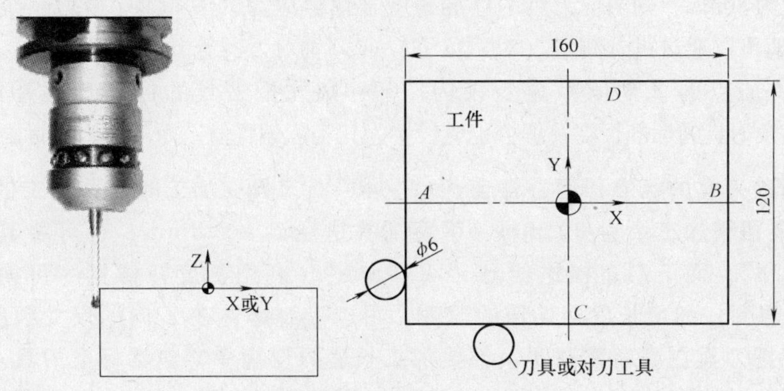

图 5-5　寻边器对刀示意图

将寻边器移至 C 或 D 边，同样的方法可以得到工件原点的 Y 偏置值。

☆　**1. 典型零件中零件的四周都已经加工完成，如果没有加工完成，毛坯的 X、Y 向中心可以通过用寻边器靠“A 和 B 边”或“C 和 D 边”，然后折衷获得。**

2. 工件原点的 X 偏置值“-229.368”，可以理解为刀具安装在主轴上后，将机床移动到 X 坐标值为“-229.368”时，刀具的中心点刚好到达工件坐标系的 X 向零点。如果程序中有“X80”语句，即要将刀具移到工件坐标系中 X 坐标为“80”的位置，则系统在执行时把“80”与“-229.368”叠加，得到“-149.368”，然后控制刀具移到“-149.368”，即完成了移到“X80”这个任务。

二、Z 向对刀

根据零件尺寸要求，将工件坐标系的 Z 向原点设置在毛坯上表面下方 2mm 处。

工件装夹好后，将对刀器放在工件上，如图 5-6 所示，对刀器的高度一般在 50 ~ 100mm 之间，其尺寸精度一般可达 0.005mm，可以作为标准高度，如“100mm”。在所用刀具中选出最长的刀具，安装在主轴上，利用手动、增量或手轮等方式使刀具接触对刀器顶部，直至灯亮，从系统屏幕读出当前 Z 轴坐标值，如“-398.524”，表示当前刀具到达对刀器顶部，那么刀具到达要设定的 Z 向原点时的坐标值应该是多少呢？根据 Z 坐标的方向，可得 -389.524mm - 100mm - 2mm = -491.524mm，将此值记下来或直接输入到系统的零点偏置（坐标系）中，完成 Z 向对刀。

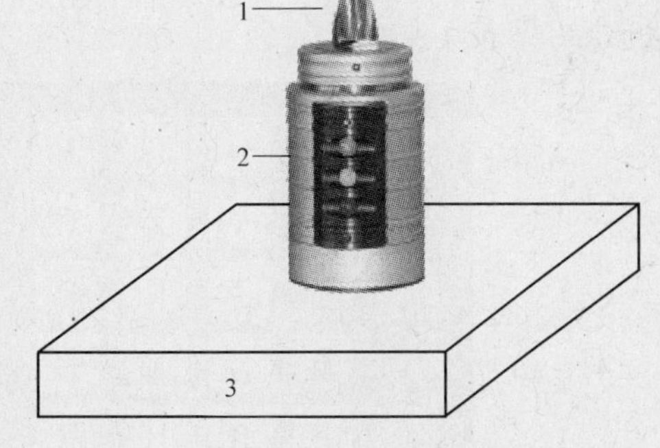

图 5-6　Z 向对刀

1—刀具　2—对刀器　3—工件

三、长度补偿值

1. 在上述的“Z 向对刀”中，如将工件原点的 Z 向零点偏置设为“-491.524”，则此把刀具的标准长度补偿值应设置为零（若考虑粗精加工，可以将当前刀具设置几个长度补偿值，其余刀具相同），其余刀具的标准长度补偿值为其与标准刀具的长度差值。例如，标准刀具长度为 120mm，当前刀具的长度为80mm，则当前刀具的标准长度补偿值应为“-40”（根据系统的不同也可为“40”）。长度差值可以通过机外测量（对刀仪等）或Z轴对刀器等方法获得。

2. 如将工件原点的Z向零点偏置设为“0”，则此把刀具的标准长度补偿值应设置为“-491.524”，其余刀具的标准长度补偿值也应设置为其实际偏置值，而不能为与标准刀具的差值。

☆　**1. 当前刀具的标准长度补偿值为“-40”，刀具在加工时，其加工的最终深度为-10mm，若要留精加工余量0.2mm，可将刀具进给到-9.8mm；也可将其长度补偿值设置为“-39.8”，而下刀直接进给到“-10mm”，利用长度补偿指令可得到同样的效果。我们可以想到，利用长度补偿值的改变，可以控制零件在Z向的尺寸精度。**

2. 每把刀具在程序编制时，都要加工长度补偿指令，包括标准刀具。

3. 用一把刀具长度作为其他刀具的长度参照基准的问题在于当基准刀具的长度发生改变，其余刀具的参照长度必须作出相应改变。采用长度补偿值设置的第二种方法就不存在此问题。

四、半径补偿值

刀具的标准半径补偿值为其测量值，标准刀具一般不需要测量而直接使用其半径值。

刀具半径值可以通过机外测量（对刀仪等）或机内对刀等方法获得。

在机内对刀中，可以让刀具的刀刃到达某一已知点，通过屏幕读数及计算获得半径值。若将已知点置0，则可通过读数直接得到半径值。如在图5-5中，已经知道*A*边的坐标值，并将其置为“0”，让刀具的刀刃到达*A*边，就可以知道每把刀具的半径。

在输入刀具参数时，可改变刀具的半径值，以满足不同的加工需要。

第三节　SIEMENS 802D 数控铣床（加工中心）操作

一、控制面板

数控机床提供的各种功能通过控制面板来实现。控制面板一般分为数控系统操作面板和外部机床控制面板，图5-7和图5-8为SIEMENS 802D系统操作面板和机床外部控制面板，面板介绍见表5-4。

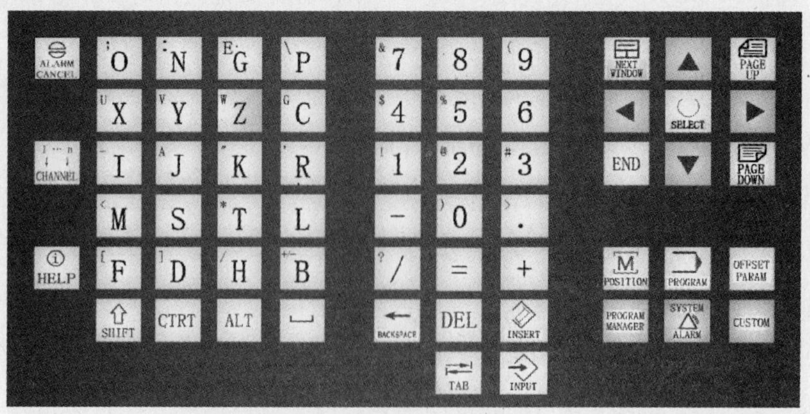

图5-7　SIEMENS 802D 系统操作面板

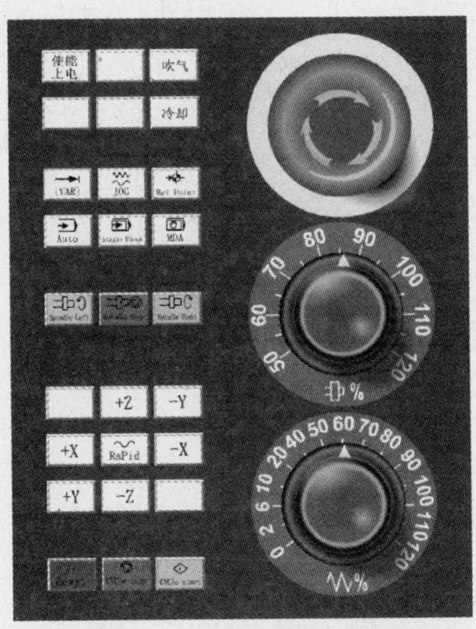

图 5-8　机床外部控制面板

表 5-4　SIEMENS 802D 面板介绍

按　钮	名　称	功 能 简 介
	紧急停止	按下急停按钮，使机床移动立即停止，并且所有的输出如主轴的转动都关闭
[VAR]	点动（增量）方式	在增量或手轮方式下，可以改变增量的步距
JOG	手动（点动）方式	手动方式，连续移动
Ref Point	回零（参考点）方式	机床回零；系统启动后，必须执行回零操作
Auto	自动方式	进入自动加工模式
	单段	当按钮被按下，运行程序时每按一次数控启动按钮只执行一条数控指令（程序段）
MDA	手动数据输入（MDA）	单程序段执行模式，即 MDI 模式
Spindle Left	主轴正转	
	主轴停止	
	主轴反转	
+X +Y +Z -X -Y -Z	坐标轴移动（点动）按钮	

（续）

按　钮	名　称	功能简介
RaPid	快速按钮	手动方式下，按下此按钮，再按移动按钮则可以快速移动机床
Reset	复位	按下此键，复位 CNC 系统
CYCle stop	循环保持	程序运行暂停，按数控启动按钮恢复运行
CYCle start	数控启动（运行开始）	程序运行开始
	主轴倍率修调旋钮	可以改变主轴转速
	进给倍率修调旋钮	可以调节进给速率和快速移动速率
ALARM CANCEL	报警应答键	
CHANNEL	通道转换键	
HELP	信息键	
POSITION	加工操作区域键	
PROGRAM	程序操作区域键	
OFFSET PARAM	参数操作区域键	
PROGRAM MANAGER	程序管理操作区域键	
ALARM	报警/系统操作区域键	
CUSTOM	系统操作区域键	
SHIFT	上档键	对键上的两种功能进行转换。按下此键，再按下字符键，字符键上行的字符就被输出
CTRT	控制键	
ALT	大小写转换键	
	空格键	
BACKSPACE	退格键（删除键）	自右向左删除字符
DEL	删除键	自左向右删除字符
INSERT	插入键	
TAB	制表键	

（续）

按钮	名称	功能简介
INPUT	回车/输入键	
▲ ◀ ▼ ▶	光标移动键	编程输入状态下的光标移动
SELECT	选择/转换键	
PAGE UP PAGE DOWN	翻页键	
END	转换键	
0 9	数字/符号键	上档键转换对应字符
J Z	字母/符号键	上档键转换对应字符
>	菜单扩展键	按此符号对应的软键，可出现其他的软键功能
∧	返回键	表明当前处于子菜单中，按对应的软键，可返回上一级菜单

二、开机和回参考点

(1) 开机 首先检查机床是否处于正常状态，然后打开电源开关，电源指示灯亮，机床开机。

(2) 回参考点 回参考点又称机床回零，机床开机后会自动进入回参考点模式。若不在回参考点模式时，可先按一下Ref Point使机床进入回参考点模式。再分别按下+Z、+X、+Y按钮，直至“回参考点”窗口显示回零完成。可以单独选择回零的坐标轴。

X1 表示 X 坐标轴未回参考点。

X1 表示 X 坐标轴已经到达参考点（回零成功）。

☆ **必须在手动方式下才能完成回零，即JOG按钮要处于按下状态。**

三、手动（点动）工作方式

在机床控制面板中按下JOG按钮，系统进入手动工作方式，图 5-9 为手动工作方式主界面。

通过+X、+Y、+Z、-X、-Y、-Z坐标轴移动按钮和RaPid快速按钮来控制各坐标轴的移动到合适安装工件的位置，将工件安装到已经调整好的平口钳中，可靠夹紧。移动的速度也可用进给和快速倍率修调旋钮调节。

移动调整机床主轴位置，安装寻边器。将寻边器移到工件左侧，按-Z键，使寻边器下到图 5-5 所示位置。在移动过程中要注意不能产生碰撞。以下利用手轮或增量方式往 X 正向移动寻边器，使之接触工件。

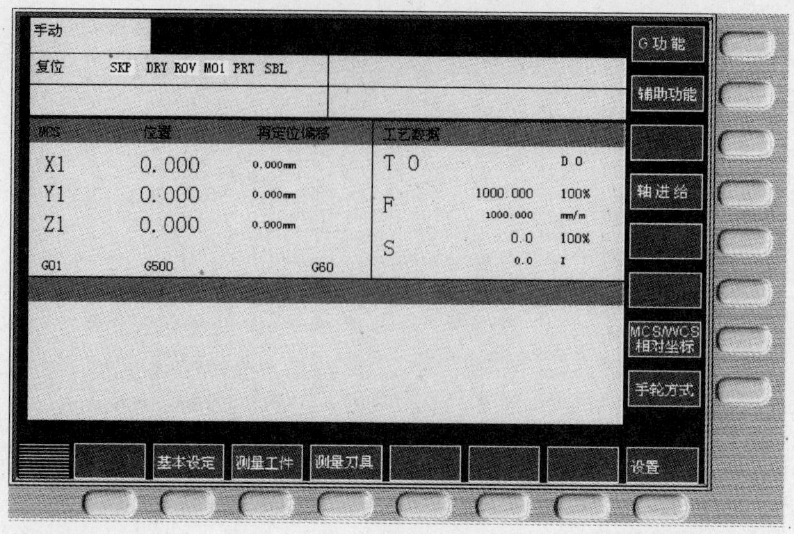

图 5-9　手动工作方式主界面

四、手轮方式

手持单元结构如图 5-10 所示，它由手摇脉冲发生器、坐标轴选择开关和增量步距调整旋钮等组成。

在图 5-9 所示界面中，按“手轮方式”软键，进入手轮方式窗口。

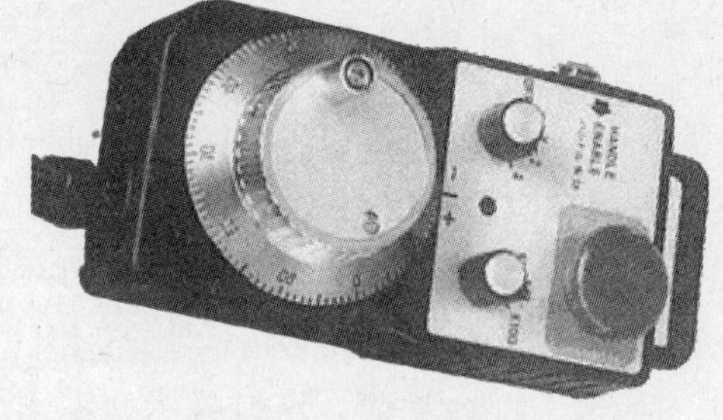

图 5-10　手持单元

如果连接有几个手轮，则可以通过光标移动键来选择相应的手轮。

在手轮方式下，按垂直软键中对应的坐标轴，窗口中对应的坐标轴后显示☑符号，表示手轮当前控制此坐标轴的移动。

选择“X”轴，并将手持单元坐标轴选择波段开关旋到“X”挡，利用步距旋钮选择手轮每格所对应的移动距离。有“1”、“10”、“100”三挡，分别表示“0.001mm”、“0.01mm”、“0.1mm”。寻边器、刀具或其他工具越靠近工件，挡位应选择越低，并要根据远近来调整手轮旋转速度。顺时针旋转手轮，寻边器将向 X 轴正向移动，逆时针旋转则向 X 轴负向移动。

如果不需要使用手轮，则应将手持单元坐标轴选择开关旋到“OFF”挡。

五、增量移动方式

在机床控制面板中按下[VAR]按钮，系统进入增量方式，使用此按钮可以改变增量步距，为 1、10、100 和 1000，分别对应 0.001mm、0.01mm、0.1mm 和 1mm，在窗口状态区显示当前步距，如图 5-11 所示。

图中显示当前增量步距为 0.01mm。通过坐标轴移动按钮可改变寻边器与工件间的距离。

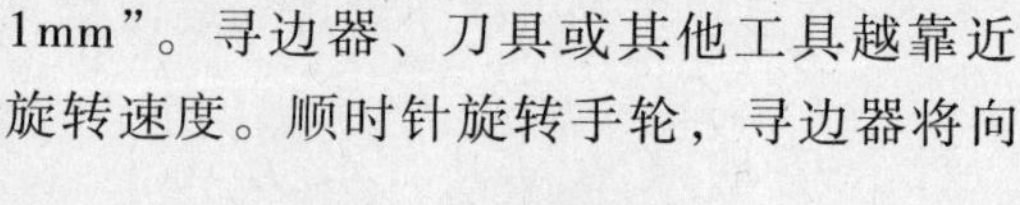

手动10 INC
复位　SKP DRY ROV M01 PRT SBL

图 5-11　增量窗口状态区

☆　**必须在手动工作方式下才能进入增量移动方式。手轮也应处于“OFF”状态。**

六、零点偏移值输入

在操作面板中按下[OFFSET PARAM]参数管理键，系统进入参数设定界面，如图 5-12 所示。在此界面中按“零点偏移”软键，则进入如图 5-13 所示零点偏移设置界面。

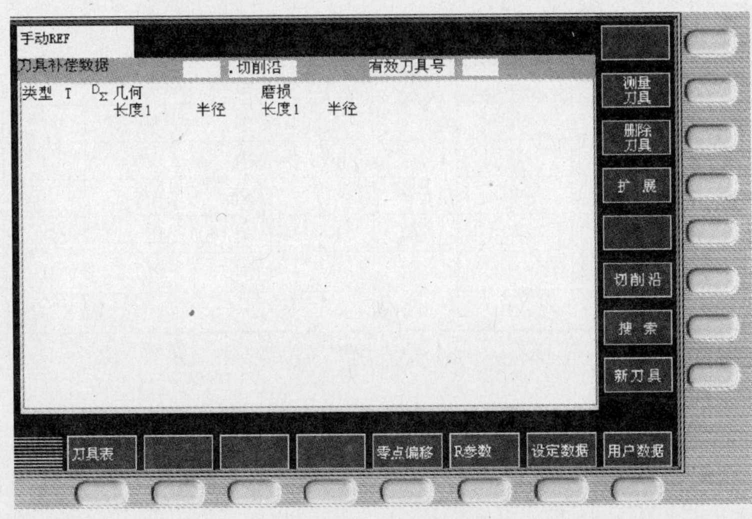

图 5-12　参数设定界面

手动REF

可设置零点偏移

WCS			MCS		
X	0.000	mm	X1	0.000	mm
Y	0.000	mm	Y1	0.000	mm
Z	0.000	mm	Z1	0.000	mm

	X mm	Y mm	Z mm	X rot	Y rot	Z rot
基本	0.000	0.000	0.000	0.000	0.000	0.000
G54	-426.485	0.000	0.000	0.000	0.000	0.000
G55	0.000	0.000	0.000	0.000	0.000	0.000
G56	0.000	0.000	0.000	0.000	0.000	0.000
G57	0.000	0.000	0.000	0.000	0.000	0.000
G58	0.000	0.000	0.000	0.000	0.000	0.000
G59	0.000	0.000	0.000	0.000	0.000	0.000
程序	0.000	0.000	0.000	0.000	0.000	0.000
缩放	1.000	1.000	1.000			
镜像	0	0	0			
全部	0.000	0.000	0.000	0.000	0.000	0.000

下一个轴　测量工件　改变有效

刀具表　零点偏移　R参数　设定数据　用户数据

图 5-13　零点偏移设置界面

在“X”的相应位置输入 X 向对刀得到的 X 偏置值，按“改变有效”软键完成输入。

用同样的方式得到 Y 偏置值后输入。

Z 轴向上移动，将寻边器卸下，安装（或从刀库中抓刀）其中一把刀具（最长），在工件上方放置 Z 轴对刀器，对刀获得 Z 轴零点偏置值，在上图中输入。按本章第二节所述，Z 零点偏移值也可输入“0”。

☆　这些值也可通过“测量工件”功能自动计算获得并能自动输入到表中，其原理与人工计算过程相同，不作详述。

七、设置刀具补偿数据

在进入参数设定界面后，所显示的即为刀具补偿数据设置表，如图 5-12 所示。

典型零件二共用到 9 把刀具，见表 5-5。其中，6 号刀为基准刀具。

表 5-5　刀具补偿数据　（单位：mm）

刀号	类型	实测长度	刀沿	长度	半径	刀号	类型	实测长度	刀沿	长度	半径
1	铣刀	100	1	-20		5	钻削	80	1	-40	
			2	-19.8		6	钻削	120	1	0	
2	铣刀	110	1	-9.8	6.2	7	钻削	100	1	-20	
			2	-4.3	6.2	8	钻削	100	1	-20	
3	铣刀	110	1	-10	6	9	钻削	110	1	-10	
4	铣刀	110	1	-10	6.2		表中“实测长度”为假定值。				

1. 新刀具

利用新刀具建立以上 9 把刀具，输入相应数据，按“改变有效”确认，如图 5-14 所示。

2. 切削沿

分别选择 1、2 号刀具，利用切削沿中的“新刀沿”为其建立新刀沿，输入相应数据，“返回”后按“改变有效”确认，如图 5-15 所示。

类型	T	D_Σ	几何 长度1	几何 半径	磨损 长度1	磨损 半径
	1	2	-20.000	0.000	0.000	0.000
	2	2	-9.800	6.200	0.000	0.000
	3	1	-10.000	6.000	0.000	0.000
	4	1	-10.000	6.200	0.000	0.000
	5	1	-40.000	0.000	0.000	0.000
	6	1	0.000	0.000	0.000	0.000
	7	1	-20.000	0.000	0.000	0.000
	8	1	-20.000	0.000	0.000	0.000
	9	1	-10.000	0.000	0.000	0.000

图 5-14　刀具表

类型	T	D_Σ	几何 长度1	几何 半径	磨损 长度1	磨损 半径
	1	2	-19.800	0.000	0.000	0.000
	2	2	-4.300	6.200	0.000	0.000
	3	1				
	4	1				
	5	1				
	6	1				
	7	1				
	8	1				
	9	1				

图 5-15　新刀沿

通过“D≫”或“≪D”软键，查看当前刀具的不同的刀沿号数据。

☆　1. 这些值也可通过“测量刀具”功能自动计算获得并能自动输入到表中，其原理与人工计算过程相同，不作详述。

2. 所谓刀具的刀沿，即每把刀具同时可以对应多个长度和半径补偿值，以用同一把刀具完成不同的加工需要（如控制加工余量、粗精加工等）。程序中使用补偿号“**Dn**”来调用刀具对应的刀具补偿数据，如“**T4D2**”，即使用 **4** 号刀具的 **2** 号刀沿（第二组补偿数据）。

八、MDA 运行方式（手工数据输入）

在机床控制面板中按下[MDA]按钮，系统进入 MDA 运行方式，图 5-16 所示为 MDA 运行方式主界面。

可以通过操作面板输入程序段后按数控启动按钮执行。在执行时不能再对程序段进行编辑。执行完毕后，输入区的内容仍保留，这样该程序段可以通过数控启动键再次重新运行。按下复位键后可对程序段进行重新编辑。

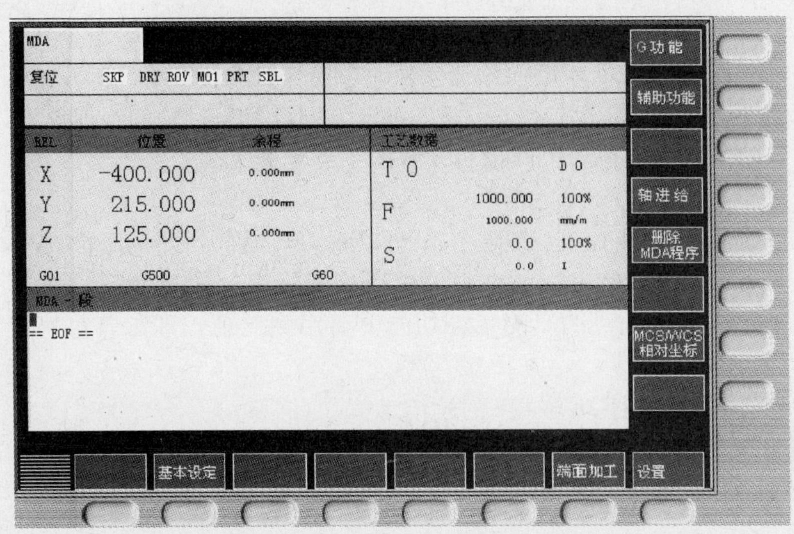

图 5-16　MDA 运行方式主界面

1. 删除 MDA 程序

可以删除输入区中的所有 MDA 程序段。

2. 端面加工

使用此功能可以为后续加工准备好毛坯，而无需编写一个专门的零件程序。

在加工前将刀具定位到起始点，选择端面加工方式并在打开的窗口中输入相应的参数值。

（1）参数

1）刀具。输入所要使用的刀具。在加工前将刀具换上，若为自动换刀，可以 MDA 方式下输入“TnL6”换刀。如“T3L6”，“L6”为换刀子程序，“3”为刀号。

2）零偏。选择工件棱边的基准点。

3）加工。确定工件表面加工的质量，可以选择粗加工或精加工。

4）X0、Y0、Z0、X1、Y1。输入工件的几何尺寸，即毛坯尺寸。

5）Z1。Z 轴方向上的成品尺寸。

6）DZ。Z 方向上的最大进刀量。

7）DXY。XY 方向上的最大进刀量。

8）UZ。Z 向加工余量。

（2）端面加工方式

：横坐标平行方向的加工，可以变换方向。

：横坐标平行方向的加工，只在一个方向。

：纵坐标平行方向的加工，可以变换方向。

↑↑↑：纵坐标平行方向的加工，只在一个方向。

☆　**端面加工前，必须在“设置”项中定义退回平面和安全距离。**

3. 基本设定

用于在相对坐标系中设定临时参考点和基本零偏。

通过直接输入坐标值，可以将坐标值对应的位置设为基本零偏。

通过“X = Y = Z = 0”，可以设置各坐标轴的当前位置为零点。

通过“X = 0”或“Y = 0”或“Z = 0”，可以分别设置坐标轴的当前位置为零点。

这里所设置的基本零点偏置与其他所设置的零点偏置无关，并不会产生影响。

4. 设置

1)“返回平面”。“端面加工”功能中，可以将刀具退回到此平面位置（Z 向）。

2)“安全距离”。到工件表面的安全间隙。该值定义了工具和工件表面之间的最小距离。在“端面加工”和“自动刀具测量”功能中要用到此值。即工具可快速移动到安全距离的位置。

3)“手动进给”。设定手动方式下的进给率值。

4)“旋转方向”。用于设定在 JOG 和 MDA 方式下，自动生成的程序中主轴的旋转方向。使用面板中的按钮改变设定。

九、零件编程

在系统操作面板中按下程序管理键，屏幕窗口以列表形式显示零件程序或循环目录，如图 5-17 所示。

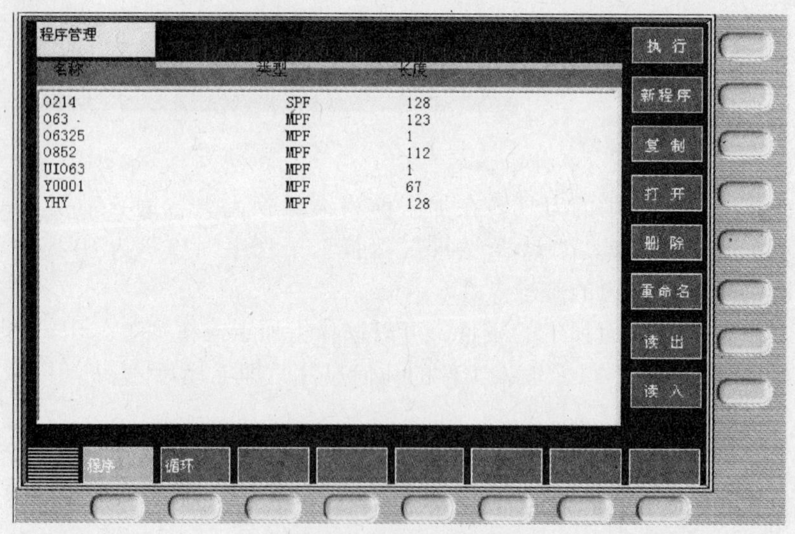

图 5-17　程序管理主界面

1. 新程序

用于建立及输入一个新程序。按“新程序”软键，出现对话框，如图 5-18 所示。

在对话框中输入主程序名或子程序名。主程序的扩展名“. MPF”自动产生，而子程序的扩展名“. SPF”必须与文件名一起输入。点击“确认”软键后即进入程序编辑界面，输

图 5-18　新程序对话框

入零件程序。

可利用“钻削”、“铣削”功能，通过输入参数的方式来写西门子的循环功能指令。

2. 重编译

在重新编译循环时，要先将光标移到程序中调用循环的程序段中。使用此功能，译码循环名，并在其屏幕格式中处理相应的参数。如果所设定的参数不在有效范围之内，则该功能会自动进行判别，并且恢复使用原来的缺省值。屏幕格式关闭之后，原来的参数被修改的参数取代。

☆　重编译只对自动生成的程序块或程序段起作用。

3. 读入

通过 RS232 接口将选定的文件另外保存。

4. 读出

通过 RS232 接口加载外部零件程序。加载的程序文件必须以文本的形式进行传送。

☆　1. SINUMENS 802D 系统的零件程序在编制时，其主程序的程序头与子程序的程序头（将其中的“程序名”改为所需的程序名即可）为

1）主程序　%_ N_ 程序名_ MPF;

;　$ PATH =/_ N_ MPF_ DIR;

2）子程序　%_ N_ 程序名_ SPF;

;　$ PATH =/_ N_ SPF_ DIR;

2. 在任何时候按下系统操作面板中的加工操作区域键，均可使屏幕返回到当前工作方式状态（如自动、手动、MDA 等）。

十、自动工作方式

在机床控制面板中按下按钮，系统进入自动工作方式，图 5-19 为自动工作方式主界面。

在自动工作方式下，按下系统操作面板中的程序管理键，利用光标移动键选择所需程序，按垂直软键“执行”，按下机床控制面板中的启动按钮即可执行程序。

在程序执行过程中，按下机床控制面板中的循环保持按钮，可停止加工，按启动按钮可从中断点继续执行程序。若按下复位按钮，程序会返回到起点，按启动按钮，程序将重新开始执行。

1. 程序控制

按下“程序控制”软键，即显示其子项，包括“程序测试”、“空运行进给”、“有条件

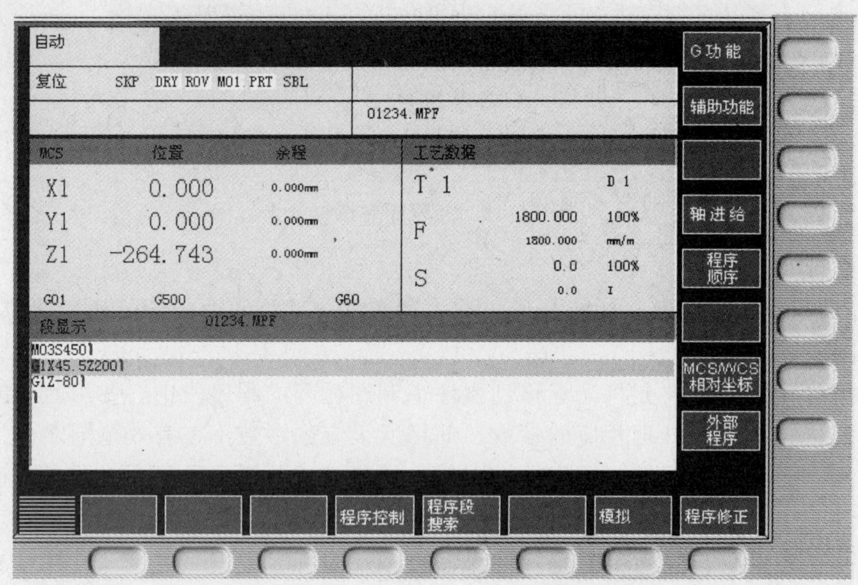

图 5-19　自动工作方式主界面

停止”、“跳过”、“单一程序段”、“ROV 有效” 和 “返回”。

（1）程序测试　在程序测试方式下所有到进给轴和主轴的给定值被禁止输出，此时给定值区域仍然显示当前运行数值。此时状态区中的 “PRT” 亮显示。

（2）空运行进给　进给轴以空运行设定数据中设定参数运行，执行空运行进给时编程指令无效。此时状态区中的 “DRY” 亮显示。

（3）有条件停止　程序在执行到有 M01 的程序段时停止运行。此时状态区中的 “M01” 亮显示。

（4）跳过　前面有斜线的程序段在程序运行时跳过不予执行。如 “/N100”。此时状态区中的 “SKP” 亮显示。

（5）单一程序段　此功能生效时零件程序按如下方式逐段运行：每个程序段逐段解码，在程序段结束时有一暂停，但在没有空运行进给的螺纹程序段时例外，此时只有在螺纹程序段运行结束时才会产生一暂停。单段功能只有处于程序复位状态才可以选择。此时状态区中的 “SBL” 亮显示。

（6）ROV 有效　进给修调旋钮对程序中的快速进给也生效。此时状态区中的 “ROV” 亮显示。

2. 模拟

按下 “模拟” 软键，即显示其子项，包括 “自动缩放”、“到原点”、“显示”、“缩放 +”、“缩放 -”、“删除画面” 和 “光标粗/细”，屏幕显示为模拟画面状态。此功能可以把编程的刀具轨迹通过线图表示，用以检验路径的正确合理性。

当把需要执行的程序导入后，进入 “模拟” 状态，按下启动按钮即可执行。

（1）自动缩放　可自动缩放所记录的刀具轨迹。

（2）到原点　可以恢复到图形的基准设定。

(3) 显示　可显示整个工件。

(4) 缩放 +　放大显示图形。

(5) 缩放 -　缩小显示图形。

(6) 删除画面　擦除显示的图形。

(7) 光标粗/细　调整光标的步距大小。

☆　在自动执行程序过程中，若用“复位”按钮中断了程序，并通过手动方式移动了坐标轴，则需重新进入自动工作方式，利用“程序段搜索”中的“搜索断点”及“计算轮廓”，使机床回中断点，按启动按钮继续加工；若用“循环保持”按钮中断了程序，并通过手动方式移动了坐标轴，在选择了自动工作方式后，按启动按钮则迅速返回到中断点继续加工，但要注意返回过程中，所有的轴将同时移动，要注意移动通道是否会发生刀具与工件或其他部件发生干涉；在程序中断后，若在手动工作方式下停止了主轴，则在继续执行程序前，要先启动主轴。

第四节　HNC-21/22M 数控铣床（加工中心）操作

一、数控装置操作台

华中数控世纪星（HNC-21/22M）加工中心数控装置操作台如图 5-20 所示。

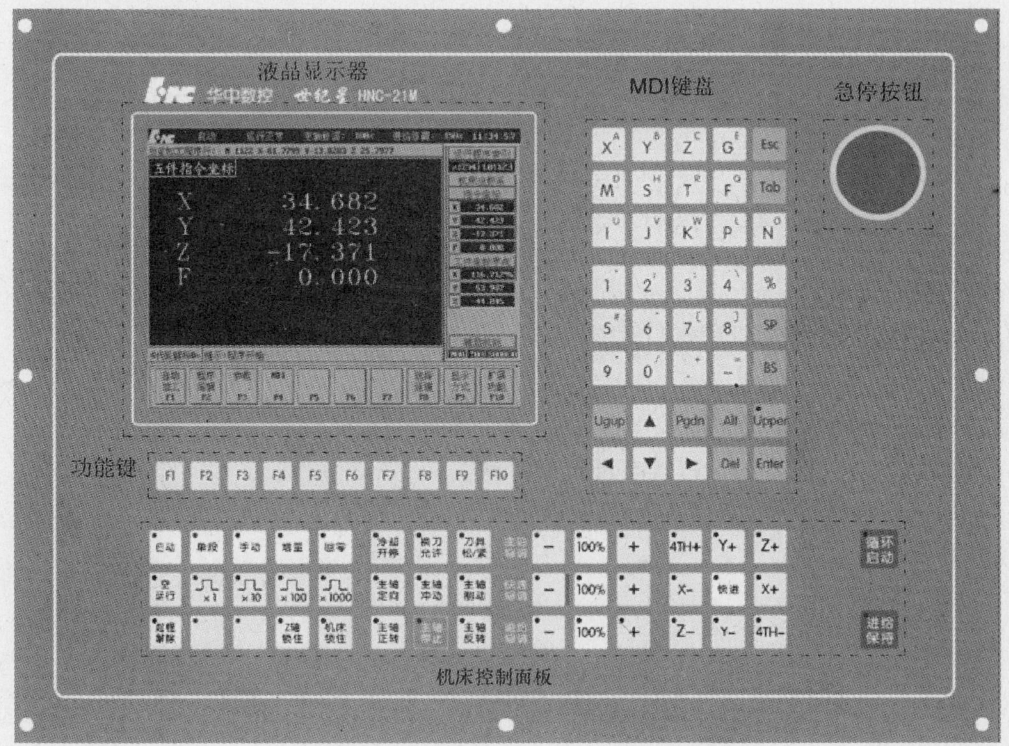

图 5-20　HNC－21/22M 加工中心数控装置操作台

操作台共由液晶显示器、功能键、机床控制面板、MDI（手工数据输入）键盘和急停按钮五部分组成。

机床控制面板完成机床各种动作的操作及工作方式的选择。

功能键完成对数控系统各种功能的操作。

MDI 键盘完成各种数据的输入。

二、HNC-21/22M 系统软件操作界面

HNC-21/22M 系统软件操作界面如图 5-21 所示，其由以下几个部分组成：

1. 菜单命令条

通过菜单命令条中的功能键 F1～F10 来完成系统功能的操作。

2. 显示窗口

可以根据需要，用功能键 F9 设置窗口的显示内容。

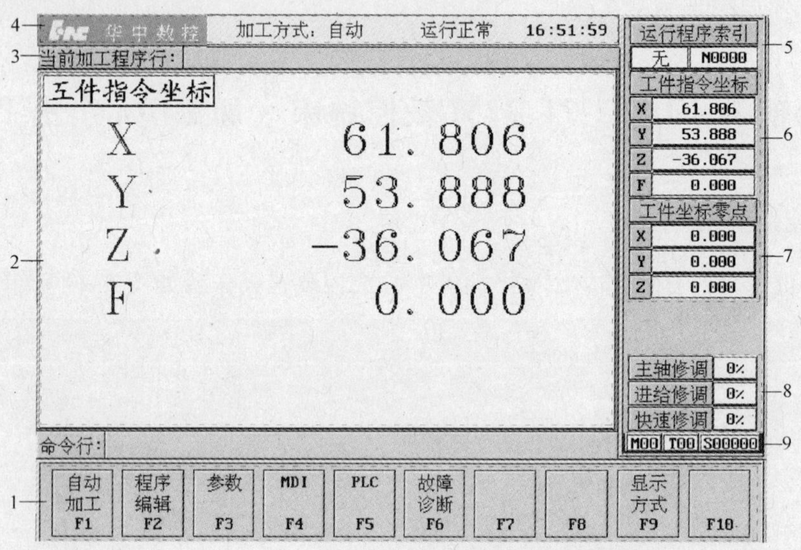

图 5-21 HNC-21/22M 软件操作界面

1—菜单命令条 2—显示窗口 3—当前加工程序 4—当前加工方式、系统运行状态及当前时间 5—运行程序索引 6—选定坐标系下的坐标值 7—工件坐标零点 8—倍率修调 9—辅助机能

3. 当前加工程序行

显示当前正在或将要加工的程序段。

4. 当前加工方式、系统运行状态及当前时间

（1）加工方式 根据机床控制面板上相应按键的状态可在自动、单段、手动、增量、回零、急停和复位等之间切换。

（2）运行状态 在“运行正常”和“出错”切换。

（3）时间 显示系统时间。

5. 运行程序索引

自动加工中的程序名和当前程序段的行号。

6. 选定坐标系下的坐标值

1）坐标系可以在机床坐标系、工件坐标系和相对坐标系间切换。

2）显示值可以在指令位置、实际位置、剩余进给、跟踪误差、负载电流和补偿值之间切换。

7. 工件坐标零点

显示工件坐标系零点在机床坐标系下的坐标。

8. 倍率修调

显示当前主轴修调倍率、进给修调倍率及快速修调倍率。

9. 辅助机能

自动加工中的 M、S、T 代码。

菜单命令条是操作界面中最重要的一项。系统功能的操作主要通过菜单命令条中的功能键 F1 ~ F10 来完成。由于每个功能包括不同的操作，菜单采用层次结构，即在主菜单下选择一个菜单项后，数控装置会显示该功能下的子菜单，用户可根据该子菜单的内容来选择所需的操作，如图 5-22 所示为执行 F1→F4 功能（这里用 F1→F4 表示在主菜单中选择 F1，在出现的子菜单中选择 F4，下同）。

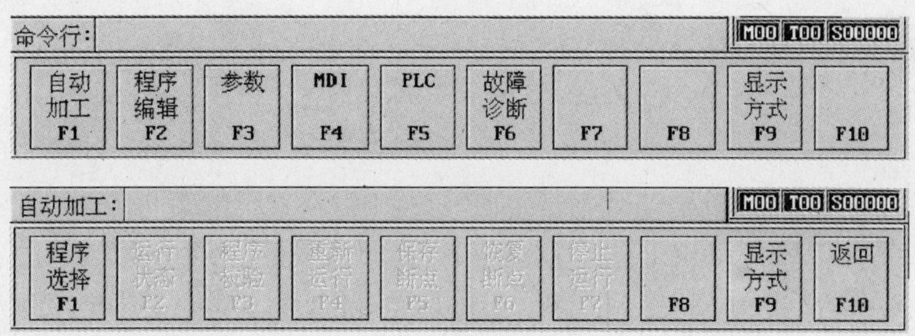

图 5-22　菜单的层次关系

当要返回上级菜单时，按 F10（返回）键即可。

HNC-21/22M 的功能菜单结构如图 5-23 所示。

三、上电

上电通常包括以下几个步骤：

1）检查机床状态是否正常。

2）检查电源电压是否符合要求，接线是否正确。

3）按下“急停”按钮。

4）机床上电。

5）数控上电（通常为钥匙开关）。

6）检查风扇电机运转是否正常。

7）检查面板上的指示灯是否正常。

接通数控装置电源后，HNC-21/22M 自动运行系统软件，直至显示如图 5-21 所示界面，当前工作方式为急停。

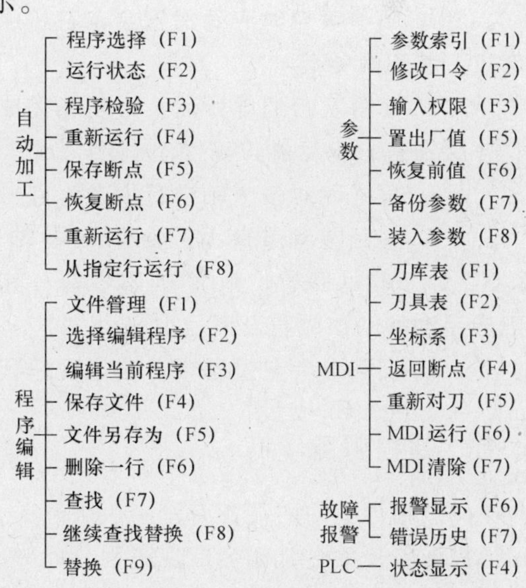

图 5-23　HNC-21/22M 的功能菜单结构

四、急停

机床运行过程中，在危险或紧急情况下，按下“急停”按钮，CNC 即进入急停状态，伺服进给及主轴运转立即停止（工作控制柜内的进给驱动电源被切断）；松开急停按钮（左旋，自动跳起），CNC 进入复位状态。

解除紧急停止前，先确认故障原因是否排除，且紧急停止解除后应重新执行回参考点操作，以确保坐标位置的正确性。

☆ **在上电和关机之前，应按下“急停”按钮以减少设备电冲击。**

五、复位

系统上电进入软件操作界面后，工作方式为急停，为使控制系统运行，左旋并拔起“急停”按钮使系统复位，并接通伺服电源。此时系统默认进入“回参考点”方式，软件操作界面上的工作方式变为“回零”。

六、回零

控制机床运动的前提是建立机床坐标系，因此，系统接通电源、复位后首先应进行机床各轴回参考点操作。

1）如果系统显示当前工作方式不是“回零”，则需按下操作面板上的“回零”键。

2）根据各轴机床参数中“回参考点方向”（如 X 轴，如规定“+”向回零，则按“+X”，反之按“-X”为 X 轴的回零操作），分别按下操作面板中的“+X”、“+Y”、“+Z”或“-X”、“-Y”、“-Z”键执行回零操作。当轴回零成功后，面板上相应的指示灯亮，否则回零失败。

当所有的轴回零成功后，即建立了机床坐标系。

☆ **1. 回参考点时应确保安全，在机床运行方向上不会发生碰撞，一般应选择 Z 先回参考点，将刀具抬起。**

2. 在每次接通电源后，必须先完成各轴返回参考点操作，然后再进入其他运行方式，以保证各轴坐标的正确性。

3. 可同时对多个轴进行回参考点操作。

4. 在回参考点前，应确保回零轴位于参考点的“回参考方向”的相反侧（如“+X”为 X 轴的回零，则 X 轴回零前，其当前位置应在参考点的负向大约 100mm 处）；否则应手动移动该轴直至满足此条件。

5. 在回参考点过程中，若出现超程，应使用“超程解除”解除超程状态。

七、超程解除

在伺服轴行程的两端各有一个极限开关，用于防止伺服机构碰撞而损坏。每当伺服机构碰到行程极限开关时，就会出现超程，此时“超程解除”按键内指示灯亮，故障指示灯亮，系统出错，紧急停止。要解除超程，进行如下操作：

1）松开“急停”按钮（如果其为按下状态），置工作方式为“手动”或“手摇”。

2）一直按压“超程解除”按键（控制器会暂时忽略超程的紧急情况）。

3）在手动（手摇）方式下，使该轴向相反的方向移动退出超程状态。

4）松开“超程解除”按键。

若界面上运行状态栏“运行正常”取代了“出错”，表示系统恢复正常，可以继续操作。

☆　**在操作机床退出超程状态时，要注意轴的移动方向和移动速率，以免发生撞机。**

八、关机

1）按下控制面板上的“急停”按钮，断开伺服电源。

2）断开数控电源。

3）断开机床电源。

九、手动操作

手动操作包括的动作有手动移动机床坐标轴（点动、增量、手摇）、手动控制主轴（制动、启停、冲动、定向）、机床锁住与Z轴锁住、刀具松紧与冷却液启停、MDI（手动数据输入）。

机床手动操作主要由手持单元与机床控制面板共同完成，机床控制面板如图5-24所示。

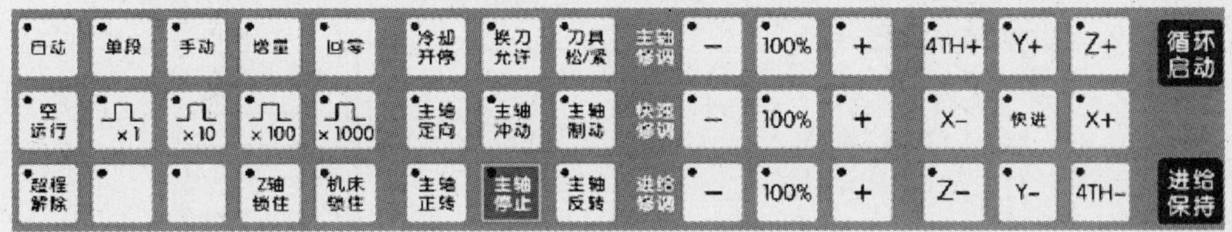

图5-24　机床控制面板

1. 坐标轴移动

选择“手动”或“增量”工作方式，操作方法与SIEMENS系统类似，在此不一一详述。

☆　**手轮操作也必须在增量方式下才能完成。**

2. 主轴控制

主轴控制包括主轴定向、主轴冲动、主轴制动、主轴正转、主轴停止和主轴反转。

（1）主轴制动　当主轴处于停止状态时，按下“主轴制动”按键，主电机被锁定在当前位置。

（2）主轴冲动　当“主轴制动”无效时，按下“主轴冲动”按键，主电机以机床参数设定的转数及时间转动一定角度。

（3）主轴定向　如果机床有换刀机构，通常就需要主轴有定向功能，这是因为换刀时，主轴上的刀具必须定位完成，否则会损坏刀具或刀爪。在“主轴制动”无效时完成此功能。

3. 机床锁住与Z轴锁住

（1）机床锁住　禁止机床所有运动。按下“机床锁住”键，再进行手动操作，系统继续执行，显示屏上的坐标轴位置信息变化，但不输出伺服轴的移动指令，机床停止不动。

（2）Z 轴锁住　禁止 Z 向进刀。按下“Z 轴锁住”键，再手动移动 Z 轴，Z 轴坐标位置信息变化，但 Z 轴不运动。

4. 刀具夹紧与松开

按下“换刀允许”键，使得“刀具松/紧”有效。

按下“刀具松/紧”键，松开刀具，再按一下为夹紧刀具，如此循环。

☆　**主轴控制、机床锁住与 Z 轴锁住、刀具夹紧与松开都必须在手动工作方式才能完成。**

十、MDI

在图 5-18 所示的软件操作主界面下按“F4”键进入 MDI 功能子菜单，如图 5-25 所示。

图 5-25　MDI 功能子菜单

在 MDI 功能子菜单下按“F6”键，进入 MDI 运行方式，则出现 MDI 命令行（光标闪烁行），可输入并执行一个指令段，如图 5-26 所示。

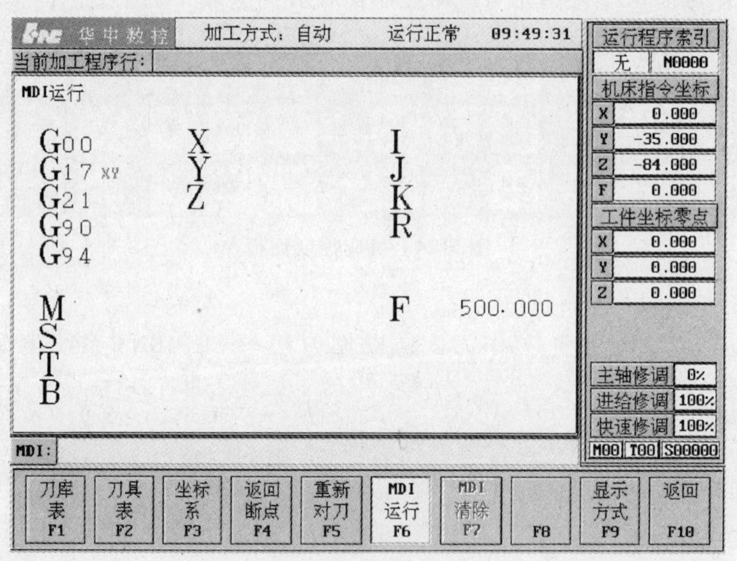

图 5-26　MDI 运行

1. 输入 MDI 指令段

按指令格式使用 MDI 键盘输入相应指令段。MDI 输入的最小单位为一个有效指令字，因此一个指令段可一次性输入，也可分多次输入。

输入完成后按“Enter（回车）”键，如输入有误，系统会提示相关信息。

2. 运行 MDI 指令段

输入完一个 MDI 指令段后，按一下操作面板上的“循环启动”键，系统即开始运行所输入的 MDI 指令。如果输入的 MDI 指令信息不完整或存在语法错误，系统会提示相应的错误信息，此时不能运行 MDI 指令。

3. 修改某一字段的值

在运行 MDI 指令段之前，如果要修改某一指令字，可直接在命令行输入相应的正确的指令字后“回车”，即完成修改。

4. 清除当前输入的所有尺寸字数据

输入 MDI 数据后，按“F7”键可清除当前所有的尺寸字数据。

5. 停止运行

当系统正在运行 MDI 指令段时，按“F7”键可停止 MDI 运行。

☆　**程序的自动运行过程中，不能进入 MDI 运行方式，可在进给保持后进入。**

十一、数据设置

数据设置主要包括坐标系设置（G54～G59）、刀具表设置、刀库表设置等。在进入图 5-25 所示的 MDI 功能子菜单后，通过 F1、F2 或 F3 进入相应数据设置界面。

1. 坐标系

将工作装夹好后，通过对刀得到所需的工件坐标系原点坐标值后，在坐标系（F3）完成输入。

☆　**输入数据后，在按下“Enter”键之前，按“Esc”键可退出数据输入，输入的数据将丢失，系统保持原值不变，下同。**

2. 刀具表

主要用于输入相应的长度补偿值与半径补偿值。

本例数据设置见表 5-6。

表 5-6　典型零件刀具表参数设置　　（单位：mm）

刀　号	长　度	半　径	刀　号	长　度	半　径
#0000			#0006	-10	
#0001	-20		#0007	-40	
#0002	-19.8	6.2	#0008	0	
#0003	-9.8	6.2	#0009	-20	
#0004	-4.3	6	#0010	-20	
#0005	-10	6.2	#0011	-10	

十二、程序输入与文件管理

在图 5-21 所示的软件操作主界面下按 F2 键进入编辑功能子菜单，如图 5-27 所示。

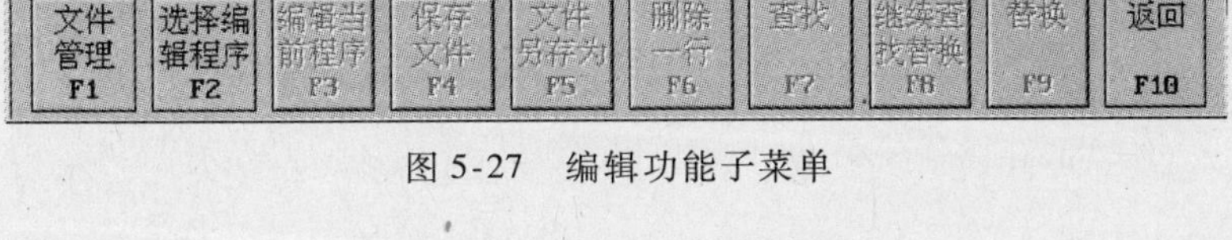

程序编辑：　M00 T00 S00000

文件管理 F1	选择编辑程序 F2	编辑当前程序 F3	保存文件 F4	文件另存为 F5	删除一行 F6	查找 F7	继续查找替换 F8	替换 F9	返回 F10

图 5-27　编辑功能子菜单

在编辑功能子菜单下，可以对零件程序进行编辑、存储与传递以及对文件进行管理。

1. 编辑程序

在编辑功能子菜单下按 F2，将弹出图 5-28 所示的选择编辑程序子菜单。

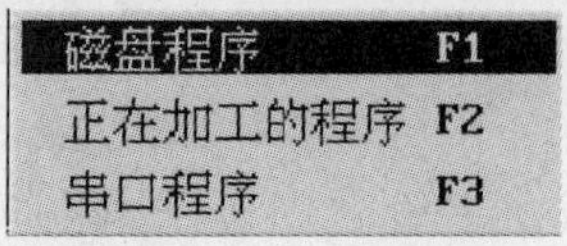

磁盘程序　F1
正在加工的程序　F2
串口程序　F3

图 5-28　选择编辑程序

根据需要选择相应功能。图 5-29 为程序编辑窗口。

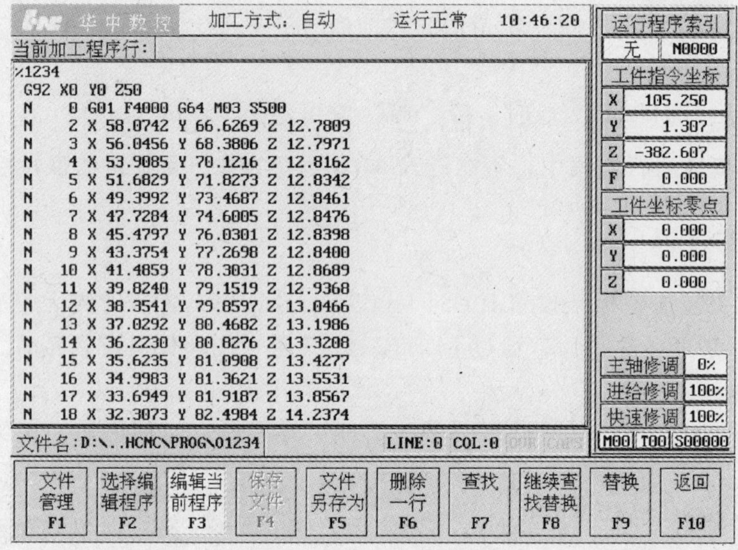

图 5-29　程序编辑窗口

程序编辑过程中，可以对程序进行修改并保存。

2. 文件管理

在编辑子菜单下按 F1 键，将弹出图 5-30 所示的文件管理子菜单。

1）新建目录。在指定磁盘或目录下建立一个新目录，但新目录不能和已存在的目录同名。

图 5-30　文件管理

2）更改文件名。将指定磁盘或目录下的一个文件更名为其他文件，但更改的新文件不能和已存在的文件同名。

3）拷贝文件。将指定磁盘或目录下的一个文件拷贝到其他的磁盘或目录下，但拷贝的文件不能和目标磁盘或目录下的文件同名。

4）删除文件。将指定磁盘或目录下的一个文件彻底删除，只读文件不能被删除。

5）映射网络盘。将指定网络路径映射为本机某一网络盘符，即建立网络连接，只读网络文件编辑后不能被保存。

6）断开网络盘。将已建立网络连接的网络路径与对应的网络盘符断开。

7）接收串口文件。通过串口接收来自上位计算机的文件。

8）发送串口文件。通过串口发送文件到上位计算机。

十三、自动加工

在图 5-18 所示的软件操作主界面下按 F1 键进入自动加工功能子菜单，如图 5-31 所示。

图 5-31　自动加工功能子菜单

在自动加工功能子菜单中，可以载入、检验和自动运行加工一个零件程序。

1. 程序选择

在自动加工子菜单中按 F1 键，将弹出图 5-32 所示的“程序选择”子菜单。

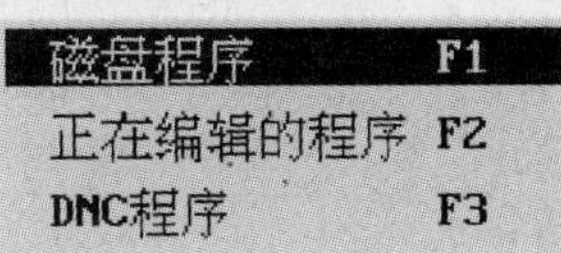

图 5-32　程序选择

1）磁盘程序。保存在电子盘、硬盘、软盘或网络上的文件。

2）正在编辑的程序。编辑器已经选择存放在编辑缓冲区的一个零件程序。

3）DNC 程序。通过 RS232 串口传送的程序。

2. 程序校验

程序校验用于对调入加工缓冲区的零件程序进行校验，并提示可能的错误。

未在机床上运行的新程序在调入后应先进行校验运行，正确无误后再启动自动运行。

程序调入缓冲区后，按机床控制面板中的“自动”进入自动工作方式，在自动加工功能子菜单下按“F3”，此时软件操作界面的工作方式显示改为“校验运行”，按机床控制面板上的“循环启动”键，程序校验开始。程序校验结束后，工作方式改为“自动”。

☆　校验运行时，机床不动作。为确保加工程序正确无误，应选择不同的图形显示方式来观察程序校验运行的结果。

3. 启动、暂停、中止、再启动

1）启动自动运行。进入“自动”工作方式，调入待加工的零件程序，按“循环启动”。

2）暂停。在自动加工子菜单下，按 F7（停止运行），弹出图 5-33 所示对话框，按“N”键则暂停程序运行，并保留当前运行程序的模态信息。

3）中止运行。在图 5-33 所示的对话框出现后，若按“Y”键则中止程序运行，并卸载当前运行程序的模态信息。

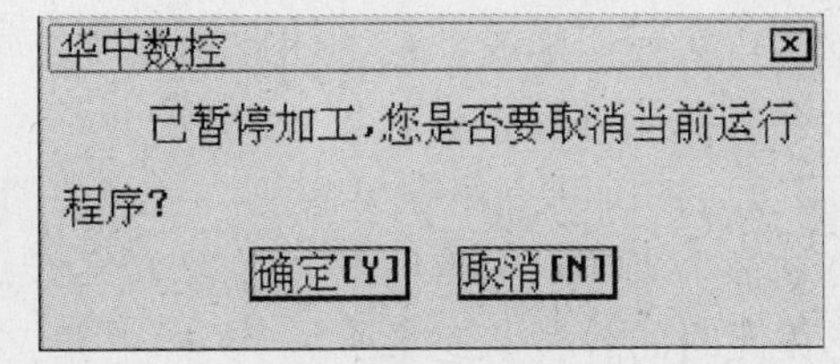

图 5-33　停止运行

4）暂停后的再启动。在程序运行处于暂停状态时，按“循环启动”按钮，系统将从暂停前的状态重新启动，继续运行。

5）重新运行。程序中止运行后，按 F4 键，则出现图 5-34 所示的对话框，按“Y”键，光标将返回到程序头，此时按“循环启动”按钮，将重新运行当前加工程序。

6）从任意行执行。在暂停状态下，可控制程序从任意行执行，包括以下几种情况：

① 从红色行开始运行。程序暂停后，用光标移动键和翻页键将程序中的蓝色亮条移到开始运行行，此时蓝色亮

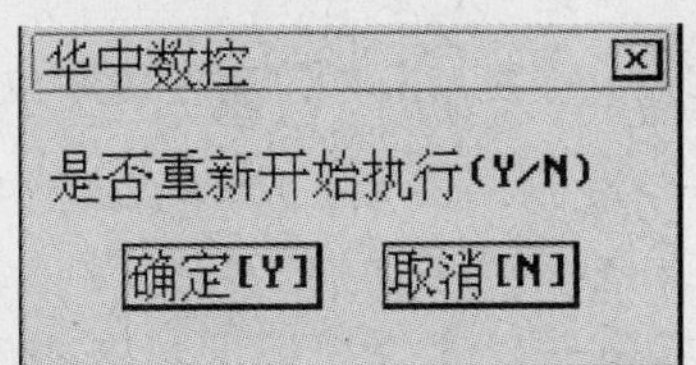

图 5-34　自动加工中的重新运行

条变为红色亮条，按 F8 键，则出现如图 5-35 所示的子菜单。

选择第一项“从红色行开始运行”，弹出如图 5-36 所示的对话框。

按“Y”或“Enter”键，红色亮条变成蓝色亮条。

按“循环启动”按钮，程序即从蓝色亮条（红色行）处开始执行。

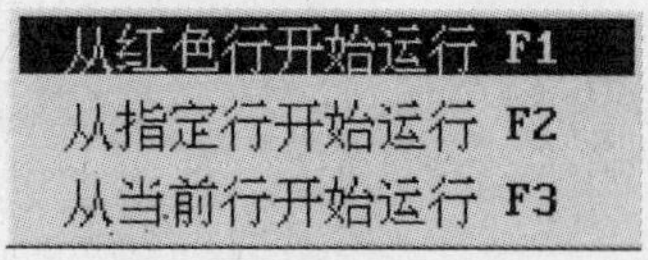

从红色行开始运行 F1
从指定行开始运行 F2
从当前行开始运行 F3

图 5-35 暂停时从任意行运行

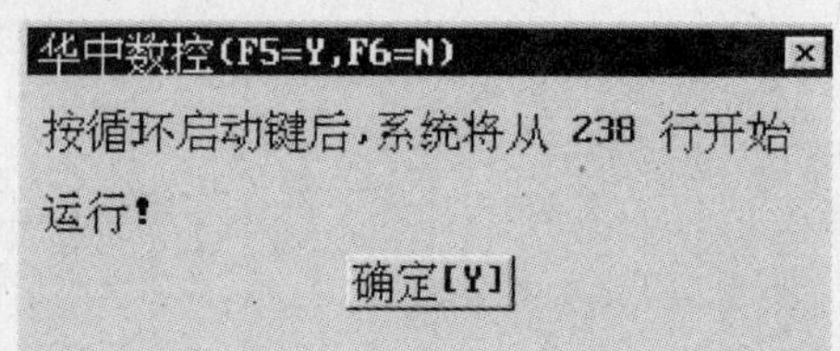

图 5-36 从红色行开始运行

② 从指定行开始运行。程序暂停后，按 F8 键，在子菜单中选择“从指定行开始运行”，弹出如图 5-37 所示的输入框，输入开始运行行的行号，按“Enter”键，则出现与图 5-35 类似的对话框。

按“Y”或“Enter”键，蓝色亮条移动到指定行，按“循环启动”按钮，程序即从指定行开始执行。

图 5-37 从指定行开始运行

③ 从当前行开始运行。在程序暂停后，如果移动了蓝色亮条，执行此条命令，蓝色条自动回到移动前的位置，按“循环启动”按钮，程序将从蓝色亮条处（即当前行）处执行。

7）空运行。在自动工作方式下，按下机床控制面板上的“空运行”按键，CNC 处于空运行状态。程序中编制的进给速率被忽略，坐标轴以最大快移速度移动。

空运行不做实际切削，目的在于确认切削路径及程序。

在实际切削时，应关闭此功能，否则可能造成危险。

此功能对螺纹切削无效。

8）加工断点保存与恢复。一些大的零件，特别是一些金属模具，其加工时间一般都会超过一个工作日，有时甚至需要好几天。如果在零件加工一段时间后，保存断点（让系统记住此时的各种状态数据），关掉电源，并在隔一段时间后，打开电源，恢复断点（让系统恢复中断加工时的状态），从而继续加工，就会给加工带来极大的方便。

① 保存加工断点。在程序加工过程中，先将程序暂停，按“F5（保存断点）”键，弹出如图 5-38 所示的对话框，选择合适的断点文件保存路径，并输入断点文件名，如“PARTBRK1”，按“Enter”键，系统将自动建立一个名为“PARTBRK1. BP1”的断点文件。

☆ **断点文件只有在程序自动运行过程的暂停后才能建立，否则系统会提示相应错误信息。**

② 恢复断点。如果在保存断点后，关闭了电源，则上电后应首先进行回零操作。

进入“自动加工”子菜单，按“F6（恢复断点）”键，在出现的对话框中找到断点文件并打开，系统会根据断点文件中的信息，恢复中断程序运行时的状态，并弹出如图 5-39 或图 5-40 所示的对话框。

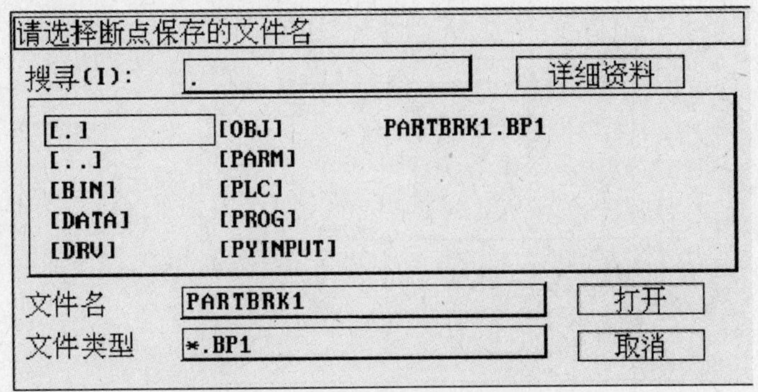

图 5-38 输入保存断点的文件名

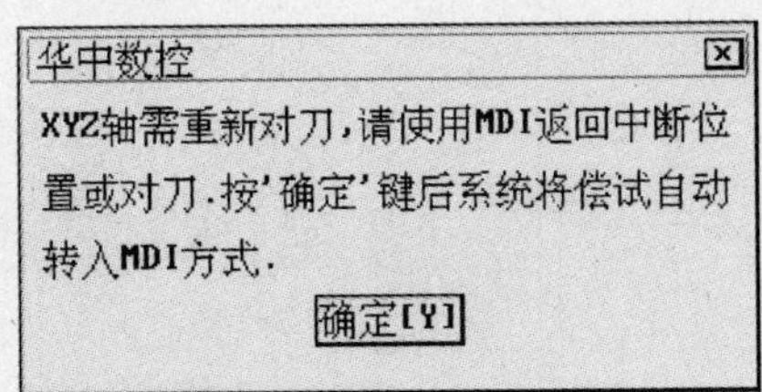

图 5-39 需要重新对刀

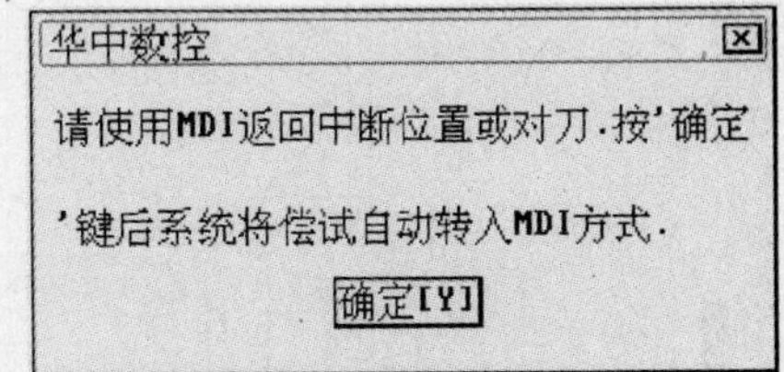

图 5-40 需要返回断点

按“Y”键，系统自动进入 MDI 方式。

③ 定位至加工断点。如果在保存断点后，移动过某些坐标轴，要继续从断点处加工，必须先定位至加工断点。

a. 手动移动坐标轴到断点位置附近，并确保在机床自动返回断点时不发生碰撞。

b. 在 MDI 功能子菜单下，按“F4（返回断点）”键，系统将断点数据输入 MDI 运行程序段。

c. 按“循环启动”启动 MDI 运行，系统将移动刀具到断点位置。

d. 按“F10（返回）”键，退出 MDI 方式。

定位至加工断点后，按“循环启动”按钮即可继续从断点处加工。

☆ **在恢复断点之前，必须装入相应的零件程序，否则系统会提示：不能成功恢复断点。**

④ 重新对刀。在保存断点后，若工件发生过偏移需重新对刀，可使用此功能重新对刀后继续从断点处加工。

a. 手动将刀具移到加工断点处。

b. 在 MDI 功能子菜单下按 F5（重新对刀）键，自动将断点处的工件坐标输入 MDI 运行程序段。

c. 按“循环启动”按钮，系统将修改当前工件坐标系原点，完成对刀操作。

d. 按 F10 键退出 MDI 方式。

重新对刀并退出 MDI 方式后，按“循环启动”按钮可继续从断点处加工。

【思考与练习】

1. 编制图 5-41 所示零件的加工工艺及加工程序。

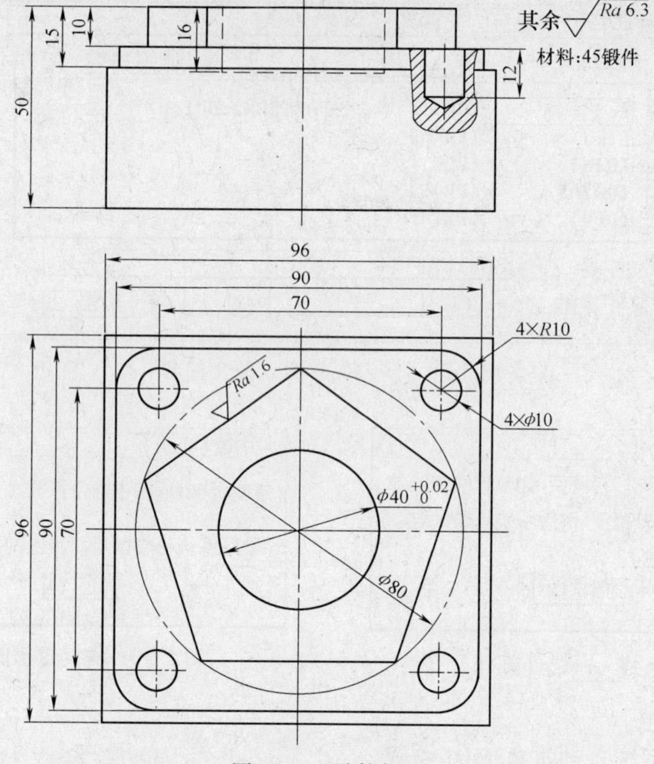

图 5-41　零件加工

2. 编制图 5-42 所示零件的加工工艺及加工程序。

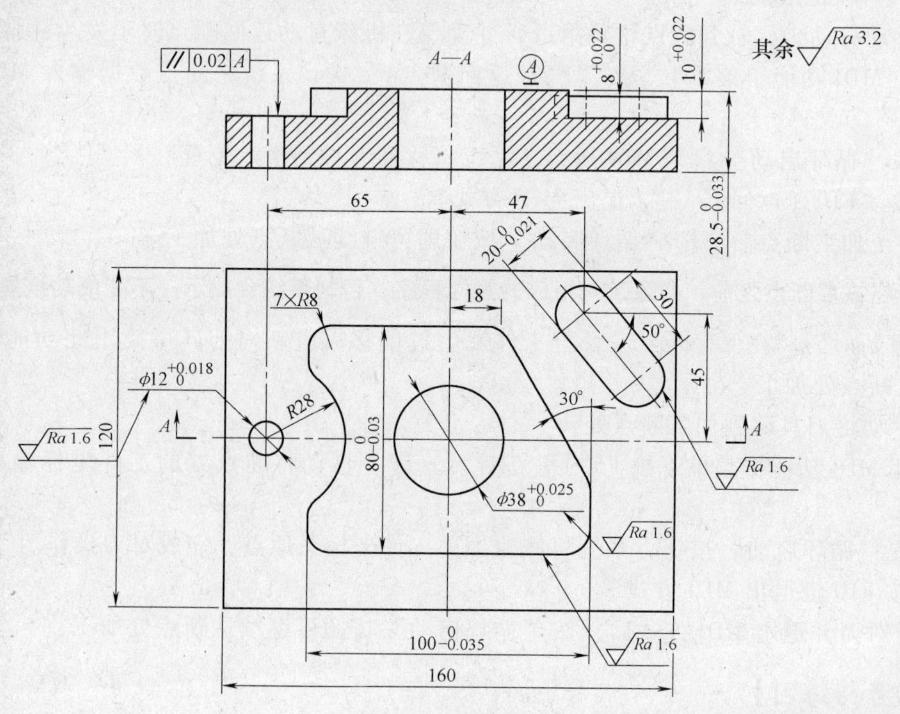

图 5-42　零件加工

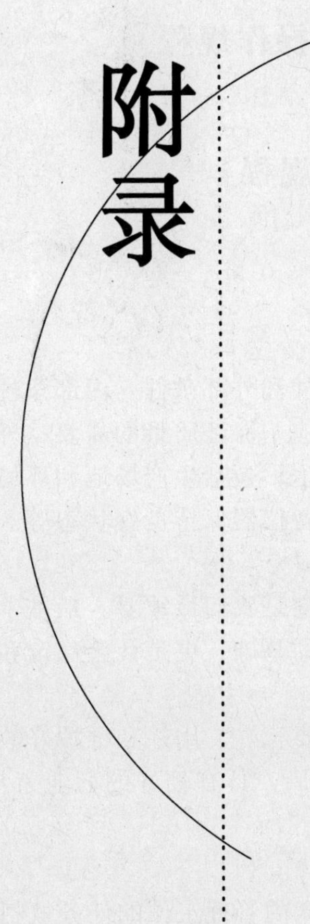

附录

附录 A　数控铣床（加工中心）安全操作规程

附录 B　数控铣床职业技能鉴定考核大纲

附录 A　数控铣床（加工中心）安全操作规程

第一部分　安全文明生产与操作规程

一、文明生产

文明生产是现代企业制度的一项十分重要的内容。

文明生产是指生产的科学性，要创造一个保证质量的内部条件和外部条件。内部条件主要指生产有节奏，要均衡生产，物流路线的安排科学合理，要适应于保证质量的需要；外部条件主要指环境、光线等要有助于保证质量。生产环境的整洁卫生，包括生产场地和环境卫生整洁，光线照明适度，零件、半成品、工夹量具放置整齐，设备仪器保持良好状态等。没有起码的文明生产条件，企业的质量管理就无法进行。

文明生产的核心是安全生产，安全生产是一个永恒的主题。它是我们最重要、最基本的要求，安全生产既是我们生命健康的保障，也是企业生存与发展的基础，更是社会稳定和经济发展的前提条件。

操作者除了应掌握好数控机床的性能、精心操作外，一方面要管好、用好和维护好数控机床；一方面还必须养成文明生产的良好工作习惯和严谨工作作风，具有较好的职业素质、责任心和良好的合作精神。

1. 数控机床的管理

数控机床的管理要规范化、系统化并具有可操作性。数控机床的管理工作的任务概括为“三好”，即“管好、用好、修好”。

2. 数控机床的使用要求

1）技术培训。为了正确合理地使用数控机床，要求操作者参加国家职业资格的考核鉴定，经过鉴定合格并取得资格证后，方能独立操作使用数控机床，严禁无证上岗操作。

2）实行定人定机持证操作。数控机床必须由经考核合格持职业资格证书的操作工操作，严格实行定人定机和岗位责任制，以确保正确使用数控机床和落实日常维护工作。

3）建立使用数控机床的岗位责任制。

4）建立交接班制度。连续生产和多班制生产的设备必须实行交接班制度。

二、安全生产规程

1. 操作工使用数控机床的基本功和操作纪律

（1）数控机床操作工“四会”基本功

1）会使用。操作工应先学习数控机床操作规程，熟悉设备结构性能、传动装置，懂得加工工艺和工装、工具在数控机床上的正确使用方法。

2）会维护。能正确执行数控机床维护和润滑规定，按时清扫，保持设备清洁完好。

3）会检查。了解设备易损零件部位，知道完好检查项目、标准和方法，并能按规定进行日常检查。

4）会排除故障。熟悉设备特点，能鉴别设备正常与异常现象，懂得其零部件拆装注意事项，会做一般故障调整或协同维修人员进行排除。

（2）维护使用数控机床的"四项要求"

1）整齐。工具、工件、附件摆放整齐，设备零部件及安全防护装置齐全，线路管道完整。

2）清洁。设备内外清洁，无"黄袍"；各滑动面、丝杠、齿条、齿轮无油污，无损伤；各部位不漏油、漏水、漏气，切屑清扫干净。

3）润滑。按时加油、换油，油质符合要求；油枪、油壶、油杯、油嘴齐全，油毡、油线清洁，油窗明亮，油路畅通。

4）安全。实行定人定机制度，遵守操作维护规程，合理使用，注意观察运行情况，不出安全事故。

（3）数控机床操作工的操作纪律

1）凭操作证使用设备，遵守安全操作维护规程。

2）经常保持机床整洁，按规定加油，保证合理润滑。

3）遵守交接班制度。

4）管好工具、附件，不得遗失。

5）发现异常立即通知有关人员检查处理。

6）操作前穿戴好防护用品（工作服、安全帽、防护眼镜、口罩等），女工应将发辫卷入帽内，不得外露；严禁穿拖鞋、凉鞋；操作时，操作员必须扎紧袖口，束紧衣襟，严禁戴手套、围巾或敞开衣服。

2. 数控机床安全生产规程

1）数控机床的使用环境要避免光的直接照射和其他辐射，要避免太潮湿或粉尘过多的场所，特别要避免有腐蚀气体的场所。

2）为了避免电源不稳定给电子元件造成损坏，数控机床应采取专线供电或增设稳压装置。

3）数控机床的开机、关机顺序，一定要按照机床说明书的规定操作。

4）在主轴起动开始切削之前，一定要关好防护罩门，程序正常运行中严禁开启防护罩门。

5）机床在正常运行时不允许开电气柜的门，禁止按动"急停"、"复位"按钮。

6）机床发生事故，操作者要注意保留现场，并向维修人员如实说明事故发生前后的情况，以利于分析问题，查找事故原因。

7）数控机床的使用一定要有专人负责，严禁其他人员随意动用数控设备。

8）要认真填写数控机床的工作日志，做好交接工作，消除事故隐患。

9）不得随意更改数控系统内制造厂设定的参数。

☆　**安全责任重于泰山。**

三、操作规程

1）机床通电后，检查各开关、按钮和键是否正常、灵活，机床有无异常现象。

2）检查电压、气压、油压是否正常，有手动润滑的部位要先进行手动润滑。

3）各坐标轴手动回机床参考点，若某轴在回参考点前已在零位，必须先将该轴移动离参考点一段距离后，再手动回参考点。

4）在进行工作台回转交换时，台面上、护罩上、导轨上不得有异物。

5）机床空运转要 15min 以上，使机床达到热平衡状态。

6）程序输入后，应认真核对，保证无误，其中包括对代码、指令、地址、数值、正负号、小数点及语法的查对。

7）按工艺规程安装找正夹具。

8）正确测量和计算工件坐标系，并对所得结果进行验证和验算。

9）将工件坐标系输入到偏置页面，并对坐标、坐标值、正负号、小数点进行认真核对。

10）未装工件以前，空运行一次程序，看程序能否顺利执行，刀具长度选取和夹具安装是否合理，有无超程现象。

11）刀具补偿值（长度、半径）输入偏置页面后，要对刀补号、补偿值、正负号、小数点进行认真核对。

12）装夹工件时要注意螺钉压板是否与刀具发生干涉，检查零件毛坯和尺寸超常现象。

13）检查各刀头的安装方向及各刀具旋转方向是否合乎程序要求。

14）查看各刀杆前后部位的形状和尺寸是否合乎程序要求。

15）镗刀头尾部露出刀杆直径部分，必须小于刀尖露出刀具直径部分。

16）检查每把刀柄在主轴孔中是否都能拉紧。

17）无论是首次加工的零件，还是周期性重复加工的零件，首件都必须对照图样工艺、程序和刀具调整卡，进行逐段程序的试切。

18）单段试切时，快速倍率开关必须打到最低挡。

19）每把刀首次使用时，必须先验证它的实际长度与所给刀补值是否相符。

20）在程序运行中，要观察数控系统上的坐标显示，可了解目前刀具运动点在机床坐标系及工件坐标系中的位置。了解程序段的位移量，还剩余多少位移量等。

21）程序运行中也要观察数控系统上的工作寄存器和缓冲寄存器显示，查看正在执行的程序段各状态搜集和下一个程序段的内容。

22）在程序运行中要重点观察数控系统上的主程序和子程序，了解正在执行主程序段的具体内容。

23）试切进刀时，在刀具运动至工件表面 30~50mm 处，必须在进给保持下，验证 Z 轴剩余坐标值和 X、Y 轴坐标值与图样是否一致。

24）对一些有试刀要求的刀具，采用“渐近”方法。如镗一小段长度，检测合格后，再镗到整个长度。使用刀具半径补偿功能的刀具数据，可由小到大，边试边修改数据。

25）试切和加工中，刃磨刀具和更换刀具后，一定要重新测量刀长并修改好刀补值和刀补号。

26）程序检索时应注意光标所指位置是否合理、准确，并观察刀具与机床运动方向坐标是否正确。

27）程序修改后，对修改部分一定要仔细计算和认真核对。

28）手轮进给和手动连续进给操作时，必须检查各种开关所选择的位置是否正确，弄清正、负方向，认准按键，然后再进行操作。

29）全批零件加工完成后，应核对刀具号、刀补值，使程序、偏置页面、调整卡及工艺中的刀具号、刀补值完全一致。

30）从刀库中卸下刀具，按调整卡或程序清理编号入库。

31）卸下夹具，某些夹具应记录安装位置及方位，并作出记录、存档。

32）清扫机床并将各坐标轴停在中间位置。

☆　安全、规范操作，是对自己和企业最好的爱护。

第二部分　数控铣床（加工中心）的维护与保养

一、数控铣床、加工中心的使用要求

1. 数控铣床、加工中心使用的环境要求

1）要避免阳光直接照射和其他辐射，避免太潮湿、粉尘和腐蚀性气体过多。

2）要远离振动大的设备，如冲床、锻压设备等。

3）在有空调的环境中使用，会明显地减少机床的故障率。

2. 数控铣床、加工中心使用的电源要求

数控机床对电源没有什么特殊要求，一般允许电压波动 ±10%，为此，针对我国的实际供电情况，对于有条件的企业，数控机床采用专线供电或增设稳压装置来减少供电质量的影响和减少电气干扰。

3. 数控铣床、加工中心使用时对操作人员要求

数控机床的使用和维修，较普通机床难度大。为充分发挥机床的优越性，对机床操作人员的挑选和培训是相当重要的。数控机床的操作人员必须有较强的责任心，善于合作，技术基础较好，有一定机加工实践经验，同时要善于动脑，勤于学习，对数控技术有追求精神。

4. 数控铣床、加工中心使用的加工工艺要求

数控机床加工与普通机床加工相比，在许多方面遵循的原则基本一致，在使用方法上也大致相同。不同之处在于数控加工的内容更加具体、数控加工的工艺更加严密。

☆　数控机床的长时间稳定工作，来源于对工作环境、电源、操作者的高要求。

二、数控铣床、加工中心的定期维护检查（表 A-1）

表 A-1　定期维护检查顺序及内容

序号	检查周期	检查部位	检查要求
1	每天	导轨润滑站	检查油标、油量，及时添加润滑油，润滑泵能定时起动打油及停止
2	每天	X、Y、Z 轴及各回转轴的导轨	清除切屑及脏物，检查润滑油是否充分，导轨面有无划伤损坏
3	每天	压缩空气气源	检查气动控制系统压力，应在正常范围内
4	每天	机床进气口的空气干燥器	及时清理分水器中滤出的水分，保证自动空气干燥器工作正常
5	每天	气液转换器和增压器	检查油面高度，不够时及时补足油
6	每天	主轴润滑恒温油箱	工作正常，油量充足并调节范围

（续）

序号	检查周期	检 查 部 位	检 查 要 求
7	每天	机床液压系统	油箱、液压泵无异常噪声，压力表指示正常，管路及各接头无泄漏，油面高度正常
8	每天	主轴箱液压平稳系统	平衡压力指示正常，快速移动时平衡工作正常
9	每天	数控系统的输入/输出单元	如光电阅读机清洁，机械结构润滑良好
10	每天	电气柜通风散热装置	电气柜冷却风扇工作正常，风道过滤网无堵塞
11	每天	各种防护装置	导轨、机床防护罩等应无松动、漏水
12	一周	电气柜进气过滤网	清洗电气柜进气滤网
13	半年	滚珠丝杠螺母副	清洗丝杠上旧的润滑脂，涂上新油脂
14	半年	液压油路	清洗溢流阀、减压阀、过滤器，清洗油箱，更换或过滤液压油
15	半年	主轴润滑恒温油路	清洗过滤器，更换润滑指
16	每年	检查、更换直流伺服电动机电刷	检查换向器表面，吹净碳粉，去除毛刺，更换长度过短的电刷，并应跑合后才能使用
17	每年	润滑油泵、过滤器等	清理润滑油池，更换过滤器
18	不定期	导轨上镶条、压紧滚轮、丝杠	按机床说明书调整镶条
19	不定期	冷却水箱	检查液面高度，切削液太脏时需要更换并清理水箱，经常清洗过滤器
20	不定期	排屑器	经常清理切屑，检查有无卡住
21	不定期	清理油池	及时取走滤油池中的旧油，以免外溢
22	不定期	调整主轴驱动带松紧	按机床说明书调整

☆　**要有数控机床维护保养的意识和责任心。**

附录 B　数控铣床职业技能鉴定考核大纲

数控铣床工种职业技能鉴定考核大纲（以下简称大纲）是以国家职业标准为依据，在近几年试验阶段的基础上，通过收集数控铣床培训、研讨和竞赛的资料，总结提炼而成的。它反映了当前数控铣工职业（工种）对从业人员知识和技能要求的主要内容，可作为数控铣床职业技能鉴定培训的主要依据和指南。

大纲采用鉴定要素细目表的格式，以行为领域、鉴定范围和鉴定点的形式加以组织，列出了在此等级下考核的内容。鉴定考核大纲中包括理论知识和操作技能两个部分。其中，理论知识部分的核心是以知识点表示的鉴定点，操作技能部分的核心是以考核项目表示的鉴定点。

大纲中，每个鉴定点都有其“重要程度”指标，即表内鉴定点后标以“X”“Y”“Z”的内容。“重要程度”反映了该鉴定点在本职业（工种）中对从业人员所要求内容中的相对重要性水平，重要的内容被选中考核的可能性也就较大。其中，“X”表示“核心要素”，它是考核中最重要、出现频率也最高的内容；“Y”表示“一般要素”，它是考核中出现频率一般的内容；“Z”表示“辅助要素”，它在考核中出现的频率较小。

在大纲中，每个鉴定范围都有其“鉴定比重”指标，它表示在一份试卷中该鉴定范围所占的分数比例。例如，某一鉴定范围的鉴定比重为5，就表示在组成100分为满分的试卷时，在题库中抽题组卷的过程中，将使以利于此鉴定范围的试题在一份试卷中所占的分值尽可能地等于5分。

一、数控铣床工种操作技能鉴定考核大纲

数控铣床工种操作技能鉴定考核大纲见表B-1和表B-2。

表B-1　中级工操作技能鉴定考核大纲

行为领域	鉴定范围	鉴定比重	鉴定点	重要程度
基本技能20%	机械识图	3	能读懂一般零件的三视图、局部视图和剖视图	X
			能读懂零件配合尺寸、公差及技术要求	X
	编制工艺	10	能够制定简单的数控加工工艺	X
			能够合理选择切削用量	X
	工件的定位和装夹	7	能够正确选择工件的定位基准	X
			能够用量表找正工件	X
			能够正确夹紧工件	X
操作技能70%	刀具准备	10	能够依据数控加工工艺选取刀具	Y
			能够在主轴正确装卸刀具	X
			能够准确输入刀具有关参数	X
			能用刀具预调仪或在机内测量刀具半径及长度	Y
	实体造型	12	能够熟练应用一种机械CAD/CAM软件	X
			用机械CAD/CAM软件完成零件的线框绘制	X
			用机械CAD/CAM软件完成简单零件的曲面和实体造型	X
	编制程序	13	能够手工编制较复杂的平面铣削程序	Y
			能够使用固定循环及子程序	Y
			能够使用机械CAD/CAM软件自动编制简单的三维曲面的加工程序	X
			能够使用机械CAD/CAM软件自动生成NC程序文件	X
	基本操作和日常维护	13	能够正确装夹所选刀具	X
			能够设定工件坐标系	X
			能够进行手动输入(MDI)运行	Y
			能够通过计算机等输入方式输入加工程序	X
			能够进行程序的编辑、修改	X
			能够正确进行机内对刀	Y
			能够进行加工程序试切削并做出正确判断	X
			根据数控机床一般提示或报警信息作出正确判断和一般处理	X
			熟练掌握数控铣床操作规程	Y
			能够在加工前对电、气、液、开关等进行常规检查	Y
			能够完成数控铣床的一、二级保养	Y

（续）

行为领域	鉴定范围	鉴定比重	鉴　定　点	重要程度
操作技能70%	工件加工	15	能够铣削二维直线、圆弧轮廓的工件，且尺寸公差达 IT9，表面粗糙度达 Ra6.3μm	Y
			能够铣削三维曲面，且尺寸公差达 IT9，表面粗糙度达 Ra6.3μm	X
			能够检查运行由机械 CAD/CAM 软件生成的三维加工程序	X
	精度检验	7	能够使用曲线样板检验工件	X
			能够使用机床的位置显示功能自检工件的有关尺寸	X
安全及其他10%	安全操作	5	遵守安全操作规程	X
			做好消防工作	X
			熟悉检测设备的性能	Y
			正确使用劳保用品	Y
	文明生产	5	操作中工量具、零部件的正确放置	Z
			操作对象及场地的清洁	Z

表 B-2　高级工操作技能鉴定考核大纲

行为领域	鉴定范围	鉴定比重	鉴　定　点	重要程度
基本技能20%	机械识图	3	能够读懂装配图	X
			能够绘制零件图、轴测图及草图	X
			能够读懂零件的展开图、局部视图、旋转视图	X
	编制工艺	10	能够制定数控铣床的加工工艺	X
	工件的定位和装夹	7	能够合理选择组合夹具和专用夹具	Y
			能够正确安装、调整夹具	X
			能够合理选择定位基准	X
操作技能70%	刀具准备	10	能够依据加工需要选用适当种类、形状、材料的刀具	X
	实体造型	12	用机械 CAD/CAM 软件完成复杂零件的曲面和实体造型	X
	编制程序	13	能够编制复杂的二维轮廓铣削程序	Y
			能够根据加工要求手工编制二维半铣削程序	Y
			能够用机械 CAD/CAM 软件自动编制复杂三维曲面的程序	X
			能够对 NC 程序文件进行编辑、修改	X
	日常维护和故障排除	13	能够完成机床定期及不定期维护保养及一般检修	X
			能够阅读各类提示报警信息，排除编程错误、超程、欠压、缺油、急停等一般故障	X
			能够调整机床间隙并进行补偿设定	Y
	工件加工	15	能够有效利用刀具补偿进行铣削加工	X
			能够铣削三维曲面，且尺寸公差等级达 IT8，表面粗糙度达 Ra3.6μm	X
			能够读懂、检查并运行由机械 CAD/CAM 软件生成的三维以上加工程序	X
			能够进行计算机与数控机床之间的程序传输或数控机床的 DNC 运行	Y

（续）

行为领域	鉴定范围	鉴定比重	鉴定点	重要程度
操作技能 70%	精度检验	7	能够根据测量结果分析产生加工误差的原因	X
			能够通过修正刀具补偿值和修正程序来减少加工误差	X
安全及其他 10%	安全操作	3	遵守安全操作规程	X
			做好消防工作	X
			熟悉检测设备的性能	Y
			正确使用劳保用品	Y
	文明生产	3	操作中工量具、零部件的正确放置	Z
			操作对象及场地的清洁	Z
	培训指导	3	能够指导数控铣床中级操作工工作	X
		1	能够协助培训数控铣床中级操作工	Y

二、数控铣床工种理论知识鉴定考核大纲

数控铣床工种理论知识鉴定考核大纲见表 B-3 和表 B-4。

表 B-3 中级工理论知识鉴定考核大纲

行为领域	鉴定范围	鉴定比重	鉴定点	重要程度
基础知识 30%	机械制图	8	标准件和常用件的规定画法	X
			零件三视图、局部视图和剖视图的表达方法	X
			公差配合的基本概念	X
			形状、位置公差与表面粗糙度的基本概念	Y
	机制工艺	15	金属材料及热处理基本知识	Y
			数控加工工艺的基本理论	Z
			钻、扩、铰、镗、攻螺纹等工艺特点	X
			切削用量的选择原则	X
			加工余量的选择方法	X
			制订简单的数控加工工艺	X
	定位夹紧	7	定位基准的基本原理	Y
			台钳、压板等通用夹具的调整及使用方法	X
			工件定位基准的正确选择方法	X
			量具的使用方法	X

（续）

行为领域	鉴定范围	鉴定比重	鉴　定　点	重要程度
专业知识 65%	刀具准备	5	刀具的种类及用途	Y
			刀具系统的种类及结构	Z
			刀具预调仪的使用方法	Z
			铣刀刀具长度补偿值	Y
			铣刀半径补偿值	X
			铣刀刃磨时砂轮选择	Y
			铣刀刀号等参数的输入方法	X
	实体造型	10	计算机基本知识	Y
			机械 CAD/CAM 的基本概念	X
			常用的 CAD/CAM 软件的基本知识	Y
			二维几何图素的绘制、修改编辑方法	X
			三维曲面、实体的建造、修改编辑方法	X
			几何图素的转换方法	Y
			层的概念与应用	X
	程序编制	10	较复杂的二维节点的计算	Y
			刀具半径补偿的应用	X
			固定循环指令的含义	Y
			子程序的嵌套	Y
			粗加工参数的设置	X
			精加工参数的设置	X
			NC 文件的生成	X
	基本操作及日常维护	10	各种输入装置的使用方法	X
			机床坐标系与工件坐标系的含义及其应用	Y
			相对坐标系、绝对坐标系的含义	X
			程序试运行的操作方法	X
			正确试切对刀的方法	X
			找正器（寻边器）的使用方法	Y
			机内对刀方法	Y
			数控铣床操作规程	Y
			在加工前对电、气、液、开关等进行常规检查	Y
			数控铣床的一、二级保养	Y
	工件加工	13	常用金属材料的切削性能	Y
			麻花钻、扩孔钻及铰刀的功用	Z
			加工精度的影响因素	Y
			三维曲面的加工方法	X
			检查及运行三维加工程序	X

（续）

行为领域	鉴定范围	鉴定比重	鉴定点	重要程度
专业知识65%	精度检验	7	掌握曲线样板检验工件的方法	Y
			机床位置显示功能自检工件尺寸的方法	X
		3	数控铣床安全操作规程	X
相关知识5%	安全文明生产		消防一般知识	Y
			安全文明生产知识	Y
	先进制造技术基本知识	2	加工中心基本知识	Y
			DNC 基本知识	Y
			FMS 基本知识	Y
			CIMS 基本知识	Y

表 B-4　高级工理论知识鉴定考核大纲

行为领域	鉴定范围	鉴定比重	鉴定点	重要程度
基础知识30%	机械制图	8	装配图的画法	X
			零件图、轴测图的画法	X
			零件展开图、局部视图等视图的画法	X
	机制工艺	15	数控铣床工艺的制订方法	X
			影响机械加工精度的有关因素	X
			加工余量的确定	X
	定位夹紧	7	组合夹具、专用夹具的特点及因素	X
专业知识65%	刀具准备	5	各种刀具的几何角度、功用及刀具材料的切削性能	X
	实体造型	10	机械 CAD/CAM 软件的使用方法、技巧	X
	程序编制	10	复杂二维节点的计算	X
			编制刀路参数的设定方法、原则	X
			NC 程序文件的修改方法	Y
	日常维护与故障排除	10	数控机床维护维修知识	X
			液压油、润滑油的使用知识	Y
			液压、气动元件的结构及其工作原理	Y
			各种报警信号提示内容及其解除方法	X
			间隙补偿方法	X
	工件加工	13	切削液的合理使用	X
			影响加工精度的因素及提高加工精度的措施	Y
			计算机通信和 DNC 方法	Z
	精度检验	7	工件精度检验项目及测量方法	X
			产生加工误差的各种因素	Y

（续）

行为领域	鉴定范围	鉴定比重	鉴定点	重要程度
相关知识 5%		3	数控铣床安全操作规程	X
			消防一般知识	Y
			安全文明生产知识	Y
		2	加工中心基本知识	Y
			DNC 基本知识	Y
			FMS 基本知识	Y
			CIMS 基本知识	Y

参考文献

[1] 韩鸿鸾．数控铣工/加工中心操作工（中级）［M］．北京：机械工业出版社，2006.

[2] 金晶．数控铣床加工工艺与编程操作［M］．北京：机械工业出版社，2006.

[3] 袁锋．全国数控大赛试题精选［M］．北京：机械工业出版社，2005.

[4] 韩鸿鸾．数控加工工艺学［M］．2版．北京：中国劳动社会保障出版社，2005.

[5] 沈建峰，虞俊．数控铣工/加工中心操作工（高级）［M］．北京：机械工业出版社，2007.

[6] 蒋建强．数控加工技术与实训［M］．北京：电子工业出版社，2006.

[7] 徐伟，张伦玠．数控铣床职业技能鉴定强化实训教程［M］．武汉：华中科技大学出版社，2006.

[8] 刘力健，牟盛勇．数控加工编程及操作［M］．北京：清华大学出版社，2007.

[9] 陈志雄．数控机床与数控编程技术［M］．北京：电子工业出版社，2007.

[10] 何平．数控加工中心操作与编程实训教程［M］．北京：国防工业出版社，2006.

[11] 秦启书，康新龙．数控铣床中级工实训教程［M］．北京：科学出版社，2006.

[12] 荣瑞芳．数控加工工艺与编程［M］．西安：西安电子科技大学出版社，2006..

[13] 单小君．金属材料与热处理［M］．4版．北京：中国劳动社会保障出版社，2001.

[14] 卢秉恒．机械制造技术基础［M］．3版．北京：机械工业出版社，2007.

[15] 隋明阳．机械设计基础［M］．2版．北京：机械工业出版社，2008.